ライフサイエンス

組み合わせ英単語

類語・関連語が一目でわかる

著／河本　健, 大武　博
監修／ライフサイエンス辞書プロジェクト

羊土社
YODOSHA

まえがき

英語はなんと言っても語彙力である．特に専門用語に関して言えば，それを知っているかどうかで論文を読んだり口演を聴いたりするときの理解度が決定的に違ってくる．

単語学習には様々なスタイルがあるが，本書ではなるべく頭に負担のかからない方法を目指した．たいていの学習書は難しい単語の連続で，見ているだけで苦痛になるという大きな問題点がある．著者のような堅くなった頭には，負担のかからない学習法が必要だと痛感している．そこで本書ではマスターすべき重要名詞を意味別に分類し，「形容詞＋名詞」あるいは「名詞＋名詞」の組み合わせ（＝連語）の形で並べる方式を採用した．同じような語が続くので，意味を理解するのがとても楽である．楽であると同時に，よく使われる語の組み合わせを自然に習得できて好都合でもある．

本書の構成は，非常にシンプルだ．これは，限られた時間の中で効率よく高速に学習できることを第一に考えた結果である．さらに，収録単語を意味によって分類してあるので，類似の単語をまとめて学習できる．組み合わせ方の違いなどから，類義語との使い分けや個々の単語の正確な意味や使い方が理解できるはずである．

本書が，科学英語を学ぶ皆さんにとって何かのお役に立てれば望外の喜びである．

2011年3月

著者を代表して
河本　健

❇ 執筆者一覧 ❇

著　者

河本　健　広島大学大学院医歯薬学総合研究科助教

大武　博　福井県立大学学術教養センター教授

監　修

ライフサイエンス辞書プロジェクト

金子周司　京都大学大学院薬学研究科教授

鵜川義弘　宮城教育大学環境教育実践研究センター教授

大武　博　福井県立大学学術教養センター教授

河本　健　広島大学大学院医歯薬学総合研究科助教

竹内浩昭　静岡大学理学部生物科学科教授

竹腰正隆　東海大学医学部基礎医学系分子生命科学講師

藤田信之　製品評価技術基盤機構バイオテクノロジーセンター

本書の特徴と使い方

本書の特徴と収録語について

本書では，生命科学分野の論文でよく使われる名詞を取り上げた．拙著『ライフサイエンス英語 類語使い分け辞典』の名詞編に収録したものを中心に再吟味し，新たな語の追加と分類の見直しを行った．従って本書は，前著の続編のようなものである．**『類語使い分け辞典』**ではよく使われる単語やその類義語を集めて分類して使い方を示したが，個々の単語の意味の詳細や類義語との違いなどを十分に示すことはできなかった．実際のところ類義語の意味や使い方の違いを日本語で説明することは容易なことではない．また，たとえ説明できたとしても，場面によって同じ単語が違う意味に使われることも多く，その説明が的を射たものであるかどうかははなはだ怪しいのだ．

英単語を，日本語訳との1対1の対応で覚えるのは難しい面も多い．モノの名前などなら，その日本語訳から実物をイメージして，それを英語と重ね合わせることができる．しかし，論文で使われるような抽象的な単語は，イメージをつくるのがとても難しい．このような単語は，英文の中で学習したとしても，何度辞書を引いても覚えられない単語になりやすい．このような場合は，本書で示すような単語の組み合わせ（連語）で理解することによって記憶のきっかけをつくる方法がとても有効であろう．

本書のもう1つの特徴は，見出し語を意味によって分類してあることである．意味のよく似た単語をまとめて学習することは，非常に効率がいい方法である．ここでは，それぞれの見出し語に対してよく使われる連語が収録されているので，説明が最小限でも類語の微妙な意味の違いや使い分けを学習することができる．

❖ LSD コーパスについて

本書の内容のもとになっているのは，ライフサイエンス辞書（LSD）プロジェクトが独自に構築したライフサイエンス分野の専門英語のコーパスである．コーパスとは，言語研究などのために一定の基準に従って収集された言語データのことを言うが，ここでは「論文抄録のデータベース」のことを指している．

ライフサイエンス分野では PubMed と呼ばれる無料の文献データベースがあるが，LSD では，そこから主要な学術誌（約 150 誌）を選び，1998 年から 2008 年までの間にアメリカまたはイギリスの研究機関から出された論文抄録（総語数約 8,000 万語）を集めてコーパスを構築してある．論文コーパスのコンピュータ解析によって得られた頻度情報（本書では用例数として [00] で表している）を最大限考慮して編纂することによって，本書では，実際の学術論文で好んで使用される「活きた英語」を提示できているものと思う．

LSD コーパスは，LSD プロジェクトのホームページ，WebLSD（http://lsd-project.jp/）から利用できる．本書と合わせて，ぜひ論文執筆などに活用していただきたい．なお，本書に収録した例文は LSD コーパスとは独立したオリジナルのものである．

❖ 用例数の計算方法

名詞の用例数は，原則として単数形と複数形の数の合計で示してある．ただし，複数形の用例が多いものについては複数形で連語リストに表示し，用例数のカウントも複数形のみの数とした．これは，複数形の用例が多い単語は，なるべく複数形で使うことを考えるべきであるからだ．また，複数形が多く使われるものやほとんど使われないものについては，そのことも付記してあるので合わせて参考にしよう．

動詞を伴う組み合わせについては，現在形，過去・過去分詞形，現在分詞形の 3 つに分け，一番多く使われる形でそれぞれの用例数と共に示した．

❖本書の使い方

本書の利用法としては，一度通読したあとに，2回目以降はできるだけ高速にページをめくって，1連語1秒を目標に全ページを一気に眺めるようにするとよいだろう．毎日持ち歩くというよりは，ときどき引っ張り出してざっと眺めて復習するのだ．ただし，本書にはある程度専門的な語も含まれているので，今まで一度も出会ったことがない単語を覚えようとする必要は全くない．そのような語は眺めるだけにして，もし，どこかで再び出会うことがあったら，そのときに本書で確認して覚えるようにすればよいだろう．本書の収録語は意味別に分類されているので，言葉探しも非常に簡便なはずである．また，巻末には収録語を使った例文を多数収録してあるので合わせて活用しよう．

本書では，“見出し語”として重要なキーワードを587語収録した．これらを中心に，単語の組み合わせ（連語）6,262個をよく使われるものから示した．連語6,000個が英単語6,000語に匹敵するわけではないが，実際に連語で覚えていれば，英語の読解や聴き取りの精度が格段に上がって英語力アップにつながるはずである．新しく6,000単語を覚えるのは並大抵のことではないが，知っている単語の組み合わせを6,000個覚えることは遙かに容易なチャレンジであろう．

（河本　健）

❖本書の構成

1 大分類

収録した見出し語は意味別にⅠ-AからⅣ-Bまでの13項目に大きく分類してある〔意味別分類リスト（11ページ～）も参照のこと〕．分類は右ページのインデックスに対応している．

2 小分類

似た意味の見出し語がさらに細かくグループ分けされており，これが実質的な分類である．類義語を整理して，まとめて理解できるように工夫してあるのでその点を考慮して活用するとよい．1つの小分類内の見出し語だけでなく，前後の小分類内の見出し語にも注目しよう．

●本書の構成

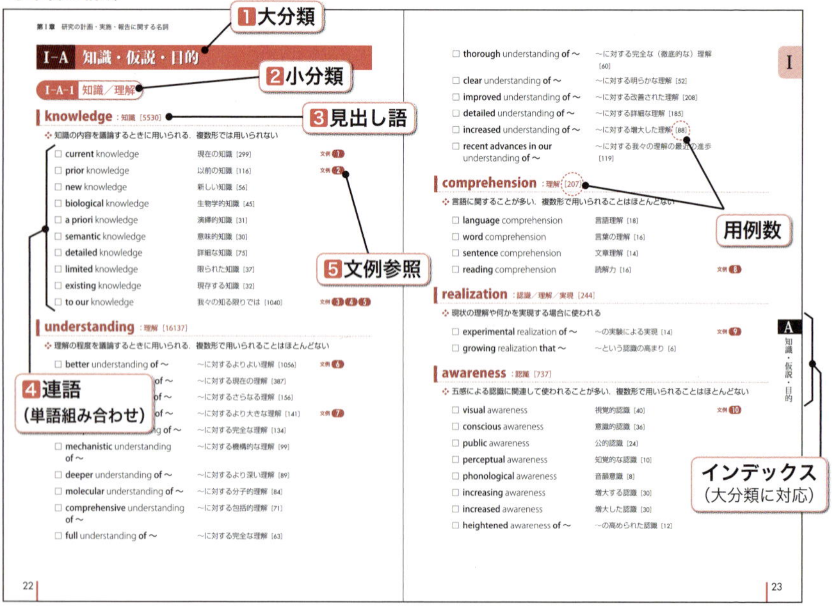

第Ⅰ章　研究の計画・実施・報告に関する名詞

Ⅰ-A　知識・仮説・目的

Ⅰ-A-1　知識／理解

knowledge：知識［5530］

❖知識の内容を議論するときに用いられる．複数形では用いられない

- □ current knowledge　現在の知識［299］　文例 1
- □ prior knowledge　以前の知識［116］　文例 2
- □ new knowledge　新しい知識［56］
- □ biological knowledge　生物学的知識［45］
- □ a priori knowledge　演繹的知識［31］
- □ semantic knowledge　意味的知識［30］
- □ detailed knowledge　詳細な知識［75］
- □ limited knowledge　限られた知識［37］
- □ existing knowledge　現存する知識［32］
- □ to our knowledge　我々の知る限りでは［1040］　文例 3 4 5

understanding：理解［16137］

❖理解の程度を議論するときに用いられる．複数形で用いられることはほとんどない

- □ better understanding of ～　～に対するよりよい理解［1056］　文例 6
- □ … of ～　～に対する現在の理解［387］
- □ … of ～　～に対するさらなる理解［156］
- □ … of ～　～に対するより大きな理解［141］　文例 7
- □ …g of ～　～に対する完全な理解［134］
- □ mechanistic understanding of ～　～に対する機構的な理解［99］
- □ deeper understanding of ～　～に対するより深い理解［89］
- □ molecular understanding of ～　～に対する分子的理解［84］
- □ comprehensive understanding of ～　～に対する包括的理解［71］
- □ full understanding of ～　～に対する完全な理解［63］

22

- □ thorough understanding of ～　～に対する完全な（徹底的な）理解［60］
- □ clear understanding of ～　～に対する明らかな理解［52］
- □ improved understanding of ～　～に対する改善された理解［208］
- □ detailed understanding of ～　～に対する詳細な理解［185］
- □ increased understanding of ～　～に対する増大した理解［88］
- □ recent advances in our understanding of ～　～に対する我々の理解の最近の進歩［119］

comprehension：理解［207］

❖言語に関することが多い．複数形で用いられることはほとんどない

- □ language comprehension　言語理解［18］
- □ word comprehension　言葉の理解［16］
- □ sentence comprehension　文章理解［14］
- □ reading comprehension　読解力［16］　文例 8

realization：認識／理解／実現［244］

❖現状の理解や何かを実現する場合に使われる

- □ experimental realization of ～　～の実験による実現［14］　文例 9
- □ growing realization that ～　～という認識の高まり［6］

awareness：認識［737］

❖五感による認識に関連して使われることが多い．複数形で用いられることはほとんどない

- □ visual awareness　視覚的認識［40］　文例 10
- □ conscious awareness　意識的認識［36］
- □ public awareness　公的認識［24］
- □ perceptual awareness　知覚的な認識［10］
- □ phonological awareness　音韻意識［8］
- □ increasing awareness　増大する認識［30］
- □ increased awareness　増大した認識［30］
- □ heightened awareness of ～　～の高められた認識［12］

23

Ⅰ　A 知識・仮説・目的

3 見出し語

生命科学分野の論文で頻出の名詞を取り上げた．8,000万語のLSDコーパス中での出現回数（用例数［00］）も示してあるので，使用頻度の高い見出し語を優先的に学習するとよいだろう．また理解の助けとして論文中での用いられ方の傾向も付記してある．

4 連語（単語組み合わせ）

見出し語を含む連語（「名詞＋名詞」，「形容詞＋名詞」，「慣用的フレーズ」）のうち，よく使われるものを厳選し，用例数（［00］）とともにリストアップした．この連語リストが本書の本体である．組み合わされる単語の違いを比較することによって，前後の類義語との類似点や相違点を知ることができる．素早く一覧できるように，できるだけ無駄なくシンプルな構成に仕上げてあるので，これらを眺めることによって正確な意味を理解して生きた語彙を増やそう．なお，異なる組み合わせでほぼ同じ用いられ方をするものについては「※同義」などと付記してある．

5 文例参照

一部の連語には例文を用意したので，実際の文章の中での使い方を確認しよう．297ページからはじまる文例一覧の対応する番号を参照されたい．

～表現したい内容を的確に表す英単語（連語）の探し方～

本書は，単語の学習書としてだけでなく，論文執筆等に使う言葉探しにも活用できる．

◆意味別分類リストから探す

① 収録したすべての見出し語の意味別分類リストが11～20ページにある．まずはリストから書きたい内容にマッチした表現のある分類を見つけよう．

② 該当する分類に含まれる連語を一覧して，使いたい意味に合う単語を選択しよう．必ずしも連語で使う必要はないが，連語を確認することによって，その単語本来の意味をより正確に判断できるはずである．

◆巻末索引から探す

○ 巻末にはすべての見出し語とその日本語訳をアルファベット順および50音順で探せる索引があるので，そこからも目的の表現を探すことができる．

ライフサイエンス
組み合わせ英単語

目　次

意味別 単語分類リスト

第Ⅰ章

研究の計画・実施・報告に関する名詞

Ⅰ-A 知識・仮説・目的

Ⅰ-A-1 知識／理解 ▶22

knowledge……知識
understanding……理解
comprehension……理解
realization……認識／理解／実現
awareness……認識
appreciation……認識
information……情報

Ⅰ-A-2 仮説／概念 ▶25

hypothesis……仮説
assumption……想定／仮定
concept……概念／コンセプト
notion……概念
idea……考え／アイデア
thought……思考
proposal……提案
view……見解／観点
perspective……観点／展望
theory……理論
framework……枠組み／フレームワーク
simulation……シミュレーション
model……モデル

Ⅰ-A-3 予 想 ▶30

prediction……予測
expectation……予想
estimation……推定
estimate……推定
promise……見込み／約束

Ⅰ-A-4 計 画 ▶31

design……設計
program……プログラム／計画／制度
schedule……スケジュール／予定
planning……計画
strategy……戦略／方針／計画

Ⅰ-A-5 目的／試み ▶34

purpose……目的
aim……目的
goal……目標／目的
objective……目的
target……標的
attempt……試み
effort……努力／取り組み
trial……治験／試験

Ⅰ-A-6 可能性／確率 ▶37

possibility……可能性
probability……確率／蓋然性
likelihood……尤度／可能性
chance……公算／見込み／機会
feasibility……可能性／実現可能性

Ⅰ-B 研究の実施

Ⅰ-B-1 研究／検査 ▶39

study……研究
investigation……（詳細な）研究
research……研究／調査
work……研究／仕事
survey……調査
search……探索／検索
dissection……精査／解剖／解離／切開
examination……検査
test……検査
exploration……探索／精査／診査

screening …… スクリーニング／検診
task …… 課題／作業課題

I-B-2 方　法 ▶44

method …… 方法
methodology …… 方法論
approach …… アプローチ／方法
modality …… 方法／様式
analysis …… 分析／解析
assay …… アッセイ／解析法
procedure …… 手技／手順／処置
protocol …… プロトコール

I-B-3 技術／実施 ▶49

technique …… 技術
technology …… 技術
modeling …… モデリング
imaging …… イメージング／画像処理／画像法
mutagenesis …… 変異誘発
manipulation …… 操作
experiment …… 実験
tool …… 道具／ツール

I-B-4 測定／定量 ▶54

measurement …… 測定
quantification …… 定量／定量化
quantitation …… 定量／定量化

I-B-5 使用／利用 ▶55

use …… 使用
usage …… 使用／用法
utilization …… 利用
application …… 適用／応用
exploitation …… 活用／利用

I-B-6 単離／分離／収集 ▶56

isolation …… 単離／隔離
separation …… 分離
segregation …… 分離
purification …… 精製
extraction …… 抽出／摘出
collection …… 収集
acquisition …… 獲得／収集

I-B-7 置換／交換 ▶58

substitution …… 置換
replacement …… 置換
displacement …… 置換／変位
exchange …… 交換
interchange …… 交換
conversion …… 変換
interconversion …… 相互変換／転換

I-B-8 培養／インキュベーション ▶60

culture …… 培養／培養物
cultivation …… 培養／栽培
incubation …… インキュベーション／培養

I-B-9 検　体 ▶61

sample …… 試料／標本
specimen …… 検体／標本
preparation …… 標本／標品／準備／調製
subject …… 対象／患者

I-C 発見・評価・報告

I-C-1 同定／発見／事実 ▶64

identification …… 同定
detection …… 検出
discovery …… 発見
finding …… 知見／所見／発見
observation …… 観察
fact …… 事実
result …… 結果
data …… データ
insight …… 洞察／見識
characterization …… 特徴づけ
specification …… 特定／特異化

I-C-2 評価／比較 ▶69

assessment	評価
evaluation	評価
criterion	基準
classification	分類
comparison	比較
judgment	判断
opinion	意見／見解
diagnosis	診断

I-C-3 決定／証明 ▶73

determination	決定
decision	決定
definition	定義
assignment	割当／帰属
demonstration	実証
proof	証拠／証明
evidence	証拠
suggestion	示唆

I-C-4 報告／結論／説明 ▶76

conclusion	結論
explanation	説明
interpretation	解釈
report	報告
description	記述
article	記事／論文
literature	文献
paper	論文／紙
review	総説／レビュー／検討
documentation	記述／文書化
delineation	描写
picture	像／画像／描写

第Ⅱ章 変化を表す名詞

Ⅱ-A 発生・原因・増加

Ⅱ-A-1 存 在 ▶82

presence	存在
existence	存在／実存

Ⅱ-A-2 発生／発現 ▶83

appearance	出現／外観
occurrence	発生／出来事
emergence	発生／出現
initiation	開始／発生
development	発生／発達／開発
expression	発現

Ⅱ-A-3 由来／原因 ▶85

cause	原因
reason	理由
source	供給源
origin	起源／開始点

Ⅱ-A-4 産生／再生 ▶87

production	産生
generation	生成／発生／世代
yield	収率
synthesis	合成
regeneration	再生
reproduction	生殖／繁殖

Ⅱ-A-5 増加／上昇 ▶90

increase	増大
augmentation	増大
increment	増大
elevation	上昇
rise	上昇
up-regulation	上方制御

II-A-6 増強／促進／誘導 ▶92

enhancement……増強
potentiation……増強
facilitation……促進
promotion……促進
activation……活性化
induction……誘導
guidance……誘導／ガイダンス
pathfinding……誘導／経路探索
cue……キュー／合図／手がかり
acceleration……加速

II-A-7 増殖／増幅 ▶95

proliferation……増殖
growth……増殖／成長
replication……複製
propagation……伝播／増殖
amplification……増幅
duplication……重複
redundancy……重複性／冗長性
overlap……重複
outgrowth……伸長／成長
hyperplasia……過形成／肥大／増生

II-A-8 拡大／拡張 ▶99

expansion……拡大／増殖
extension……伸長／伸展／延長
enlargement……拡大／肥大
dilation……拡張
dilatation……拡張
hypertrophy……肥大

II-A-9 進歩／進行 ▶101

progress……進歩
stride……進歩
advance……進歩／進行
progression……進行

II-B 低下・破壊

II-B-1 抑　制 ▶104

inhibition……抑制／阻害
suppression……抑制
repression……抑制
depression……抑制／うつ（病）
interference……干渉

II-B-2 低　下 ▶106

decrease……低下／減少
reduction……低下／減少／還元
fall……低下／減少
decline……低下／減少
diminution……低下／減少
drop……低下／減少
attenuation……減弱／減衰
down-regulation……下方制御

II-B-3 遮断／欠乏 ▶109

block……ブロック／阻止
blockade……遮断
loss……喪失／減少
absence……非存在／欠如
lack……欠如
depletion……枯渇／減少
deprivation……枯渇／欠乏／遮断
arrest……停止
termination……終結／終止

II-B-4 破壊／切断 ▶113

disruption……破壊
destruction……破壊
resection……切除／摘出
excision……除去／切除
ablation……除去／アブレーション
removal……除去
elimination……除去／離脱
cleavage……切断
scission……切断

truncation …… 切断／切り詰め
transection …… 切断
deletion …… 欠失
inactivation …… 不活性化

Ⅱ-B-5 分解／崩壊 ▶118

degradation …… 分解
breakdown …… 分解／崩壊／破綻／破壊
disassembly …… 分解
rupture …… 破裂／破綻
collapse …… 崩壊／虚脱
decay …… 減衰／崩壊

Ⅱ-C 変化・移動

Ⅱ-C-1 変 化 ▶120

change …… 変化
alteration …… 変化
modification …… 修飾
fluctuation …… ゆらぎ／変動
deformation …… 変形
distortion …… 歪み／乱れ
diversion …… 変向／迂回路
differentiation …… 分化
transformation …… 形質転換
switching …… スイッチング／スイッチ／転換

Ⅱ-C-2 移 動 ▶125

transfer …… 移動／伝達
transit …… 通過／移行
transition …… 転移／遷移／移行
translocation …… 移行／転位置
migration …… 遊走／移動
invasion …… 浸潤／侵入
infiltration …… 浸潤
shift …… シフト／移動

Ⅱ-C-3 移 入 ▶129

entry …… 移入／侵入／移行
import …… 移入／移行
incorporation …… 取り込み
uptake …… 取り込み
intake …… 摂取
input …… 入力
consumption …… 消費／消費量

Ⅱ-C-4 移 出 ▶132

export …… 排出／輸出
excretion …… 排泄
output …… 出力

Ⅱ-C-5 運 動 ▶133

movement …… 運動／動き
exercise …… 運動／訓練

Ⅱ-C-6 伝 達 ▶134

transmission …… 伝達／伝染／感染／伝播
transduction …… 伝達／情報伝達／導入
communication …… 情報交換／コミュニケーション

第Ⅲ章 関係・性質を示す名詞

Ⅲ-A 関連

Ⅲ-A-1 関 与 ▶138

involvement …… 関与／転移／合併症
participation …… 関与／参加
intervention …… 介入／インターベンション

Ⅲ-A-2 関 連 ▶139

relation …… 関係／関連／相関
relationship …… 関連性／関係／相関
association …… 関連性／結合／会合
link …… つながり／関連／連鎖
correlation …… 相関
relevance …… 関連性

relatedness …… 関連性
linkage …… 連鎖

Ⅲ-A-3 一致／類似 ▶143

agreement …… 一致
concordance …… 一致
coincidence …… 一致／同時発生
correspondence …… 一致
identity …… 同一性／相同性
homology …… 相同性
similarity …… 類似性
consent …… 同意

Ⅲ-A-4 違い／変異 ▶146

difference …… 違い／相違／差異
divergence …… 分岐
disagreement …… 不一致
distinction …… 区別
discrimination …… 識別／弁別
disparity …… 格差
exception …… 例外
mutation …… 変異
variation …… 変動／変異
mutant …… 変異体
variant …… 変異体／バリアント

Ⅲ-A-5 影響／帰結 ▶151

consequence …… 結果／影響／帰結
outcome …… 結果／転帰／成績
impact …… 影響
influence …… 影響
effect …… 影響／効果
efficacy …… 効果／効力
efficiency …… 効率
contribution …… 寄与／貢献
benefit …… 利点／利益／効果
advantage …… 優位性
experience …… 経験／体験
success …… 成功

Ⅲ-B 性質

Ⅲ-B-1 特徴／性質 ▶158

feature …… 特徴
characteristic …… 特性／特徴
character …… 特性／形質
hallmark …… 特徴
specificity …… 特異性
property …… 性質
nature …… 性質／自然
profile …… プロファイル／特性
propensity …… 傾向／性質
stability …… 安定性
instability …… 不安定性
integrity …… 完全性

Ⅲ-B-2 重要性／正確性 ▶164

importance …… 重要性
significance …… 有意性／意義／重要性
implication …… 意味／関連
accuracy …… 精度
precision …… 精度／正確さ

Ⅲ-B-3 要求性／必要 ▶166

requirement …… 必要性／必要量／要件
need …… 必要／必要性
necessity …… 必要性
demand …… 要求
request …… 要求／請求
claim …… 主張／請求

Ⅲ-B-4 制限／限界 ▶168

restriction …… 制限
limitation …… 限界／制約／制限
limit …… 限界
constraint …… 制約／拘束
threshold …… 閾値

Ⅲ-B-5 維持／耐性 ▶170

maintenance …… 維持

protection …… 保護
surveillance …… 監視
tolerance …… 寛容／耐性
resistance …… 抵抗性

Ⅲ-B-6 能力／潜在力 ▶172

ability …… 能力
capability …… 能力
capacity …… 能力／容量
competence …… 能力
potential …… 潜在能／電位
potency …… 効力／活性／能力
power …… 力／出力
strength …… 強度／力
performance …… 能力／成績
activity …… 活性
resolution …… 分解能
determinant …… 決定要因／決定因子

Ⅲ-C 機能

Ⅲ-C-1 応答／認識 ▶179

response …… 応答／反応
reaction …… 反応
defense …… 防御
immunity …… 免疫
plasticity …… 可塑性
recognition …… 認識
perception …… 知覚／認知
cognition …… 認識／認知

Ⅲ-C-2 結合／接着 ▶183

binding …… 結合
bond …… 結合
bonding …… 結合
interaction …… 相互作用
interplay …… 相互作用
adhesion …… 接着／付着
attachment …… 付着
connection …… 結合／関連
conjugation …… 抱合／結合
cohesion …… 接着／粘着
contact …… 接触／接着
affinity …… 親和性

Ⅲ-C-3 機構／役割 ▶188

mechanism …… 機構／機序
machinery …… 装置／機構
basis …… 基盤／基礎
function …… 機能／関数
action …… 作用
role …… 役割
pathway …… 経路
process …… 過程／プロセス
circuit …… 回路
circuitry …… 回路／回路網
cycle …… 周期／サイクル／環
transcription …… 転写
system …… 系／システム

Ⅲ-C-4 調　節 ▶197

regulation …… 調節／制御
control …… 調節／対照／コントロール
modulation …… 調節／変調
adjustment …… 調整／補正
adaptation …… 適応／順応

Ⅲ-C-5 選択／挙動 ▶199

selection …… 選択／淘汰
choice …… 選択
option …… 選択肢
selectivity …… 選択性
behavior …… 行動／挙動
competition …… 競合／競争
evolution …… 進化

Ⅲ-D 構造（体）

Ⅲ-D-1 組　成 ▶203

composition …… 組成

component……成分／構成成分
constituent……成分／構成物
ingredient……成分
community……群／界／コミュニティー
species……種

Ⅲ-D-2 構　造 ▶205

structure……構造
architecture……構築／構造
makeup……構造／組立
conformation……構造／立体構造
moiety……部分／成分

Ⅲ-D-3 集合／構築 ▶208

formation……形成
construction……構築
organization……構築／構成
reorganization……再構築／再編成
assembly……集合／構築
aggregation……凝集／集積
population……集団
group……群／集団／基
cluster……クラスター／集団
complex……複合体
combination……組み合わせ
recombination……組換え

Ⅲ-D-4 分子／物質 ▶214

molecule……分子
construct……コンストラクト
product……産物
intermediate……中間体
agonist……作用薬
antagonist……拮抗薬

Ⅲ-D-5 保存／貯蔵物 ▶217

conservation……保存
preservation……保存
pool……プール
storage……貯蔵
store……貯蔵
reserve……貯蔵／予備
reservoir……貯蔵所／保菌者
depot……貯蔵所
retention……貯留／保持
accumulation……蓄積
deposition……沈着
deposit……沈着物／沈着

Ⅲ-E 場所・状態・程度

Ⅲ-E-1 領　域 ▶221

region……領域
area……領域
site……場所
locus……座／部位
territory……領域／テリトリー
zone……帯／領域
part……部分／役割
domain……ドメイン
range……範囲

Ⅲ-E-2 位置関係 ▶227

localization……局在
location……位置
position……位置
end……終わり／末端／目標
distribution……分布
arrangement……配置
rearrangement……再構築／再編成
center……中心／センター
surface……表面
junction……接合部／ジャンクション／結合
orientation……配向／方向
motif……モチーフ
element……エレメント／因子／要素

Ⅲ-E-3 環境／状態 ▶234

state……状態
status……状態

situation …… 状況／状態
aspect …… 面／状況
circumstance …… 状況／環境
context …… 状況／構成
condition …… 条件／状態
environment …… 環境
milieu …… 環境

Ⅲ-E-4 例／機会 ▶239

example …… 例
instance …… 例
case …… 例／症例／事例
event …… イベント／現象
opportunity …… 機会
occasion …… 機会

Ⅲ-E-5 程度／範囲 ▶241

rate …… 速度／率
ratio …… 比
velocity …… 速度
speed …… 速度
frequency …… 頻度
incidence …… 発生率
proportion …… 割合／比率
level …… レベル
concentration …… 濃度
value …… 値
count …… 数
step …… 段階
stage …… 時期／段階／ステージ
phase …… 相／位相／時期
grade …… グレード／悪性度／段階
degree …… 程度／温度
extent …… 範囲／程度

Ⅲ-E-6 型 ▶250

manner …… 様式
fashion …… 様式
mode …… 様式
pattern …… パターン
form …… 型／形

第Ⅳ章 疾患・治療に関係する名詞

Ⅳ-A 障壁・疾患

Ⅳ-A-1 問題／障壁 ▶256

problem …… 問題
difficulty …… 困難／障害
obstacle …… 障壁／障害
barrier …… 障壁／関門／バリア
distress …… 苦痛／苦悩
stress …… ストレス／応力
risk …… リスク／危険性
exposure …… 暴露
abuse …… 乱用／虐待

Ⅳ-A-2 疾患／障害 ▶259

disease …… 疾患
illness …… 疾患
sickness …… 病気
disorder …… 障害／疾患
impairment …… 障害
deficit …… 障害
disturbance …… 障害
dysfunction …… 機能不全
failure …… 不全／失敗
defect …… 欠陥／欠損／異常
deficiency …… 欠乏／欠損／欠損症
syndrome …… 症候群／シンドローム
damage …… 損傷／障害
injury …… 損傷／傷害
trauma …… 外傷／心的外傷／トラウマ
lesion …… 病変／傷害
dysplasia …… 異形成
abortion …… 流産／中絶

Ⅳ-A-3 発症／感染 ▶269

onset……発症／開始
episode……エピソード／発症
infection……感染
susceptibility……感受性
recurrence……再発

Ⅳ-A-4 症 状 ▶272

symptom……症状
manifestation……症状／出現
sign……徴候／症状
presentation……提示／症状
representation……表現／提示／表示
occlusion……閉塞
obstruction……閉塞
rejection……拒絶／拒絶反応
pain……痛み
severity……重症度

Ⅳ-A-5 病 因 ▶276

etiology……病因
pathogenesis……病因／病態形成
pathogenicity……病原性
pathogen……病原体
virulence……病原性／毒性
toxicity……毒性

Ⅳ-A-6 経 過 ▶278

outbreak……大流行／激増
pandemic……大流行／パンデミック
remission……寛解
metastasis……転移
complication……合併症
morbidity……罹患率／罹患
prevalence……有病率
mortality……死亡率
lethality……致死／死亡率
prognosis……予後
survival……生存
viability……生存率

death……死
health……健康

Ⅳ-B 治療

Ⅳ-B-1 処置／治療 ▶284

treatment……処置／治療
therapy……治療／治療法
regimen……治療計画／療法
surgery……手術
management……管理
stimulation……刺激
stimulus……刺激
addition……付加／添加

Ⅳ-B-2 薬／投薬 ▶289

drug……薬
agent……薬／剤／病原体
reagent……試薬
compound……化合物
medication……薬／薬物療法
administration……投与／投薬
injection……注射／注入

Ⅳ-B-3 移 植 ▶292

transplantation……移植
transplant……移植片／移植
engraftment……生着／移植
implantation……移植／植え込み
implant……インプラント／移植片

Ⅳ-B-4 改良／回復 ▶294

recovery……回復
improvement……改善／改良
refinement……精密化／改善

Ⅳ-B-5 患 者 ▶295

patient……患者
recipient……レシピエント／移植患者
donor……ドナー／提供者／供与体

第Ⅰ章

研究の計画・実施・報告に関する名詞

I-A　知識・仮説・目的

I-A-1　知識／理解

knowledge：知識［5530］

❖ 知識の内容を議論するときに用いられる．複数形では用いられない

- □ current knowledge　現在の知識［299］　文例 1
- □ prior knowledge　以前の知識［116］　文例 2
- □ new knowledge　新しい知識［56］
- □ biological knowledge　生物学的知識［45］
- □ a priori knowledge　演繹的知識［31］
- □ semantic knowledge　意味的知識［30］
- □ detailed knowledge　詳細な知識［75］
- □ limited knowledge　限られた知識［37］
- □ existing knowledge　現存する知識［32］
- □ to our knowledge　我々の知る限りでは［1040］　文例 3 4 5

understanding：理解［16137］

❖ 理解の程度を議論するときに用いられる．複数形で用いられることはほとんどない

- □ better understanding of ～　～に対するよりよい理解［1056］　文例 6
- □ current understanding of ～　～に対する現在の理解［387］
- □ further understanding of ～　～に対するさらなる理解［156］
- □ greater understanding of ～　～に対するより大きな理解［141］　文例 7
- □ complete understanding of ～　～に対する完全な理解［134］
- □ mechanistic understanding of ～　～に対する機構的な理解［99］
- □ deeper understanding of ～　～に対するより深い理解［89］
- □ molecular understanding of ～　～に対する分子的理解［84］
- □ comprehensive understanding of ～　～に対する包括的理解［71］
- □ full understanding of ～　～に対する完全な理解［63］

- □ **thorough** understanding **of** ～ ～に対する完全な（徹底的な）理解［60］
- □ **clear** understanding **of** ～ ～に対する明らかな理解［52］
- □ **improved** understanding **of** ～ ～に対する改善された理解［208］
- □ **detailed** understanding **of** ～ ～に対する詳細な理解［185］
- □ **increased** understanding **of** ～ ～に対する増大した理解［88］
- □ **recent advances in our** understanding **of** ～ ～に対する我々の理解の最近の進歩［119］

comprehension ：理解［207］

❖ 言語に関することが多い．複数形で用いられることはほとんどない

- □ **language** comprehension 言語理解［18］
- □ **word** comprehension 言葉の理解［16］
- □ **sentence** comprehension 文章理解［14］
- □ **reading** comprehension 読解力［16］ 文例 8

realization ：認識／理解／実現［244］

❖ 現状の理解や何かを実現する場合に使われる

- □ **experimental** realization **of** ～ ～の実験による実現［14］ 文例 9
- □ **growing** realization **that** ～ ～という認識の高まり［6］

awareness ：認識［737］

❖ 五感による認識に関連して使われることが多い．複数形で用いられることはほとんどない

- □ **visual** awareness 視覚的認識［40］ 文例 10
- □ **conscious** awareness 意識的認識［36］
- □ **public** awareness 公的認識［24］
- □ **perceptual** awareness 知覚的な認識［10］
- □ **phonological** awareness 音韻意識［8］
- □ **increasing** awareness 増大する認識［30］
- □ **increased** awareness 増大した認識［30］
- □ **heightened** awareness **of** ～ ～の高められた認識［12］

appreciation：認識［276］

❖ 正しく認識することを意味する．複数形で用いられることはほとんどない

- □ **growing** appreciation　増大する認識［18］　文例 11
- □ **increasing** appreciation　増大する認識［10］
- □ **better** appreciation　よりよい認識［14］

information：情報［19741］

❖ 新しく得られた情報やこれから利用する情報を意味する．複数形では用いられない

- □ **structural** information　構造情報［636］
- □ **new** information　新しい情報［451］
- □ **little** information　ほとんど情報のない［386］
- □ **genetic** information　遺伝情報［269］
- □ **prognostic** information　予測情報［243］
- □ **additional** information　追加情報［237］
- □ **sensory** information　感覚情報［218］
- □ **visual** information　視覚情報［210］
- □ **important** information　重要情報［193］
- □ **positional** information　位置情報［177］
- □ **useful** information　有用な情報［158］
- □ **clinical** information　臨床情報［157］
- □ **valuable** information　有益な情報［143］
- □ **spatial** information　空間情報［127］
- □ **detailed** information　詳細情報［202］
- □ **limited** information　限られた情報［163］
- □ **sequence** information　配列情報［416］
- □ **quantum** information　量子情報［88］
- □ **provide** information　情報を提供する［339］　文例 12

I-A-2 仮説／概念

同格の that 節を伴うものが多い

hypothesis ：仮説［18356］

❖「the hypothesis that」の用例が多い

- □ **null** hypothesis　帰無仮説［110］
- □ **alternative** hypothesis　対立仮説［78］
- □ **novel** hypothesis　新規の仮説［39］
- □ **new** hypothesis　新しい仮説［28］
- □ **previous** hypothesis　以前の仮説［25］
- □ **second** hypothesis　二次仮説［24］
- □ **current** hypothesis　現在の仮説［23］
- □ **original** hypothesis　最初の仮説［22］
- □ **working** hypothesis　作業仮説［77］
- □ **unifying** hypothesis　統一仮説［24］
- □ **tested the** hypothesis **that ～**　～という仮説を検証した［1826］　文例 13

assumption ：想定／仮定［1913］

❖ hypothesis よりやや弱い意味で使われる．複数形の用例も多い

- □ **model** assumptions　モデル仮定［28］
- □ **common** assumption　一般的な想定［29］
- □ **key** assumption　鍵となる仮定［27］
- □ **basic** assumption　基本仮定［19］
- □ **implicit** assumption　暗黙の了解［17］
- □ **priori** assumptions　先験的仮定［13］
- □ **underlying** assumptions　根底にある仮定［31］
- □ **simplifying** assumption　単純化の仮定［19］
- □ **based on the** assumption **that ～**　～という仮定に基づいて［67］　文例 14

concept：概念／コンセプト［3437］

❖ 新しい概念や規定の概念の意味で使われることが多い

- ☐ **new** concept　新しい概念［93］
- ☐ **current** concepts　現在の概念［63］
- ☐ **novel** concept　新規の概念［53］
- ☐ **general** concept　一般概念［32］
- ☐ **important** concept　重要概念［27］
- ☐ **basic** concepts　基本的な概念［25］
- ☐ **species** concept　種の概念［25］
- ☐ **key** concepts　鍵となる概念［18］
- ☐ **traditional** concept　伝統的な概念［17］
- ☐ **fundamental** concept　基本概念［16］
- ☐ **emerging** concept　新生の概念［49］
- ☐ **support the** concept **that** ～　～という概念を支持する［353］　文例 15

notion：概念［1910］

❖ 考えや理解に近い意味で使われる．「the notion that」の用例が多い

- ☐ **prevailing** notion　一般的な概念［11］
- ☐ **support the** notion **that** ～　～という概念を支持する［439］　文例 16

idea：考え／アイデア［2698］

❖ 新しいアイデアなどに使われる．「the idea that」の用例が多い

- ☐ **new** idea　新しい考え［29］
- ☐ **current** idea　現在の考え［18］
- ☐ **support the** idea **that** ～　～という考えを支持する［483］　文例 17

thought：思考［9418］

❖ 動詞の用例（think の過去・過去分詞）が多く，名詞としてはあまり使われない

- ☐ **suicidal** thoughts　自殺念慮［19］　文例 18
- ☐ **intrusive** thoughts　侵入思考［6］
- ☐ **delusional** thoughts　妄想思考［4］
- ☐ **self-injurious** thoughts　自傷思考［3］

proposal：提案［1030］

❖ 仮説や概念に近い意味で使われる．「the proposal that」の用例が多い

- □ **previous** proposal　以前の提案［57］
- □ **support the** proposal **that** ～　～という提案を支持する［81］
- □ **consistent with the** proposal **that** ～　～という提案と一致している［65］

view：見解／観点／みなす［4230］

❖ これまでの見解を述べるときに使われる．「the view that」の用例が多い

- □ **current** view　現在の見解［73］
- □ **traditional** view　伝統的な見解［61］　文例 19
- □ **conventional** view　従来の見解［32］
- □ **global** view **of** ～　～の全体的な見解［46］
- □ **comprehensive** view **of** ～　～の包括的な見解［38］
- □ **prevailing** view　一般的な見解［87］
- □ **emerging** view　新生の見解［43］
- □ **detailed** view　詳細な見解［41］
- □ **accepted** view　認められた見解［31］
- □ **integrated** view **of** ～　～の統合された見解［24］
- □ **from the point of** view **of** ～　～の観点から［17］
- □ **in** view **of** ～　～を考慮して［455］　文例 20
- □ **field of** view　視野／視界［111］
- □ **support the** view **that** ～　～という見解を支持する［328］　文例 21

perspective：観点／展望［1326］

❖ 大きな見方での観点の意味で使われる

- □ **new** perspective **on** ～　～に関する新しい観点［64］　文例 22
- □ **societal** perspective　社会的観点［35］
- □ **evolutionary** perspective　進化的観点［25］
- □ **historical** perspective　歴史的観点［18］
- □ **global** perspective　世界的な観点［18］

theory：理論［5092］

❖ 仮説よりも明確になっている説に対して用いられる

- ☐ **functional** theory　機能的理論［544］
- ☐ **current** theory　現在の理論［71］
- ☐ **evolutionary** theory　進化論［59］　文例 23
- ☐ **neutral** theory　中立説［31］
- ☐ **information** theory　情報理論［59］
- ☐ **transition state** theory　遷移状態理論［46］
- ☐ **field** theory　場の理論［43］

framework：枠組み／フレームワーク［3457］

❖ 物質的な枠組みだけでなく概念的な枠組みの意味にも使われる

- ☐ **conceptual** framework　概念的枠組み［120］　文例 24
- ☐ **theoretical** framework　理論的枠組み［110］　文例 25
- ☐ **structural** framework　構造的枠組み［67］
- ☐ **general** framework　全般的枠組み［58］
- ☐ **molecular** framework　分子的枠組み［46］
- ☐ **statistical** framework　統計的枠組み［39］
- ☐ **mathematical** framework　数学的枠組み［36］

simulation：シミュレーション［6829］

❖ コンピュータを使った再現の意味で使われることが多い．複数形で用いられることが非常に多い

- ☐ **molecular dynamics** simulations　分子動態シミュレーション［885］　文例 26
- ☐ **computer** simulations　コンピュータシミュレーション［356］
- ☐ **model** simulations　モデルシミュレーション［82］
- ☐ **numerical** simulations　数値シミュレーション［123］
- ☐ **stochastic** simulations　確率的シミュレーション［29］

model：モデル［85403］

❖ 動物を使って病気などを再現する意味で使われることが多い

- ☐ **mouse** model　マウスモデル［4411］

□ **animal** model	動物モデル [4266]	文例 27
□ **regression** model	回帰モデル [1149]	
□ **homology** model	相同性モデル [568]	
□ **tumor** model	腫瘍モデル [518]	
□ **xenograft** model	異種移植モデル [405]	
□ **rodent** model	げっ歯類モデル [380]	文例 28
□ **computer** model	コンピュータモデル [305]	
□ **disease** model	疾患モデル [288]	
□ **state** model	状態モデル [243]	
□ **canine** model	イヌモデル [210]	
□ **network** model	ネットワークモデル [207]	
□ **primate** model	霊長類モデル [203]	
□ **murine** model	マウスモデル [1489]	
□ **molecular** model	分子モデル [1331]	
□ **mathematical** model	数学的モデル [894]	
□ **experimental** model	実験モデル [718]	文例 29
□ **structural** model	構造モデル [705]	
□ ***in vitro*** model	試験管内モデル [688]	
□ **current** model	現在のモデル [564]	
□ ***in vivo*** model	生体内モデル [508]	
□ **new** model	新しいモデル [516]	
□ **kinetic** model	動力学的モデル [501]	
□ **simple** model	単純モデル [436]	
□ **genetic** model	遺伝的モデル [402]	
□ **computational** model	計算モデル [394]	
□ **useful** model	有用なモデル [391]	
□ **theoretical** model	理論モデル [358]	
□ **multivariate** model	多変量モデル [316]	
□ **statistical** model	統計モデル [283]	
□ **excellent** model	素晴らしいモデル [231]	
□ **three-dimensional** model	三次元モデル [186]	

I-A-3 予　想

prediction ：予測［6826］

❖ 複数形の用例も多い

- ☐ **structure** prediction　構造予測［453］
- ☐ **gene** prediction　遺伝子予測［189］　文例 30
- ☐ **model** predictions　モデル予測［116］
- ☐ **risk** prediction　リスク予測［69］
- ☐ **theoretical** predictions　理論的予測［149］
- ☐ **accurate** prediction　正確な予測［108］
- ☐ **testable** predictions　検証できる予測［56］
- ☐ prediction **model**　予測モデル［123］
- ☐ prediction **algorithms**　予測アルゴリズム［65］
- ☐ prediction **equations**　予測方程式［41］

expectation ：予想［1119］

❖ 期待を込めた予想，予期，見込みを意味する．複数形の用例も多い

- ☐ **neutral** expectations　中立的予想［24］
- ☐ expectation-**maximization algorithm**　期待値最大化アルゴリズム［46］
- ☐ **contrary to** expectations　予想に反して［88］　文例 31

estimation ：推定［1219］

❖ 推定の方法に関することが多い

- ☐ **parameter** estimation　パラメーター推定［53］
- ☐ **likelihood** estimation　尤度推定［33］
- ☐ **accurate** estimation **of** ～　～の正確な推定［27］
- ☐ **allow** estimation **of** ～　～の推定を可能にする［24］　文例 32

estimate ：推定／見積もる［8655］

❖ 複数形の用例がかなり多い．動詞としてもよく使われる

- ☐ **previous** estimates　以前の推定［94］

- ☐ **accurate** estimates　正確な推定［66］　文例 33
- ☐ **quantitative** estimates　量的推定［53］
- ☐ **reliable** estimates　信頼できる推定［33］
- ☐ **parameter** estimates　パラメーター推定［83］
- ☐ **prevalence** estimates　推定有病率［76］
- ☐ **heritability** estimates　遺伝率推定［43］
- ☐ **maximum likelihood** estimates　最尤推定値［33］

promise：見込み／約束／見込みがある［2104］

❖ よい見込みに使われる

- ☐ **great** promise　大きな見込み［238］
- ☐ **significant** promise　顕著な見込み［44］
- ☐ **considerable** promise　かなりの見込み［44］
- ☐ **hold** promise　有望である／期待できる［311］　文例 34
- ☐ **show** promise　有望である／見込みがある［242］

I-A-4 計　画

design：設計／設計する［9009］

❖ 1 つの図面のような計画を意味する

- ☐ **rational** design　合理的な設計［353］
- ☐ **experimental** design　実験デザイン［159］
- ☐ **control** design　対照設計［66］
- ☐ **factorial** design　要因計画［63］
- ☐ ***de novo*** design　新規の設計［38］
- ☐ **molecular** design　分子設計［37］
- ☐ **future** design　将来設計［36］
- ☐ **crossover** design　クロスオーバーデザイン［104］
- ☐ **drug** design　薬物設計［406］
- ☐ **study** design　研究デザイン［342］　文例 35
- ☐ **vaccine** design　ワクチン設計［173］

- □ **protein** design　タンパク質設計 [127]
- □ **inhibitor** design　阻害剤設計 [99]
- □ **probe** design　プローブ設計 [40]
- □ **primer** design　プライマー設計 [35]
- □ **structure-based** design　構造に基づく設計 [103]
- □ **clinical trial** design　臨床治験設計 [34]

program：プログラム／計画／制度／計画する [8947]

❖ 1つの目的に対して組まれた一連の流れを意味する．複数形の用例も多い．動詞としても使われる

- □ **differentiation** program　分化プログラム [216]　文例 36
- □ **computer** program　コンピュータプログラム [189]
- □ **education** program　教育プログラム [116]
- □ **treatment** program　治療計画 [73]
- □ **expression** program　発現プログラム [73]
- □ **cell death** program　細胞死プログラム [60]
- □ **management** program　管理プログラム [50]
- □ **surveillance** program　監視プログラム [45]
- □ **residency** program　研修医制度 [45]
- □ **software** program　ソフトウェアプログラム [43]
- □ **prevention** program　予防プログラム [40]
- □ **exercise** program　運動プログラム [40]
- □ **control** program　制御プログラム [39]
- □ **prediction** program　予測プログラム [37]
- □ **research** program　研究プログラム [34]
- □ **improvement** program　改善プログラム [33]
- □ **alignment** program　整列化プログラム [32]
- □ **screening** program　スクリーニングプログラム [87]
- □ **training** program　トレーニングプログラム [103]
- □ **developmental** program　発生プログラム [139]
- □ **genetic** program　遺伝子プログラム [110]
- □ **transcriptional** program　転写プログラム [128]
- □ **apoptotic** program　アポトーシスプログラム [64]

schedule：スケジュール／予定／予定する［1371］

❖ 個々に合わせてつくられた時間の割り振りを意味する

- □ **interview** schedule　インタビュースケジュール［74］
- □ **dose** schedule　投与量スケジュール［51］　文例 37
- □ **treatment** schedule　治療スケジュール［22］
- □ **administration** schedule　投与スケジュール［19］
- □ **dosing** schedule　投薬スケジュール［30］
- □ **weekly** schedule　週間スケジュール［17］

planning：計画［763］

❖ 複数形で用いられることはほとんどない

- □ **treatment** planning　治療計画［79］　文例 38
- □ **family** planning　家族計画［39］
- □ **surgical** planning　外科計画／手術計画［18］

strategy：戦略／方針／計画［17253］

❖ 治療などの計画を述べるときによく用いられる．複数形の用例も多い

- □ **therapeutic** strategies　治療方針／治療戦略［762］　文例 39
- □ **new** strategy　新戦略［476］
- □ **novel** strategy　新規戦略［385］
- □ **effective** strategy　効果的戦略［242］
- □ **general** strategy　一般戦略［159］
- □ **alternative** strategy　代替戦略［125］
- □ **control** strategies　制御戦略［85］
- □ **different** strategies　異なる戦略［97］
- □ **synthetic** strategy　合成戦略［93］
- □ **preventive** strategies　予防戦略［66］
- □ **treatment** strategies　治療方針［430］
- □ **management** strategies　経営戦略［160］
- □ **vaccine** strategies　ワクチン戦略［142］
- □ **prevention** strategies　予防戦略［116］

- ☐ **design** strategy　設計戦略［104］
- ☐ **intervention** strategies　介入戦略［91］
- ☐ **vaccination** strategies　ワクチン投与計画［87］
- ☐ **cloning** strategy　クローニング戦略［136］
- ☐ **screening** strategy　スクリーニング戦略［127］
- ☐ **promising** strategy　有望な戦略［94］

I-A-5 目的／試み

「the purpose of this study was to determine ～」のようなパターンが多い

purpose：目的［5570］

✣ 目的の意味で使われる

- ☐ **the primary** purpose **of ～**　～の主要な（第1の）目的［29］
- ☐ **the main** purpose **of ～**　～の主要目的［22］
- ☐ **general** purpose　一般的な目的［31］
- ☐ **for therapeutic** purpose　治療目的で［56］
- ☐ **for diagnostic** purposes　診断目的で［21］
- ☐ **for comparison** purpose　比較目的で［23］
- ☐ **for the** purpose **of ～**　～の目的ために［208］　文例 40
- ☐ **the** purpose **of this review is to summarize ～**　この総説の目的は～を要約することである［46］

aim：目的／目的とする［3894］

✣ purpose とほぼ同じ意味で使われる

- ☐ **the primary** aim **of ～**　～の主要（第1の）目的［28］　文例 41
- ☐ **the ultimate** aim **of ～**　～の究極の目的［14］
- ☐ **second** aim　第2の目的［15］
- ☐ **major** aim　主な目的［12］
- ☐ **the** aim **of this study was to evaluate ～**　この研究の目的は～を評価することであった［114］　文例 37

goal：目標／目的［4593］

❖ ゴールは最終的な到達点であるので目的の意味になる

□ an important goal	重要な目標［100］	文例 42
□ a major goal	主要な（大きな）目標［84］	
□ the ultimate goal	究極の目標［76］	
□ main goal	主要な目標［37］	
□ the primary goal	主要な（第１の）目標［33］	
□ therapeutic goal	治療目標［32］	
□ elusive goal	とらえどころのない目標［28］	
□ long-term goal	長期の目標［40］	
□ development goal	開発目標［30］	
□ treatment goal	治療目標［30］	
□ the goal of this study was to determine ～	この研究の目標は～を決定することであった［199］	

objective：目的／客観的な［3867］

❖ 対象の意味もあるが，目的の意味で使われることが多い

□ the primary objective	主要（第１の）目的［80］	文例 29
□ secondary objective	副次的目的［45］	
□ main objective	主要目的［43］	
□ major objective	主要（大きな）目的［29］	
□ the objective of this study was to examine ～	この研究の目的は～を調べることであった［66］	

target：標的／標的にする［44310］

❖ 治療の標的などの意味で使われる

□ therapeutic target	治療標的［914］	文例 43
□ downstream target	下流標的［675］	
□ potential target	潜在的標的［529］	
□ molecular target	分子標的［293］	文例 3
□ specific target	特異的標的［292］	
□ direct target	直接標的［279］	

- □ **novel** target　新規の標的［249］　文例 44
- □ **attractive** target　魅力的な標的［248］
- □ **important** target　重要な標的［231］
- □ **major** target　主要な（大きな）標的［214］
- □ **primary** target　主要な（第１の）標的［199］
- □ **transcriptional** target　転写標的［167］
- □ **drug** target　薬物標的［199］

attempt：試み／試みる［1769］

✣ うまくいかなかった過去の試みについて述べるときに用いられる．複数形の用例がかなり多い

- □ **previous** attempts　以前の試み［96］
- □ **suicide** attempts　自殺企図，自殺未遂［160］
- □ **in an** attempt **to** ～　～しようとして［868］　文例 45

effort：努力／取り組み［2325］

✣ effort は現在取り組んでいることが多い．複数形の用例が多い

- □ **recent** efforts　最近の取り組み［65］
- □ **current** efforts　現在の取り組み［59］
- □ **future** efforts　今後の取り組み［48］
- □ **previous** efforts　以前の取り組み［38］
- □ **control** efforts　制御努力［37］
- □ **further** efforts　さらなる努力［30］
- □ **intensive** efforts　集中的な取り組み［30］
- □ **sequencing** efforts　配列決定の取り組み［45］
- □ **ongoing** efforts　継続的（進行中の）取り組み［45］
- □ **continued** efforts　継続的取り組み［29］
- □ **research** efforts　研究努力［114］
- □ **prevention** efforts　予防努力［45］
- □ **discovery** efforts　発見努力［44］
- □ **in an** effort **to** ～　～しようとして［1059］　文例 46

trial：治験／試験［17682］

❖ 臨床治験に対して用いられることが多い．複数形の用例が多い

- □ **clinical** trials　臨床治験［3631］
- □ **human** trials　人体試験［77］
- □ **therapeutic** trials　治験※同義［76］
- □ **future** trials　将来の試験［75］
- □ **prospective** trials　前向き試験［67］
- □ **randomized** trials　無作為試験［472］　文例 47
- □ **placebo controlled** trials　プラセボ対照試験［112］
- □ **treatment** trials　治験※同義［80］
- □ **vaccine** trials　ワクチンの治験［58］
- □ **prevention** trials　予防試験［53］
- □ **therapy** trials　治験※同義［52］
- □ **intervention** trials　介入試験［52］
- □ **efficacy** trials　有効性試験［48］
- □ **multicenter** trials　多施設治験［38］

I-A-6 可能性／確率

possibility：可能性［7583］

❖ 起こりうる内容について述べるときに用いられる

- □ **the intriguing** possibility **that ～**　～という興味深い可能性［80］
- □ **new** possibilities **for ～**　～に対する新しい可能性［75］
- □ **one** possibility **is that ～**　1つの可能性は～ということである［93］
- □ **raise the** possibility **that ～**　～という可能性を示唆する［780］　文例 48

probability：確率／蓋然性［4901］

❖ 起こりうる確率の高低について述べるときに用いられる

- □ **open** probability　開確率［455］
- □ **high** probability　高い確率［143］

- □ **posterior** probability　事後確率［82］
- □ **low** probability　低い確率［78］
- □ **survival** probability　生存確率［78］
- □ **cumulative** probability　累積確率［46］
- □ **increased** probability　増大した確率［49］
- □ **release** probability　放出確率［169］
- □ **increase the** probability **of** ～　～の確率を増大させる［101］　文例 49

likelihood：尤度／可能性［2859］

✣ 起こりうる確率の高低について述べるときに用いられる．probability と意味が近い

- □ **greater** likelihood **of** ～　～のより高い可能性［68］
- □ **high** likelihood **of** ～　～の高い可能性［46］
- □ **increased** likelihood **of** ～　～の増大した可能性［90］
- □ **maximum** likelihood　最大尤度［505］
- □ **low** likelihood　低い可能性［36］
- □ **increase the** likelihood **of** ～　～の可能性を増大させる［124］　文例 50

chance：公算／見込み／機会［876］

✣ 確率が高いことについて述べるときに使われることが多い

- □ **increased** chance　増大した公算［20］
- □ **best** chance　最も高い公算［16］
- □ **greater** chance　より大きな公算［16］
- □ **by** chance　偶然に／たまたま［190］　文例 51

feasibility：可能性／実現可能性［1553］

✣ 実現可能性について述べるときに使われる

- □ **clinical** feasibility　臨床的可能性［16］
- □ **technical** feasibility　技術的可能性［16］
- □ feasibility **study**　実現可能性研究［28］
- □ **demonstrate the** feasibility **of** ～　～の実現可能性を実証する［290］　文例 52

I-B 研究の実施

I-B-1 研究／検査

study：研究／研究する［178999］

❖ 個々の研究の結果を述べるときによく使われる．複数形の用例がかなり多い

□ **the present** study	現在の研究／本研究［10394］	文例 23 45 53 54 55 56
□ **previous** studies	以前の研究［6722］	文例 57 58
□ **recent** studies	最近の研究［4908］	文例 59
□ **the current** study	現在の研究［2030］	文例 46
□ **further** studies	さらなる研究［1285］	文例 7
□ **genetic** studies	遺伝的研究［1077］	
□ **prospective** study	前向き研究［892］	
□ **clinical** studies	臨床研究［822］	
□ **kinetic** studies	動態研究［755］	
□ **biochemical** studies	生化学的研究［751］	
□ **future** studies	将来の研究［746］	
□ **functional** studies	機能的研究［688］	
□ **structural** studies	構造的研究［653］	
□ **earlier** studies	以前（早期）の研究［570］	
□ **epidemiologic** studies	疫学研究［565］	
□ **additional** studies	付随研究［529］	
□ **longitudinal** study	縦断的研究［526］	
□ **experimental** studies	実験的研究［424］	
□ **first** study	最初の研究［408］	文例 3
□ **cross-sectional** study	横断研究［407］	
□ **epidemiological** studies	疫学的研究［400］	
□ **prior** studies	先行研究［369］	
□ **population-based** study	集団ベース研究［271］	
□ **placebo-controlled** study	プラセボ対照研究［190］	
□ **mechanistic** studies	機構研究［334］	文例 60

- □ **case-control** study　症例対照研究［1221］
- □ **cohort** study　コホート研究［1127］
- □ studies **suggest that** ～　研究は～ということを示唆する［2981］　文例 61
- □ studies **indicate that** ～　研究は～ということを示す［2307］
- □ studies **show that** ～　研究は～ということを示す［1627］
- □ studies **demonstrate that** ～　研究は～ということを実証する［1540］

investigation：（詳細な）研究［7660］

❖用法は，study とほぼ同じである．複数形の用例が多い

- □ **further** investigation　さらなる研究［926］　文例 62
- □ **the present** investigation　現在の研究／本研究［192］
- □ **previous** investigations　以前の研究［138］
- □ **clinical** investigation　臨床研究［134］
- □ **recent** investigations　最近の研究［128］
- □ **future** investigations　将来の研究［72］
- □ **experimental** investigation　実験的研究［67］
- □ **the current** investigation　現在の研究［65］
- □ **intense** investigation　熱心な研究［62］
- □ **systematic** investigation **of** ～　～の体系的研究［56］
- □ **epidemiologic** investigations　疫学的研究［46］

research：研究／調査［11161］

❖個々の研究よりも研究全般を意味することが多い．複数形が用いられることはほとんどない

- □ **future** research　将来の研究［417］　文例 63
- □ **further** research　さらなる研究［367］
- □ **recent** research　最近の研究［357］
- □ **clinical** research　臨床研究［350］
- □ **previous** research　以前の研究［260］
- □ **cancer** research　癌研究［174］　文例 42
- □ **biomedical** research　生物医学研究［159］
- □ **basic** research　基礎研究［155］

- ☐ **current** research　現在の研究［145］
- ☐ **extensive** research　広範囲の研究［60］
- ☐ **ongoing** research　継続中の研究［50］

work：研究／仕事／働く［13345］

❖ 論文では，研究を意味することが多い

- ☐ **previous** work　以前の研究［1839］　文例 64
- ☐ **recent** work　最近の研究［1037］
- ☐ **the present** work　現在の研究／本研究［608］
- ☐ **earlier** work　以前（早期）の研究［243］
- ☐ **the current** work　現在の研究［147］
- ☐ **further** work　さらなる研究［155］
- ☐ **prior** work　先行研究［105］
- ☐ work **demonstrates**　研究は～を実証する［310］
- ☐ work **suggests**　研究は～を示唆する［308］

survey：調査／調査する［3719］

❖ 広範囲の調査を意味する

- ☐ **health** survey　保健調査［136］　文例 65
- ☐ **telephone** survey　電話調査［78］
- ☐ **mail** survey　郵送調査［31］
- ☐ **household** survey　世帯調査［26］
- ☐ **national** survey　全国調査［102］
- ☐ **cross-sectional** survey　横断調査［76］
- ☐ survey **data**　調査データ［62］

search：探索／検索／探索する［5375］

❖ コンピュータによって行うものが多い

- ☐ **database** search　データベース検索［493］
- ☐ **homology** search　ホモロジー検索［161］
- ☐ **similarity** search　類似性検索［123］
- ☐ **literature** search　文献検索［108］

- □ **visual** search　視覚探索［70］
- □ **systematic** search　系統的探査［56］
- □ **conformational** search　配座探索／構造探索［56］
- □ **exhaustive** search　徹底調査［28］
- □ search **algorithm**　探索アルゴリズム［49］
- □ search **engine**　検索エンジン［44］
- □ search **terms**　検索語［39］
- □ search **for genes**　遺伝子の探索［52］　文例 66

dissection：精査／解剖／解離／切開［1402］

❖ 本来は解剖を意味するが，精査の意味にも使われる

- □ **aortic** dissection　大動脈解離［141］
- □ **genetic** dissection **of ～**　～の遺伝的精査［78］　文例 67
- □ **axillary** dissection　腋窩切開［68］
- □ **molecular** dissection **of ～**　～の分子的精査［52］
- □ **lymph node** dissection　リンパ節郭清［107］
- □ **neck** dissection　頸部郭清術［47］

examination：検査［7658］

❖ どのような検査かを示す単語と共に用いられる

- □ **physical** examination　理学的検査／身体検査［363］
- □ **clinical** examination　臨床検査［221］
- □ **microscopic** examination　顕微鏡検査［210］
- □ **histologic** examination　組織学的検査［209］　文例 68
- □ **histological** examination　組織学的検査［187］
- □ **histopathologic** examination　組織病理学検査［109］
- □ **pathologic** examination　病理学検査［65］
- □ **closer** examination　さらに詳しい検査［46］
- □ **initial** examination　初回検査［45］
- □ **histopathological** examination　組織病理学検査［44］
- □ **ultrastructural** examination　超微形態的検査［43］
- □ **detailed** examination　詳細な検査［92］

- ☐ **baseline** examination　基礎調査［62］
- ☐ **imaging** examination　画像検査［52］
- ☐ **eye** examination　目の検査［41］
- ☐ examination **revealed ～**　検査は～を明らかにした［135］
- ☐ examination **were performed**　検査が行われた［96］

test：検査／検査する［26888］

❖ 疾患の有無を調べるときによく使われる．動詞の用例も多い

- ☐ **diagnostic** test　診断検査［178］　文例 69
- ☐ **screening** test　スクリーニング検査［133］
- ☐ **glucose tolerance** test　糖負荷試験［181］
- ☐ **skin** test　皮膚テスト［196］

exploration：探索／精査／診査［851］

❖ 臨床的な場面でよく用いられる

- ☐ **further** exploration　さらなる探索［112］　文例 70
- ☐ **surgical** exploration　外科的診査［35］
- ☐ **systematic** exploration　体系的調査［17］

screening：スクリーニング／検診［8958］

❖ 広く浅い探索を意味する

- ☐ **high-throughput** screening　ハイスループットスクリーニング［467］
- ☐ **yeast two-hybrid** screening　酵母ツーハイブリッドスクリーニング法［164］
- ☐ **genetic** screening　遺伝的スクリーニング［89］
- ☐ **initial** screening　一次スクリーニング［75］
- ☐ **virtual** screening　仮想スクリーニング［71］
- ☐ **newborn** screening　新生児検診［56］
- ☐ **routine** screening　日常的なスクリーニング［48］
- ☐ **cancer** screening　癌検診［276］
- ☐ **library** screening　ライブラリースクリーニング［147］
- ☐ **mutation** screening　変異スクリーニング［77］

- ☐ **drug** screening　薬物スクリーニング［64］
- ☐ **population** screening　集団検診［43］
- ☐ **large-scale** screening　大規模スクリーニング［35］

task：課題／作業課題［6723］

❖ 検査のための課題を意味することが多い

- ☐ **memory** task　記憶課題［289］
- ☐ **discrimination** task　弁別課題［193］　文例 71
- ☐ **learning** task　学習課題［141］
- ☐ **motor** task　運動課題［112］
- ☐ **maze** task　迷路課題［85］
- ☐ **cognitive** task　認知課題［78］
- ☐ **challenging** task　挑戦的な課題［62］

I-B-2 方　法

method：方法［41004］

❖ 確立された方法に対して使われることが多い

- ☐ **new** method　新しい方法［981］
- ☐ **novel** method　新規の方法［493］
- ☐ **computational** method　計算方法［370］
- ☐ **statistical** method　統計的方法［359］
- ☐ **different** method　異なる方法［247］
- ☐ **efficient** method　効率的な方法［237］
- ☐ **effective** method　効果的な方法［233］　文例 72
- ☐ **current** method　現在の方法［229］
- ☐ **simple** method　単純な方法［215］
- ☐ **sensitive** method　高感度法［211］
- ☐ **conventional** method　定法［204］
- ☐ **standard** method　標準法［202］
- ☐ **general** method　一般的な方法［197］

- □ **analytical** method　分析的方法［183］
- □ **alternative** method　代替法［162］
- □ **traditional** method　伝統的な方法［161］
- □ **powerful** method　強力な方法［155］
- □ **reliable** method　確実な方法［147］
- □ **noninvasive** method　非観血法／非侵襲法［133］
- □ **spectroscopic** method　分光法［100］
- □ **screening** method　スクリーニング法［189］
- □ **imaging** method　イメージング法［160］
- □ **existing** method　既存の方法［150］
- □ **proposed** method　提案された方法［156］
- □ **improved** method　改善された方法［140］
- □ **automated** method　自動化法［90］
- □ **detection** method　検出方法［268］
- □ **analysis** method　分析方法［248］
- □ **prediction** method　予測法［144］
- □ **reference** method　参照方法［114］
- □ **extraction** method　抽出方法［97］
- □ **culture** method　培養法［93］
- □ **maximum-likelihood** method　最尤法［87］　文例 73

methodology：方法論［2592］

✣ method とほぼ同意で使われることも多い

- □ **new** methodology　新しい方法論［94］
- □ **novel** methodology　新規の方法論［39］
- □ **synthetic** methodology　合成方法論［36］
- □ **statistical** methodology　統計的方法論［25］
- □ **computational** methodology　計算方法論［24］

approach：アプローチ／方法［27277］

✣ 本来は近づくことの意味だが，方法や取り組み方の意味で使われることが多い

- □ **new** approach　新しいアプローチ［1038］　文例 74 75

- □ **therapeutic** approach　治療方法 [886]
- □ **novel** approach　新規のアプローチ [843]
- □ **genetic** approach　遺伝的アプローチ [573]
- □ **experimental** approach　実験的アプローチ [392]
- □ **alternative** approach　代替的アプローチ [249]
- □ **computational** approach　計算的アプローチ [215]
- □ **biochemical** approach　生化学的アプローチ [201]
- □ **different** approach　異なるアプローチ [186]
- □ **powerful** approach　強力なアプローチ [173]
- □ **general** approach　一般的なアプローチ [162]
- □ **proteomic** approach　プロテオミクス的アプローチ [128]　文例 76
- □ **complementary** approach　補完的アプローチ [104]
- □ **rational** approach　合理的アプローチ [96]
- □ **statistical** approach　統計学的アプローチ [89]
- □ **promising** approach　有望なアプローチ [180]
- □ **modeling** approach　モデリングアプローチ [108]

modality：方法／様式 [2152]

❖ 治療の方法の意味で使われることが多い．複数形の用例がかなり多い

- □ **treatment** modalities　治療法※同義 [166]　文例 77
- □ **imaging** modalities　画像診断法 [153]
- □ **therapeutic** modalities　治療法※同義 [101]
- □ **diagnostic** modalities　診断法 [40]

analysis：分析／解析 [103301]

❖ 実験の行為そのものおよび実験方法の意味で使われる

- □ **sequence** analysis　配列解析 [3298]
- □ **western blot** analysis　ウエスタンブロット解析 [2091]
- □ **regression** analysis　回帰分析 [1333]
- □ **microarray** analysis　マイクロアレイ解析 [1095]
- □ **linkage** analysis　連鎖解析 [875]

□ **immunoblot** analysis	イムノブロット解析［806］	
□ **deletion** analysis	欠失解析［698］	
□ **image** analysis	画像解析［550］	
□ **haplotype** analysis	ハプロタイプ分析［251］	
□ **cluster** analysis	クラスター解析［232］	
□ **principal component** analysis	主成分分析［211］	
□ **mass spectrometry** analysis	質量分析［210］	
□ **multivariate** analysis	多変量解析［1392］	
□ **mutational** analysis	突然変異解析［1245］	
□ **genetic** analysis	遺伝学的解析［1229］	
□ **kinetic** analysis	動態解析［977］	
□ **further** analysis	さらなる分析［937］	文例 78
□ **phylogenetic** analysis	系統発生解析［867］	文例 79
□ **quantitative** analysis	定量分析［697］	
□ **immunohistochemical** analysis	免疫組織化学的解析［589］	
□ **statistical** analysis	統計解析［565］	
□ **comparative** analysis	比較分析［504］	
□ **cytometric** analysis	サイトメトリー解析［394］	
□ **hybridization** analysis	ハイブリダイゼーション解析［363］	
□ **univariate** analysis	単変量解析［337］	
□ **spectrometric** analysis	分光測定分析［304］	
□ **retrospective** analysis	レトロスペクティブ分析／後向き解析［282］	
□ **microscopic** analysis	顕微分析［266］	
□ **histological** analysis	組織学的解析［227］	
□ **spectral** analysis	分光分析［226］	
□ **comprehensive** analysis	総合的解析［207］	
□ **detailed** analysis	詳細な解析［670］	
□ analysis **revealed** ～	分析は～を明らかにした［3518］	文例 80
□ analysis **showed** ～	分析は～を示した［2637］	

assay：アッセイ／解析法／アッセイする［42009］

❖ 実験の方法を意味する

- □ **enzyme-linked immunosorbent** assay　酵素結合免疫吸着測定法（ELISA）［1590］　文例 81
- □ **electrophoretic mobility shift** assay　電気泳動移動度シフト解析（EMSA）［1287］
- □ ***in vitro*** assay　試験管内アッセイ［939］
- □ **transfection** assay　トランスフェクションアッセイ［774］
- □ **chromatin immunoprecipitation** assay　クロマチン免疫沈降法［519］
- □ **RNase protection** assay　リボヌクレアーゼプロテクションアッセイ［360］
- □ **functional** assay　機能的アッセイ［579］
- □ **two-hybrid** assay　ツーハイブリッドアッセイ［514］
- □ **biochemical** assay　生化学的アッセイ［306］
- □ **reporter gene** assay　レポーター遺伝子アッセイ［260］
- □ **competition** assay　拮抗アッセイ［268］
- □ **enzyme** assay　酵素アッセイ［212］
- □ **quantitative** assay　定量的アッセイ［167］
- □ assay **showed** ～　アッセイは～を示した［927］
- □ assay **demonstrated** ～　アッセイは～を実証した［707］
- □ assay **to measure** ～　～を測定するためのアッセイ［133］

procedure：手技／手順／処置［10538］

❖ 手術などの手技や手順を意味する．複数形の用例もかなり多い

- □ **surgical** procedure　外科手技［406］　文例 82
- □ **invasive** procedures　侵襲的手技［91］　文例 83
- □ **cardiac** procedures　心臓処置［73］
- □ **interventional** procedures　介入性処置［61］
- □ **new** procedure　新しい手順［61］
- □ **operative** procedure　術式［42］
- □ **diagnostic** procedures　診断手順［39］

- □ **screening** procedure　スクリーニング手順［63］
- □ **revascularization** procedures　血行再建術［121］
- □ **selection** procedure　選択手順［85］
- □ **purification** procedure　精製法［76］
- □ **extraction** procedure　抽出手順［55］

protocol：プロトコール［6600］

❖ 規格化された実験方法などを意味する

- □ **treatment** protocol　治療プロトコール［137］　文例 84
- □ **amplification** protocol　増幅プロトコール［46］
- □ **gene therapy** protocols　遺伝子治療プロトコール［41］
- □ **experimental** protocol　実験プロトコール［97］
- □ **standard** protocol　標準プロトコール［72］
- □ **clinical** protocol　臨床プロトコール［50］
- □ **immunosuppressive** protocol　免疫抑制プロトコール［46］
- □ **standardized** protocol　標準化されたプロトコール［62］

I-B-3 技術／実施

technique：技術［18162］

❖ 通常は熟練した技術を意味するが，手技そのものを表すこともある．複数形の用例が非常に多い

- □ **imaging** techniques　画像処理技術［359］
- □ **mapping** techniques　マッピング技術［56］
- □ **new** technique　新しい技術［319］　文例 85
- □ **surgical** techniques　外科的手法［166］
- □ **novel** technique　新規の技術［141］
- □ **molecular** techniques　分子技術［120］
- □ **powerful** technique　有力な技術［98］
- □ **immunohistochemical** techniques　免疫組織化学技術［96］
- □ **spectroscopic** techniques　分光学的技術［89］

- □ **analytical** techniques　分析的技術 [86]
- □ **genetic** techniques　遺伝子操作 [77]
- □ **diagnostic** technique　診断技術 [75]　文例 86
- □ **electrophysiological** techniques　電気生理学的技術 [68]
- □ **biophysical** techniques　生物物理学的技術 [66]
- □ **immunocytochemical** techniques　免疫細胞化学的技術 [65]

technology：技術 [5321]

❖高度な技術を意味する

- □ **microarray** technology　マイクロアレイ技術 [319]　文例 87
- □ **information** technology　情報技術 [53]
- □ ***in vivo* expression** technology　生体内発現技術 [30]
- □ **antisense** technology　アンチセンス技術 [35]
- □ **new** technology　新しい技術 [279]
- □ **high-throughput** technology　ハイスループット技術 [44]
- □ **proteomic** technology　プロテオミクス技術 [32]
- □ **transgenic** technology　トランスジェニック技術 [31]
- □ **imaging** technology　画像処理技術 [111]
- □ **emerging** technology　新たな技術 [61]
- □ **existing** technology　既存の技術 [34]
- □ **gene targeting** technology　ジーンターゲティング技術 [24]

modeling：モデリング [4392]

❖モデルをつくることを意味する

- □ **molecular** modeling　分子モデリング [931]
- □ **mathematical** modeling　数学的モデリング [115]
- □ **structural** modeling　構造モデリング [108]
- □ **computational** modeling　計算モデリング [105]
- □ **kinetic** modeling　動力学モデリング [85]
- □ **statistical** modeling　統計的モデリング [48]
- □ **comparative** modeling　比較モデリング [43]

- □ **homology** modeling　ホモロジーモデリング［255］
- □ **computer** modeling　コンピュータモデリング［155］
- □ **logistic regression** modeling　ロジスティック回帰モデリング［36］
- □ **proportional hazards** modeling　比例ハザードモデリング［49］

imaging：イメージング／画像処理／画像法［15466］

❖ 複数形では用いられない

- □ **magnetic resonance** imaging　磁気共鳴画像法（MRI）［2196］
- □ **perfusion** imaging　灌流画像法［244］
- □ **fluorescence** imaging　蛍光イメージング［217］
- □ **brain** imaging　脳イメージング［196］
- □ **time-lapse** imaging　微速度（タイムラプス）イメージング［121］
- □ **digital** imaging　デジタル画像［91］
- □ **bioluminescence** imaging　生物発光画像法［87］
- □ **ultrasound** imaging　超音波画像診断［71］
- □ **functional** imaging　機能イメージング［244］
- □ **optical** imaging　光学イメージング［229］
- □ **molecular** imaging　分子イメージング［175］
- □ **confocal** imaging　共焦点画像解析［166］
- □ **spectroscopic** imaging　分光学的イメージング［145］
- □ **noninvasive** imaging　非侵襲性イメージング［134］
- □ **diagnostic** imaging　画像診断［104］

mutagenesis：変異誘発［8445］

❖ 人工的に遺伝子の変異を引き起こすことを意味することが多い．複数形が用いられることはあまりない

- □ **site-directed** mutagenesis　部位特異的（部位を定めた）変異誘発［2787］
- □ **targeted** mutagenesis　標的を定めた変異誘発［121］
- □ **insertional** mutagenesis　挿入変異誘発［244］
- □ **random** mutagenesis　ランダムな変異誘発［229］

文例 88

- □ **site-specific** mutagenesis　部位特異的変異誘発 [203]
- □ **chemical** mutagenesis　化学的変異誘発 [79]
- □ **extensive** mutagenesis　広範な変異誘発 [47]
- □ **transposon** mutagenesis　トランスポゾン変異誘発 [186]
- □ **deletion** mutagenesis　欠失変異誘発 [116]
- □ **point** mutagenesis　点突然変異誘発 [44]

manipulation：操作 [2701]

❖ 遺伝子操作や実験的操作に使われる

- □ **genetic** manipulation　遺伝子操作 [341]
- □ **pharmacological** manipulation　薬理学的操作 [105]　文例 44
- □ **experimental** manipulation　実験的操作 [94]
- □ **therapeutic** manipulation　治療的操作 [48]
- □ **dietary** manipulation　食餌操作 [30]
- □ **spinal** manipulation　脊椎徒手整復 [24]

experiment：実験 [27957]

❖ 個々の分析方法よりも，実験全体を意味する場合に使われることが多い

- □ **immunoprecipitation** experiments　免疫沈降実験 [450]
- □ **transfection** experiments　形質移入実験／トランスフェクション実験 [374]
- □ **competition** experiments　競合実験 [281]
- □ **microarray** experiments　マイクロアレイ実験 [205]
- □ **mutagenesis** experiments　突然変異誘発実験 [205]
- □ **pulse-chase** experiments　パルスチェイス実験 [183]
- □ **coimmunoprecipitation** experiments　免疫共沈降実験 [172]
- □ **hybridization** experiments　ハイブリダイゼーション実験 [127]
- □ **recent** experiments　最近の実験 [277]
- □ **additional** experiments　追加実験 [276]　文例 89
- □ **control** experiments　対照実験 [228]

- ☐ **kinetic** experiments　動力学的実験［144］
- ☐ **separate** experiments　別々の実験［140］
- ☐ **biochemical** experiments　生化学的実験［131］
- ☐ **binding** experiments　結合実験［373］
- ☐ **labeling** experiments　標識実験［268］
- ☐ **cross-linking** experiments　架橋実験［162］
- ☐ experiments **showed** 〜　実験は〜を示した［954］
- ☐ experiments **indicate** 〜　実験は〜を示す［724］　文例 89

tool：道具／ツール［8215］

❖ 手段や道具を意味する

- ☐ **powerful** tool　強力な道具［673］
- ☐ **useful** tool　有用な道具［615］
- ☐ **new** tool　新しいツール［353］　文例 87
- ☐ **valuable** tool　有益な手段［345］
- ☐ **important** tool　重要な手段［240］
- ☐ **diagnostic** tool　診断用ツール［197］
- ☐ **genetic** tools　遺伝的手段［117］
- ☐ **novel** tool　新規のツール［80］
- ☐ **pharmacological** tool　薬理学的ツール［62］
- ☐ **invaluable** tool　貴重な手段［60］
- ☐ **experimental** tool　実験道具［58］
- ☐ **computational** tools　計算道具［70］
- ☐ **analytical** tool　分析用ツール［93］
- ☐ **screening** tool　スクリーニング手段［99］
- ☐ **assessment** tool　評価手段［60］
- ☐ **bioinformatics** tool　バイオインフォマティクスのツール［57］
- ☐ **analysis** tools　分析ツール［90］
- ☐ **research** tool　研究手段［128］
- ☐ **software** tool　ソフトウェアツール［101］
- ☐ **visualization** tool　視覚化ツール［66］

Ⅰ-B-4 測定／定量

measurement：測定［15289］

❖ 機械などを使って計測することを意味する．複数形の用例が非常に多い

- □ **direct** measurements　直接測定［141］
- □ **experimental** measurements　実験的測定［122］
- □ **quantitative** measurements　定量的測定［113］　文例 90
- □ **serial** measurements　連続測定［60］
- □ **simultaneous** measurements　同時測定［57］
- □ **electrophysiological** measurements　電気生理学的測定［47］
- □ **distance** measurements　距離測定［53］
- □ **circular dichroism** measurements　円二色性測定［45］

quantification：定量／定量化［1317］

❖ 量や速度を数値化することを意味する

- □ **accurate** quantification　正確な定量［44］　文例 91
- □ **absolute** quantification　絶対的定量［26］
- □ **precise** quantification　正確な定量［20］

quantitation：定量／定量化［946］

❖ 数や量をはかることを意味する

- □ **accurate** quantitation　正確な定量［34］
- □ **relative** quantitation　相対的な定量［25］
- □ **absolute** quantitation　絶対的定量［15］

I-B-5 使用／利用

use：使用／使う［43868］

✣ 一般的な使用を意味する．動詞の用例の方が多い

□ potential use of ～	～の潜在的使用［198］	
□ clinical use of ～	～の臨床使用［171］	
□ widespread use of ～	～の広範な使用［169］	文例 92
□ routine use of ～	～の日常的使用［105］	
□ appropriate use of ～	～の適切な使用［74］	
□ combined use of ～	～の併用［139］	
□ increased use of ～	～の増大した使用［123］	
□ increasing use of ～	～の増大する使用［85］	
□ support the use of ～	～の使用を支持する［236］	
□ associated with the use of ～	～の使用と関連している［106］	

usage：使用／用法［1576］

✣ 使い方を意味することが多い

□ codon usage	コドン使用頻度［340］	文例 93
□ coreceptor usage	共受容体使用［84］	
□ medication usage	薬剤の使用［14］	
□ preferential usage	優先的な使用［21］	

utilization：利用［2943］

✣ 有効に使うことを意味する．複数形が用いられることはあまりない

□ glucose utilization	グルコース利用［228］
□ resource utilization	資源活用［156］
□ substrate utilization	基質利用［76］

application：適用／応用［12897］

✣ 新しい方法を臨床に応用するときなどに使われる

□ clinical application	臨床応用［559］
□ potential application	潜在的適用［440］

- □ **therapeutic** application　治療の適用［286］　文例 94
- □ **topical** application　局所的（外用）の投与［250］
- □ **practical** application　実際的応用［144］
- □ **local** application　局所投与［91］
- □ **exogenous** application　外因性適用［87］
- □ **broad** application　広範な適用［82］
- □ **successful** application　成功した適用［63］
- □ **bath** application　バス適用［181］
- □ **therapy** application　治療適用［87］

exploitation：活用／利用［247］

❖ 活用することを意味する

- □ **potential** exploitation　潜在的活用［7］
- □ **commercial** exploitation　商業的利用［6］

I-B-6 単離／分離／収集

isolation：単離／隔離［4266］

❖ タンパク質や微生物などを単一の物質になるまで分けることを意味する

- □ **reproductive** isolation　生殖隔離［146］　文例 95
- □ **social** isolation　社会的隔離［51］
- □ **virus** isolation　ウイルスの単離［63］
- □ isolation **and characterization**　単離と特徴づけ［322］

separation：分離［5469］

❖ 分けるあるいは分かれることを意味する

- □ **charge** separation　電荷分離［136］
- □ **cell** separation　細胞分離［129］
- □ **chromatid** separation　染色分体分離［83］
- □ **chromatographic** separation　クロマトグラフ分離［125］　文例 96
- □ **electrophoretic** separation　電気泳動分離［96］

- □ **spatial** separation　空間的隔離［63］
- □ **chiral** separation　キラル分離［51］
- □ **two-dimensional** separation　二次元分離［27］
- □ separation **channel**　分離チャネル［69］
- □ separation **and detection**　分離と検出［46］

segregation：分離［2659］

✣ 分かれることを意味する

- □ **chromosome** segregation　染色体分離［782］　文例 97 98
- □ **chromosomal** segregation　染色体の分離［37］
- □ **proper** segregation　適切な分離［37］
- □ segregation **analysis**　分離解析［70］
- □ segregation **distortion**　分離ひずみ［44］

purification：精製［2574］

✣ カラムなどを使ってタンパク質を分けることを意味することが多い

- □ **tandem affinity** purification　タンデム・アフィニティー精製［46］
- □ **immunoaffinity** purification　免疫親和性精製［31］
- □ **protein** purification　タンパク質精製［85］
- □ **partial** purification　部分精製［62］
- □ **biochemical** purification　生化学的精製［48］
- □ **expression and** purification　発現と精製［65］　文例 99

extraction：抽出／摘出［2648］

✣ 溶液から抽出したり，病的組織を摘出したりすることを意味する

- □ **solid-phase** extraction　固相抽出法［174］
- □ **detergent** extraction　界面活性剤抽出［74］
- □ **cataract** extraction　白内障摘出術［66］
- □ **liquid-liquid** extraction　液-液抽出［36］
- □ **solvent** extraction　溶媒抽出［31］
- □ **tooth** extraction　抜歯［24］

collection：収集［2942］

✣ 集めることや集めたもののことを指す

- ☐ **data** collection　データ収集［278］　文例 100
- ☐ **sample** collection　試料収集［46］
- ☐ **blood** collection　採血［46］
- ☐ **urine** collection　蓄尿／採尿［45］
- ☐ **specimen** collection　検体収集［26］
- ☐ **a large** collection **of** ～　大量の～［78］
- ☐ **diverse** collection **of** ～　様々な～［51］

acquisition：獲得／収集［3863］

✣ 努力して獲得することを意味する場合が多い

- ☐ **iron** acquisition　鉄獲得［164］
- ☐ **data** acquisition　データ収集［133］
- ☐ **image** acquisition　画像収集［68］
- ☐ **language** acquisition　言語習得［26］
- ☐ **skill** acquisition　技能習得［25］
- ☐ **rapid** acquisition　高速収集［41］

I-B-7　置換／交換

substitution：置換［14591］

✣ 類似のものと置き換えることを意味する．複数形の用例もかなり多い

- ☐ **amino acid** substitutions　アミノ酸置換［1298］
- ☐ **alanine** substitution　アラニン置換［667］
- ☐ **nucleotide** substitutions　ヌクレオチド置換［291］　文例 101
- ☐ **cysteine** substitution　システイン置換［160］
- ☐ **single base** substitutions　一塩基置換［52］
- ☐ **synonymous** substitutions　同義置換［99］
- ☐ **conservative** substitutions　保存的置換［79］
- ☐ **nucleophilic** substitution　求核置換［72］

□ **nonsynonymous** substitutions　非同義置換［66］

replacement：置換［6608］

❖ 違うものと置き換えることを意味する

□ **amino acid** replacement　アミノ酸置換［232］
□ **aortic valve** replacement　大動脈弁置換［104］　文例 102
□ **hip** replacement　人工股関節置換［40］
□ **joint** replacement　関節置換［55］
□ **alanine** replacement　アラニン置換［52］
□ **molecular** replacement　分子置換［134］
□ **renal** replacement **therapy**　腎置換療法［87］
□ **allelic** replacement　対立遺伝子置換［66］
□ **isomorphous** replacement　同形置換［61］

displacement：置換／変位［2459］

❖ 置き換えることや位置を変えることを意味する

□ **nucleophilic** displacement　求核置換［46］
□ **competitive** displacement　競合置換［39］
□ **lateral** displacement　側方変位［24］
□ **atomic** displacement　原子変位［18］
□ **character** displacement　形質置換［15］

exchange：交換／交換する［10304］

❖ 新しいものや等価のものと交換することを意味する

□ **guanine nucleotide** exchange **factor**　グアニンヌクレオチド交換因子［703］　文例 103
□ **gas** exchange　ガス交換［425］　文例 17
□ **DNA strand** exchange　DNA鎖交換［192］
□ **anion** exchange **chromatography**　陰イオン交換クロマトグラフィー［127］
□ **ligand** exchange　リガンド交換［87］
□ **plasma** exchange　血漿交換［83］
□ **thiol-disulfide** exchange　チオール-ジスルフィド交換［76］

- □ **genetic** exchange　遺伝子交換［98］
- □ **allelic** exchange　対立遺伝子交換［123］

interchange：交換／交換する［159］

❖ 互いに交換することを意味する．exchange に比べると，使用頻度は非常に低い

- □ **thiol-disulfide** interchange　チオール-ジスルフィド交換［16］
- □ **data** interchange　データ変換［6］

conversion：変換［6308］

❖ 違うものへ変換することを意味する

- □ **gene** conversion　遺伝子変換［652］　文例 104
- □ **energy** conversion　エネルギー変換［46］
- □ **malignant** conversion　悪性転化［53］
- □ conversion **of arachidonic acid to** ～　アラキドン酸の～への変換［34］
- □ **catalyzes the** conversion **of** ～　～の変換を触媒する［177］

interconversion：相互変換／転換［476］

❖ 相互の変換を意味する

- □ **reversible** interconversion　可逆的相互変換［22］
- □ **rapid** interconversion　急速な相互変換［7］

I-B-8 培養／インキュベーション

culture：培養／培養物／培養する［24783］

❖ 細胞，組織，菌などを培養することを意味する．複数形の用例もかなり多い．動詞の用例も多い

- □ **cell** culture　細胞培養［3275］
- □ **tissue** culture　組織培養［1152］　文例 105
- □ **blood** culture　血液培養［551］
- □ **organ** culture　器官培養［512］
- □ **long-term** culture　長期培養［186］
- □ **suspension** culture　浮遊培養［260］

- ☐ **explant** culture　移植片培養［169］
- ☐ **slice** culture　スライス培養［131］
- ☐ **liquid** culture　液体培養［130］
- ☐ **primary** culture　初代培養［1089］
- ☐ **neuronal** culture　神経培養［196］
- ☐ **positive** culture　陽性培養［137］
- ☐ **monolayer** culture　単層培養［129］
- ☐ **organotypic** culture　器官型培養［119］
- ☐ culture **medium**　培養液［818］
- ☐ culture **supernatants**　培養上清［382］

cultivation：培養／栽培［244］

❖ 細胞，微生物，植物の培養や栽培に使われる

- ☐ ***in vitro*** cultivation　試験管内培養［15］
- ☐ **maize** cultivation　トウモロコシ栽培［6］
- ☐ **rice** cultivation　米作り［5］

incubation：インキュベーション／培養［3572］

❖ 一定の温度や条件下に試料を置くこと

- ☐ incubation **period**　インキュベーション時間［122］
- ☐ **prolonged** incubation　延長されたインキュベーション［104］
- ☐ **overnight** incubation　一晩のインキュベーション［28］
- ☐ **in contrast** incubation　対照インキュベーションにおいて［23］

I-B-9 検　体

sample：試料／標本／試料採取する［25181］

❖ 複数形の用例が非常に多い

- ☐ **blood** samples　血液試料［972］
- ☐ **serum** samples　血清試料［838］

□ **tissue** samples	組織試料［510］	
□ **plasma** samples	血漿試料［424］	文例 9
□ **tumor** samples	腫瘍標本［296］	
□ **urine** samples	尿試料［287］	文例 106
□ **biopsy** samples	生検試料［267］	
□ **patient** samples	患者試料［164］	
□ **cancer** samples	癌試料［119］	
□ **stool** samples	糞便試料※同義［117］	
□ **clinical** samples	臨床試料［250］	
□ **biological** samples	生物試料［238］	
□ **positive** samples	陽性試料［161］	
□ **fecal** samples	糞便試料※同義［101］	
□ samples **from patients**	患者からの試料［226］	
□ samples **were obtained**	試料が得られた［315］	文例 106
□ samples **were collected**	試料が集められた［303］	
□ samples **were analyzed**	試料が分析された［144］	

specimen ：検体／標本［6873］

✣ 人の検体に使われることが多い．複数形の用例が非常に多い

□ **biopsy** specimens	生検標本［595］	文例 68
□ **tumor** specimens	腫瘍検体［185］	文例 107
□ **urine** specimens	尿検体［172］	
□ **cancer** specimens	癌検体［154］	
□ **tissue** specimens	組織検体［153］	
□ **blood** specimens	血液検体［142］	
□ **stool** specimens	糞便検体［115］	
□ **swab** specimens	スワブ検体［110］	
□ **clinical** specimens	臨床検体［249］	
□ specimens **from patients**	患者からの検体［146］	文例 107
□ specimens **were obtained**	検体が得られた［88］	

preparation ：標本／標品／準備／調製［6299］

❖ 標本そのものおよび標本をつくる作業を意味する．複数形の用例もかなり多い

- □ **sample** preparation　試料調製［372］　文例 76
- □ **slice** preparation　スライス標本［260］
- □ **membrane** preparations　膜標本［157］
- □ **purified** preparation　精製標品［113］
- □ **in** preparation　準備中［196］
- □ **method for the** preparation **of ～**　～の調製の方法［47］

subject ：対象／患者／受けさせる［27889］

❖ 臨床研究の用例が多い．複数形の用例が非常に多い

- □ **control** subjects　対照群［3246］　文例 108
- □ **normal** subjects　正常群［983］
- □ **healthy** subjects　健常者［945］
- □ **diabetic** subjects　糖尿病の対象患者［267］
- □ **obese** subjects　肥満の対象患者［182］
- □ **nondiabetic** subjects　非糖尿病患者［161］
- □ **healthy comparison** subjects　健常対照群［209］
- □ **study** subjects　研究対象［170］
- □ subjects **with schizophrenia**　統合失調症の対象患者［126］
- □ subjects **with asthma**　喘息の対象患者［77］

I-C 発見・評価・報告

I-C-1 同定／発見／事実

identification：同定［13335］

❖ 新しいものの発見に対して用いられる

- □ **recent** identification **of ～**　～の最近の同定［149］
- □ **rapid** identification **of ～**　～の迅速な同定［146］
- □ **first** identification **of ～**　～の最初の同定［91］
- □ **early** identification **of ～**　～の早期発見［77］
- □ **unambiguous** identification **of ～**　～の明確な同定［50］
- □ **protein** identification　タンパク質同定［206］
- □ **gene** identification　遺伝子同定［145］
- □ **led to the** identification **of ～**　～の同定につながった［502］　文例 78
- □ **report the** identification **of ～**　～の同定を報告する［339］

detection：検出［14329］

❖ 装置を用いた検出などに使われる．複数形が使われることはあまりない

- □ **early** detection　早期発見［381］　文例 109
- □ **electrochemical** detection　電気化学的検出［140］
- □ **sensitive** detection　高感度検出［123］
- □ **rapid** detection　迅速検出［115］
- □ **direct** detection　直接検出［108］
- □ **simultaneous** detection　同時検出［94］
- □ **specific** detection　特異的検出［81］
- □ **amperometric** detection　電流測定の検出［54］
- □ **fluorescence** detection　蛍光検出［199］
- □ **coincidence** detection　同時（一致した）検出［57］
- □ **real-time** detection　リアルタイム検出［52］
- □ detection **limit**　検出限界［879］　文例 110
- □ detection **system**　検出システム［202］

- ☐ detection **sensitivity** 検出感度 [135]
- ☐ detection **threshold** 検知閾値 [85]

discovery：発見 [4921]

❖ やや口語的な表現である

- ☐ **drug** discovery 創薬 [536]
- ☐ **gene** discovery 遺伝子の発見 [177]
- ☐ **motif** discovery モチーフ発見 [45]
- ☐ **biomarker** discovery 生物マーカーの発見 [34]
- ☐ **recent** discovery 最近の発見 [296] 文例 111

finding：知見／所見／発見 [43705]

❖ 複数形は「知見」「所見」，単数形は「発見」の意味で使われる

- ☐ **recent** findings 最近の知見 [708]
- ☐ **previous** findings 以前の知見 [483]
- ☐ **new** findings 新しい知見 [241]
- ☐ **clinical** findings 臨床所見 [215]
- ☐ **the present** findings 現在の知見 [170]
- ☐ **similar** findings 類似した知見 [168]
- ☐ **novel** findings 新規の知見 [147]
- ☐ **unexpected** finding 予期しない発見 [120]
- ☐ **positive** findings 陽性結果 [110]
- ☐ **experimental** findings 実験的知見 [109]
- ☐ **histologic** findings 組織所見 [107]
- ☐ **histopathologic** findings 病理組織所見 [103]
- ☐ **earlier** findings 以前（早期）の知見 [95]
- ☐ **pathologic** findings 病理所見 [94]
- ☐ **latter** finding 後者の発見 [87]
- ☐ **surprising** finding 驚くべき発見 [76]
- ☐ **preliminary** findings 予備的な知見 [65]
- ☐ **radiographic** findings X線所見 [54]
- ☐ **laboratory** findings 検査所見 [78]

- □ findings **suggest** ～　知見は～を示唆する［6825］　文例 112 113
- □ findings **indicate** ～　知見は～を示す［3350］
- □ findings **demonstrate** ～　知見は～を実証する［2050］　文例 52
- □ findings **provide** ～　知見は～を提供する［1565］　文例 10 12 97 114 115
- □ findings **support** ～　知見は～を支持する［1331］　文例 116
- □ findings **are consistent with** ～　知見は～と一致している［534］　文例 117

observation：観察［16898］

❖ 単なる観察だけでなく，研究結果などに対しても用いられる．複数形の用例も多い

- □ **previous** observations　以前の観察［345］
- □ **experimental** observations　実験的観察［261］
- □ **recent** observations　最近の観察［214］
- □ **clinical** observations　臨床的観察［128］
- □ observations **suggest** ～　観察は～を示唆する［1893］　文例 118
- □ observations **indicate** ～　観察は～を示す［743］
- □ observations **provide** ～　観察は～を提供する［355］　文例 22

fact：事実［4283］

❖ 単なる事実だけでなく，研究によって得られた知見に対しても用いられる

- □ **well-known** fact　よく知られた事実［4］
- □ **well-established** fact　よく確立された事実［3］
- □ **reflect the** fact **that** ～　～という事実を反映する［24］
- □ **in** fact　実際に［1365］　文例 119

result：結果／結果になる［148275］

❖ 実験結果からわかったことを議論するときに用いられる．複数形の用例が非常に多い．動詞としてもよく使われる

- □ **similar** results　類似した結果［1164］
- □ **experimental** results　実験結果［692］
- □ **present** results　現在の結果［532］
- □ **previous** results　以前の結果［479］
- □ **positive** results　肯定的な結果［376］

□ **recent** results	最近の結果 [261]	
□ **conflicting** results	矛盾する結果 [238]	
□ **preliminary** results	予備的な結果 [185]	
□ **negative** results	否定的な結果 [177]	
□ **promising** results	有望な結果 [145]	
□ **test** results	検査結果 [434]	
□ results **suggest** ～	結果は～を示唆する [20519]	文例 120 121 122 123
□ results **indicate** ～	結果は～を示す [13037]	文例 104 124
□ results **demonstrate** ～	結果は～を実証する [8102]	
□ results **show** ～	結果は～を示す [5677]	文例 125 126
□ results **provide** ～	結果は～を提供する [3785]	文例 127 128 129
□ results **support** ～	結果は～を支持する [2673]	文例 17 92
□ results **are consistent with** ～	結果は～と一致している [1827]	

data：データ [87959]

❖ 実験の生データを意味する．data は複数形であり単数形は datum だがほとんど用いられない

□ **experimental** data	実験データ [1396]	
□ **recent** data	最近のデータ [767]	
□ **present** data	現在のデータ [517]	
□ **clinical** data	臨床データ [481]	
□ **kinetic** data	動力学的データ [414]	
□ **structural** data	構造的データ [408]	
□ **available** data	有効データ [387]	
□ **genetic** data	遺伝的データ [330]	
□ **previous** data	以前のデータ [322]	文例 130
□ **new** data	新しいデータ [321]	
□ **biochemical** data	生化学的データ [316]	
□ **preliminary** data	予備的なデータ [167]	
□ **published** data	出版されたデータ [353]	
□ **limited** data	限られたデータ [218]	
□ **sequence** data	配列データ [795]	

- □ **expression** data　発現データ［744］
- □ **microarray** data　マイクロアレイデータ［583］
- □ data **set**　データセット［2329］
- □ data **analysis**　データ分析［498］
- □ data **suggest** ～　データは～を示唆する［13438］　文例 131 132 133
- □ data **indicate** ～　データは～を示す［6766］
- □ data **demonstrate** ～　データは～を実証する［3918］　文例 134
- □ data **show** ～　データは～を示す［2826］
- □ data **support** ～　データは～を支持する［2428］　文例 15 16
- □ data **provide** ～　データは～を提供する［2344］
- □ data **are consistent with** ～　データは～と一致している［1165］　文例 135

insight：洞察／見識［10101］

「provide insight into」の用例が多い．複数形の用例がかなり多いが，単数形は無冠詞の場合が多い

- □ **provide** insight **into** ～　～への洞察を提供する［1001］　文例 114
- □ **provide new** insights **into** ～　～への新たな洞察を提供する［418］　文例 10
- □ **provide important** insights **into** ～　～への重要な洞察を提供する［104］
- □ **provide novel** insights **into** ～　～への新規の洞察を提供する［94］　文例 97
- □ **provide valuable** insights **into** ～　～への貴重な洞察を提供する［39］
- □ **gain** insight **into** ～　～への洞察を得る［850］
- □ **gain further** insight **into** ～　～へのさらなる洞察を得る［128］
- □ insight **into the mechanism of** ～　～の機構への洞察［214］
- □ insight **into the role of** ～　～の役割への洞察［154］
- □ insight **into the function of** ～　～の機能への洞察［62］
- □ insights **into the pathogenesis of** ～　～の病因への洞察［59］

characterization：特徴づけ［8279］

❖ 特徴を調べることを意味する

- □ functional characterization of ～　～の機能的な特徴づけ［289］
- □ further characterization of ～　～のさらなる特徴づけ［253］
- □ biochemical characterization of ～　～の生化学的な特徴づけ［249］
- □ molecular characterization of ～　～の分子的な特徴づけ［245］
- □ structural characterization of ～　～の構造的な特徴づけ［162］
- □ initial characterization of ～　～の初期の特徴づけ［126］
- □ detailed characterization of ～　～の詳細な特徴づけ［147］
- □ identification and characterization　同定と特徴づけ［486］
- □ cloning and characterization　クローニングと特徴づけ［308］
- □ purification and characterization　精製と特徴づけ［118］
- □ synthesis and characterization　合成と特徴づけ［106］
- □ report the characterization of ～　～の特徴づけを報告する［189］　文例 136

specification：特定／特異化［2257］

❖ 発生に関することが多い

- □ cell fate specification　細胞運命特定［197］　文例 137
- □ mesoderm specification　中胚葉特異化［26］
- □ regional specification　領域特定［38］

I-C-2 評価／比較

assessment：評価［6791］

❖ 評価の方法について述べるときに用いられる

- □ risk assessment　リスク評価［311］　文例 72
- □ health assessment questionnaire　健康評価アンケート［92］
- □ quality assessment　品質評価［67］
- □ clinical assessment　臨床的評価［190］

- □ **global** assessment　全体的評価 [160]
- □ **quantitative** assessment **of ～**　～の定量的評価 [126]
- □ **accurate** assessment **of ～**　～の正確な評価 [94]
- □ **functional** assessment　機能的な評価 [98]
- □ **noninvasive** assessment **of ～**　～の非侵襲評価 [51]
- □ **scale for the** assessment **of ～**　～の評価のための尺度 [37]

evaluation：評価 [7044]

❖ 評価の内容について述べるときに用いられる

- □ **clinical** evaluation　臨床評価 [345]　文例 138
- □ **further** evaluation　さらなる評価 [316]
- □ **histologic** evaluation　組織学的評価 [91]
- □ **diagnostic** evaluation　診断的評価 [90]
- □ **biological** evaluation　生物学的評価 [77]
- □ **initial** evaluation　初期評価 [69]
- □ **prospective** evaluation　前向き評価 [58]
- □ **preclinical** evaluation　前臨床評価 [52]
- □ **preoperative** evaluation　術前評価 [50]
- □ **health** evaluation　健康評価 [151]
- □ **laboratory** evaluation　実験室評価 [38]
- □ evaluation **of patients**　患者の評価 [98]
- □ evaluation **and treatment**　評価と治療 [95]
- □ evaluation **and management**　評価と管理 [73]

criterion：基準 [6803]

❖ 複数形 (criteria) の用例が非常に多い

- □ **diagnostic** criteria　診断基準 [358]　文例 139
- □ **clinical** criteria　臨床的基準 [133]
- □ **several** criteria　いくつかの基準 [58]
- □ **standard** criteria　標準的基準 [50]
- □ **stringent** criteria　厳格な基準 [34]
- □ **predefined** criteria　所定の基準 [34]

□ **inclusion** criteria	組み入れ基準［269］	
□ **selection** criteria	選択基準［109］	
□ **eligibility** criteria	適格基準［98］	
□ **exclusion** criteria	除外基準［86］	
□ **response** criteria	応答基準［82］	
□ **entry** criteria	開始基準［49］	
□ **met** criteria **for** ～	～の基準に合った［120］	

classification：分類［2882］

❖ 構造や機能による分類を意味する

□ **international** classification	国際分類［103］	
□ **functional** classification	機能的分類［70］	文例 140
□ **structural** classification	構造的分類［49］	
□ **molecular** classification	分子的分類［45］	
□ **hierarchical** classification	階層的分類［21］	

comparison：比較［16208］

❖ 統計的な比較の場合が多い

□ **sequence** comparison	配列比較［746］	
□ **direct** comparison	直接比較［336］	
□ **structural** comparison	構造比較［162］	
□ **pairwise** comparison	対比較［133］	
□ **multiple** comparison	多重比較［105］	
□ **quantitative** comparison	定量的比較［94］	
□ **phylogenetic** comparison	系統発生的比較［60］	
□ **detailed** comparison	詳細な比較［107］	
□ comparison **group**	比較群［278］	
□ **healthy** comparison **subjects**	健常比較対照群［209］	
□ comparisons **were made**	比較が行われた［138］	文例 141
□ in comparison **with** ～	～と比較して［1125］	文例 142
□ in comparison **to** ～	～と比較して［1042］	

judgment：判断［382］

❖ 人為的判断に対して用いられる．複数形の用例も多い

□ **clinical** judgment	臨床判断［49］	文例 143
□ **moral** judgment	道徳的判断［12］	
□ **perceptual** judgments	知覚判断［8］	
□ **social** judgment	社会的判断［7］	

opinion：意見／見解［275］

❖ 他人の意見に関して使われる

□ **expert** opinion	専門家の意見［58］	文例 144
□ **consensus** opinion	統一見解［11］	
□ **current** opinion	現在の意見［10］	
□ **second** opinion	セカンドオピニオン［6］	
□ opinion **leaders**	オピニオン・リーダー［7］	

diagnosis：診断［10876］

❖ 臨床診断に対して用いられる

□ **clinical** diagnosis	臨床診断［324］	
□ **early** diagnosis	早期診断［232］	
□ **differential** diagnosis	鑑別診断［214］	
□ **prenatal** diagnosis	出生前診断［102］	文例 145
□ **accurate** diagnosis	正確な診断［97］	文例 38
□ **initial** diagnosis	初期診断［91］	
□ **definitive** diagnosis	確定診断［66］	
□ **final** diagnosis	最終診断［66］	
□ **psychiatric** diagnoses	精神医学的診断［65］	
□ **cancer** diagnosis	癌診断［185］	文例 72
□ diagnosis **and treatment**	診断と治療［431］	
□ diagnosis **and management**	診断と管理［194］	

determination：決定［5238］

❖研究によって決めることや発生の過程に自然に決まることに対して用いられる

□ **sex** determination	性決定［379］	文例 146
□ **structure** determination	構造決定［354］	
□ **cell fate** determination	細胞運命決定［216］	
□ **sequence** determination	配列決定［72］	
□ **lineage** determination	系統決定［52］	
□ **axis** determination	軸決定［46］	
□ **accurate** determination	正確な決定［102］	
□ **quantitative** determination	定量［80］	
□ **structural** determination	構造決定［60］	
□ **direct** determination	直接的決定［59］	
□ **method for the** determination **of ～**	～の決定の方法［44］	
□ determination **and differentiation**	決定と分化［46］	

decision：決定［3868］

❖determination と比較すると人の意志によって決められることが多い．複数形の用例もかなり多い

□ **cell fate** decisions	細胞運命決定［215］	文例 147
□ **treatment** decisions	治療法の決定［162］	
□ **management** decisions	経営意思決定［49］	
□ **clinical** decision	臨床判断［169］	
□ **therapeutic** decision	治療決定［57］	
□ decision **making**	意思決定［876］	文例 148

definition：定義［1996］

❖判断の基準に関することが多い

□ **case** definition	症例定義［101］	文例 149
□ **precise** definition	正確な定義［33］	
□ **standard** definition	標準的な定義［26］	

assignment：割当／帰属［1905］

✣ 割当を決定することを意味する

- ☐ resonance assignment　共鳴帰属［104］
- ☐ treatment assignment　治療割当［87］　文例 150
- ☐ random assignment　無作為割当［91］
- ☐ group assignment　群割当［27］
- ☐ functional assignment　機構的割当［43］
- ☐ structural assignment　構造的割当［42］
- ☐ specific assignment　特異的割当［25］
- ☐ stereochemical assignment　立体化学的割当［22］
- ☐ tentative assignment　仮の割当［18］

demonstration：実証［2378］

✣ 証明を行う行為に対して用いられる

- ☐ the first demonstration　最初の実証［860］　文例 128
- ☐ direct demonstration　直接の実証［150］
- ☐ recent demonstration　最近の実証［64］
- ☐ supported by the demonstration　実証によって支持される［32］

proof：証拠／証明［790］

✣ 証明するものを意味する

- ☐ direct proof　直接の証拠［38］
- ☐ definitive proof　決定的証拠［24］
- ☐ proof of principle　原理の証明［240］
- ☐ proof of concept　概念の証明［177］
- ☐ provide proof of ～　～の証明を提供する［49］　文例 127

evidence：証拠［42116］

✣「evidence that」の用例が多い．proof とは違って，単なる研究結果にも使われる．複数形が用いられることはまれである

- ☐ direct evidence　直接の証拠［1775］
- ☐ recent evidence　最近の証拠［1178］
- ☐ the first evidence　最初の証拠［1137］

□ **strong** evidence	強い証拠 [911]	文例 57
□ **further** evidence	さらなる証拠 [850]	文例 151
□ **genetic** evidence	遺伝的証拠 [783]	
□ **experimental** evidence	実験的証拠 [760]	
□ **biochemical** evidence	生化学的証拠 [450]	
□ ***in vivo*** evidence	生体内での証拠 [417]	
□ **additional** evidence	付加的証拠 [369]	
□ **little** evidence	ほとんど証拠はない [332]	
□ **clear** evidence	明らかな証拠 [286]	
□ **indirect** evidence	間接的な証拠 [202]	
□ **available** evidence	入手可能な証拠 [189]	
□ **substantial** evidence	実質的な証拠 [169]	
□ **considerable** evidence	かなりの証拠 [169]	
□ **definitive** evidence	決定的な証拠 [163]	
□ **preliminary** evidence	予備的な証拠 [136]	
□ **suggestive** evidence	示唆的な証拠 [119]	
□ **increasing** evidence	増加する証拠 [475]	
□ **compelling** evidence	有力な証拠 [392]	
□ **accumulating** evidence	蓄積する証拠 [291]	
□ **growing** evidence	増加する証拠 [258]	
□ **emerging** evidence	新生の証拠 [211]	
□ **convincing** evidence	説得力ある証拠 [145]	
□ **mounting** evidence	増加する証拠 [144]	
□ **lines of** evidence	一連の証拠 [815]	文例 21
□ **body of** evidence	大量の証拠 [310]	
□ evidence **suggests** ～	証拠は～を示唆する [2108]	
□ evidence **indicates** ～	証拠は～を示す [878]	
□ evidence **is presented**	証拠が提示される [348]	
□ **there was no** evidence	証拠はなかった [575]	文例 152
□ **provide** evidence **that** ～	～という証拠を提供する [2833]	文例 115
□ **present** evidence **that** ～	～という証拠を提示する [1127]	

suggestion ：示唆 [958]

❖「suggestion that」の用例が多い

- ☐ previous suggestion that ～ ～という以前の示唆 [61]
- ☐ led to the suggestion that ～ ～という示唆につながった [87] 文例 147
- ☐ support the suggestion that ～ ～という示唆を支持する [39]
- ☐ consistent with the suggestion that ～ ～という示唆と一致している [46]

I-C-4 報告／結論／説明

conclusion ：結論 [6305]

❖「in conclusion」以外は複数形の用例が多い

- ☐ the following conclusions 次の結論 [53] 文例 153
- ☐ previous conclusions 以前の結論 [35]
- ☐ different conclusions 異なる結論 [27]
- ☐ definitive conclusions 確定的結論 [24]
- ☐ in conclusion まとめると [3007] 文例 125

explanation ：説明 [2867]

❖ 解釈の意味に近い

- ☐ possible explanation for ～ ～に対する可能な説明 [259] 文例 129
- ☐ molecular explanation for ～ ～に対する分子的説明 [120]
- ☐ mechanistic explanation for ～ ～に対する機構的説明 [106]
- ☐ alternative explanation 代わりの説明 [113]
- ☐ potential explanation for ～ ～に対するありうる説明 [79]
- ☐ plausible explanation for ～ ～に対するもっともらしい説明 [65]
- ☐ likely explanation for ～ ～に対するありそうな説明 [62]
- ☐ the simplest explanation もっとも単純な説明 [30]
- ☐ provide an explanation for ～ ～に対する説明を提供する [171]

interpretation：解釈［2676］

✣ データなどを解釈することを意味する

- ☐ **data** interpretation　データの解釈［42］
- ☐ **image** interpretation　画像の解釈［28］
- ☐ **alternative** interpretation　もう１つの解釈［33］
- ☐ interpretation **of the results**　結果の解釈［46］　文例 154

report：報告／報告する［39363］

✣ 複数形の用例もかなり多い．動詞としても使われる

- ☐ **the first** report　最初の報告［1283］
- ☐ **the present** report　現在の報告［289］
- ☐ **previous** reports　以前の報告［961］　文例 144
- ☐ **recent** reports　最近の報告［641］
- ☐ **case** reports　症例報告［206］
- ☐ report **describes ～**　報告は～を述べる［422］　文例 155

description：記述［1928］

✣ 論文の内容のことを意味する場合も多い

- ☐ **the first** description **of ～**　～の最初の記述［192］
- ☐ **quantitative** description **of ～**　～の定量的記述［57］
- ☐ **complete** description **of ～**　～の完全な記述［40］
- ☐ **accurate** description **of ～**　～の正確な記述［38］
- ☐ **detailed** description **of ～**　～の詳細な記述［116］　文例 156

article：記事／論文［5013］

✣ 雑誌に掲載された論文のことを意味する場合が多い

- ☐ **the related** article　関連する記事［130］
- ☐ **review** article　レビュー記事／総説［109］
- ☐ **English-language** article　英語の記事［68］
- ☐ **journal** article　雑誌記事［28］
- ☐ **companion** article　関連論文［41］
- ☐ **the present** article　現在の記事［66］

- ☐ **recent** article　最近の記事［62］
- ☐ **relevant** articles　（内容が）関連する記事［51］
- ☐ **accompanying** article　付随する論文／関連論文［39］
- ☐ **published** article　発表された記事［38］
- ☐ **retrieved** article　撤回された記事［25］
- ☐ this article **reviews** ～　この記事は～を概説する［457］　文例 157 158
- ☐ this article **describes** ～　この記事は～を述べる［194］

literature：文献［4136］

❖論文や本のことを意味する場合が多い

- ☐ **recent** literature　最近の文献［307］　文例 157
- ☐ **current** literature　現在の文献［141］
- ☐ **medical** literature　医学文献［107］
- ☐ **scientific** literature　科学文献［83］
- ☐ **published** literature　出版された文献［124］
- ☐ **reported in the** literature　文献で報告された［184］　文例 86

paper：論文／紙［5623］

❖通常，論文のことを意味する．「this paper」のように特定の論文を指す用例が非常に多い

- ☐ **recent** paper　最近の論文［171］　文例 159
- ☐ **the present** paper　現在の論文［118］
- ☐ **accompanying** paper　関連論文［150］
- ☐ **preceding** paper　先行論文［51］
- ☐ **filter** paper　濾紙［62］
- ☐ **companion** paper　関連論文［46］
- ☐ **in this** paper　この論文において［2343］
- ☐ paper **describes** ～　論文は～を述べる［471］　文例 159
- ☐ paper **presents** ～　論文は～を提示する［167］

review：総説／レビュー／検討／概説する［12378］

❖動詞の用例も多い

- ☐ **systematic** review　系統的レビュー［290］

- □ **retrospective** review　遡及的レビュー［266］
- □ **peer** review　（専門家による）査読［171］
- □ **brief** review　短い総説［68］
- □ **comprehensive** review　包括的レビュー［63］
- □ **chart** review　チャートレビュー［218］
- □ **literature** review　文献調査／文献レビュー［143］
- □ **medical record** review　診療記録の検討［74］
- □ review **of the literature**　文献のレビュー［123］
- □ **this** review **focuses on** ～　この総説は～に焦点を当てる［475］　文例 160
- □ **this** review **summarizes** ～　この総説は～を要約する［389］
- □ **this** review **discusses** ～　この総説は～を議論する［292］
- □ **this** review **describes** ～　この総説は～を述べる［204］
- □ **this** review **highlights** ～　この総説は～を強調する［180］
- □ **this** review **examines** ～　この総説は～を調べる［165］　文例 161

documentation：記述／文書化［339］

❖ 論文として記述することを意味する場合が多い．複数形が用いられることはほとんどない

- □ **the first** documentation　最初の記述［18］
- □ **extensive** documentation　広範な記述［7］　文例 4

delineation：描写［283］

❖ 絵のように描写することを意味する

- □ **further** delineation **of** ～　～のさらなる描写［15］　文例 162
- □ **precise** delineation **of** ～　～の正確な描写［6］
- □ **allow** delineation **of** ～　～の描写を可能にする［15］

picture：像／画像／描写［1088］

❖ 形態的特徴を意味することが多い

- □ **clinical** picture　臨床像［60］　文例 163
- □ **complete** picture　全体像［47］
- □ **comprehensive** picture　総合描写［28］
- □ **emerging** picture　新生像［24］
- □ **detailed** picture　詳細な画像［69］

第Ⅱ章

変化を表す名詞

A
B
C

II-A 発生・原因・増加

II-A-1 存在

presence：存在［45890］

✣ presence は，その場所に存在することを意味する．複数形が用いられることはない

- □ the continued presence of ～　～の継続した存在［113］
- □ the continuous presence of ～　～の継続する存在［53］
- □ revealed the presence of ～　～の存在を明らかにした［797］
- □ require the presence of ～　～の存在を必要とする［491］
- □ demonstrated the presence of ～　～の存在を実証した［321］
- □ confirmed the presence of ～　～の存在を確認した［319］
- □ dependent on the presence of ～　～の存在に依存している［556］
- □ consistent with the presence of ～　～の存在と一致している［238］
- □ associated with the presence of ～　～の存在と関連している［199］
- □ characterized by the presence of ～　～の存在によって特徴付けられる［200］
- □ due to the presence of ～　～の存在のせいで［313］
- □ in the presence of ～　～の存在下で［18130］　文例 164
- □ in the presence or absence of ～　～の存在あるいは非存在下で［823］
- □ in the presence and absence of ～　～の存在および非存在下で［727］

existence：存在／実存［4504］

✣ existence は，世の中に存在することを意味する．「existence of」の用例が多い．複数形が用いられることはない

- □ evidence for the existence of ～　～の存在の証拠［206］
- □ suggest the existence of ～　～の存在を示唆する［278］　文例 131
- □ demonstrate the existence of ～　～の存在を実証する［191］
- □ support the existence of ～　～の存在を支持する［146］

Ⅱ-A-2 発生／発現

appearance ：出現／外観［3763］

❖ 現れること，あるいは現れた外観を意味する

- ☐ **normal** appearance　正常な外観［34］
- ☐ **histologic** appearance　組織学的外観［29］
- ☐ **morphological** appearance　形態学的な外観［27］
- ☐ **initial** appearance　最初の出現［26］
- ☐ **accompanied by the** appearance **of ～**　～の出現を伴う［38］　文例 165

occurrence ：発生／出来事［3185］

❖ 何かが起こることを意味する

- ☐ **common** occurrence　普通によく起こること［52］
- ☐ **frequent** occurrence　頻繁に起こること［47］
- ☐ **widespread** occurrence　広範な発生［44］
- ☐ **frequency of** occurrence **of ～**　～の発生の頻度［48］　文例 166

emergence ：発生／出現［1731］

❖ 複数形が用いられることはほとんどない

- ☐ **bud** emergence　出芽［57］
- ☐ **rapid** emergence　急速な発生［30］　文例 167

initiation ：開始／発生［12503］

❖ 複数形が用いられることはほとんどない．転写などの開始や病気の発生などを意味する

- ☐ **translation** initiation　翻訳開始［1183］
- ☐ **transcription** initiation　転写開始［1178］　文例 168
- ☐ **replication** initiation　複製開始［249］
- ☐ **transcriptional** initiation　転写開始［195］
- ☐ **translational** initiation　翻訳開始［135］
- ☐ **tumor** initiation　腫瘍発生［112］
- ☐ **internal** initiation　内部開始［67］

- □ **abortive** initiation　開始失敗［42］
- □ initiation **codon**　開始コドン［392］

development：発生／発達／開発［60511］

❖生物の胚からの発生・発達，病気の発症および装置などの開発を意味する

- □ **embryonic** development　胚発生［1338］
- □ **normal** development　正常発生［819］
- □ **early** development　初期発生［598］
- □ **recent** development　最近の開発［538］
- □ **postnatal** development　生後発達［409］
- □ **vascular** development　血管発生［322］
- □ **further** development　さらなる開発［315］
- □ **neural** development　神経発生［295］
- □ **neuronal** development　神経発達［284］
- □ **subsequent** development　続発［246］
- □ **vertebrate** development　脊椎動物発生［203］
- □ **mammalian** development　哺乳類の発生［199］
- □ **fetal** development　胎児発生［175］
- □ **tumor** development　腫瘍形成［681］　文例 169
- □ **brain** development　脳の発達［418］
- □ **cancer** development　癌発生［397］
- □ **vaccine** development　ワクチン開発［372］
- □ **drug** development　薬剤開発［359］
- □ **eye** development　眼の発生［312］
- □ **thymocyte** development　胸腺細胞発生［263］
- □ **muscle** development　筋肉発生［262］
- □ **plant** development　植物発育［257］
- □ **system** development　システム開発［246］
- □ **lymphocyte** development　リンパ球分化［243］
- □ **limb** development　四肢発生［195］
- □ **mammary gland** development　乳腺発達［167］
- □ **stages of** development　発達のステージ［371］

expression：発現［186408］

❖ 論文ではもっぱら遺伝子などの「発現」の意味で用いられる

□ **gene** expression	遺伝子発現［26095］	文例 170 171 172 173 174 175 176
□ **protein** expression	タンパク質発現［4249］	
□ **cell surface** expression	細胞表面発現［770］	
□ **transgene** expression	導入遺伝子発現［1185］	文例 177
□ **high level** expression	高いレベルの発現［384］	
□ **ectopic** expression	異所性発現［1917］	
□ **differential** expression	差動的発現［972］	
□ **transient** expression	一過性発現［777］	
□ **constitutive** expression	構成的発現（常時発現）［709］	
□ **heterologous** expression	異種性発現［500］	
□ **tissue-specific** expression	組織特異的発現［411］	
□ **increased** expression	増大した発現［2700］	
□ **reduced** expression	低下した発現［823］	
□ **decreased** expression	低下した発現［727］	
□ **enhanced** expression	増強された発現［459］	
□ **altered** expression	変化した発現［447］	
□ **forced** expression	強制発現［422］	
□ expression **vector**	発現ベクター［1173］	

Ⅱ-A-3 由来／原因

cause：原因／引き起こす［31762］

❖ 原因や理由の意味で用いられる

□ **leading** cause **of** ～	～の主な（最も有力な）原因［789］	文例 178 179
□ **underlying** cause	根底にある原因［187］	
□ **major** cause **of** ～	～の主な（大きな）原因［746］	
□ **common** cause **of** ～	～のよくある原因［583］	文例 180
□ **an important** cause **of** ～	～の重要な原因［277］	
□ **primary** cause **of** ～	～の主な（一次の）原因［197］	

- □ **a significant** cause **of** ～　～の重大な原因［124］
- □ **frequent** cause **of** ～　～のよくある原因［103］
- □ **likely** cause　起こりそうな原因［75］
- □ **unknown** cause　未知の原因［70］
- □ **genetic** cause　遺伝的原因［68］
- □ **the main** cause **of** ～　～の主要な原因［58］

reason：理由［2250］

❖ 複数形の用例が多い

- □ **possible** reasons **for** ～　～のありうる理由［56］　文例 181
- □ **the main** reason　主な理由［33］
- □ **several** reasons　いくつかの理由［32］
- □ **primary** reason **for** ～　～の主な（一次の）理由［29］
- □ **for unknown** reasons　よく分からない理由で［15］
- □ **for this** reason　こういう理由で［169］

source：供給源［12322］

❖ 供給源や原因の意味で用いられる

- □ **major** source **of** ～　～の主な（大きな）供給源［415］　文例 182
- □ **an important** source **of** ～　～の重要な供給源［157］
- □ **different** sources　異なる供給源［128］
- □ **the primary** source **of** ～　～の一次供給源［103］
- □ **a potential** source **of** ～　～の潜在的な供給源［84］
- □ **a significant** source **of** ～　～の重要な供給源［75］
- □ **the sole** source **of** ～　～の唯一の供給源［74］
- □ **the main** source **of** ～　～の主要な供給源［71］
- □ **multiple** sources　複数の供給源［74］
- □ **carbon** source　炭素源［395］
- □ **nitrogen** source　窒素源［155］
- □ **data** sources　データソース［148］
- □ **energy** source　エネルギー源［140］
- □ **open** source　オープンソース［126］

□ light source	光源［79］
□ iron source	鉄源［73］
□ source code	ソースコード［179］

origin：起源／開始点［9589］

❖起点や由来を意味する

□ replication origin	複製開始点［239］	
□ donor origin	ドナー由来［67］	
□ evolutionary origin	進化的起源［155］	文例 79
□ common origin	共通起源［86］	
□ parental origin	親起源［77］	
□ unknown origin	出所不明［76］	
□ human origin	ヒト由来［57］	
□ cellular origin	細胞起源［55］	
□ epithelial origin	上皮由来［54］	
□ recent origin	最近の起源［52］	
□ geographic origin	地理的起源［47］	
□ ancient origin	古代の起源［45］	

II-A-4 産生／再生

production：産生［33432］

❖能動的に産生することを意味する．複数形が用いられることはほとんどない

□ cytokine production	サイトカイン産生［1782］	文例 81
□ protein production	タンパク質産生［385］	
□ glucose production	グルコース産生［375］	
□ superoxide production	スーパーオキシド産生［352］	文例 183
□ virus production	ウイルス産生［244］	
□ nitric oxide production	一酸化窒素産生［237］	
□ antibody production	抗体産生［224］	
□ chemokine production	ケモカイン産生［191］	

- ☐ **autoantibody** production　自己抗体産生［177］
- ☐ **energy** production　エネルギー産生［161］
- ☐ **increased** production **of ～**　～の増大した産生［410］
- ☐ **decreased** production **of ～**　～の低下した産生［110］

generation：生成／発生／世代［13469］

✣ 生成と世代の2つの意味で用いられる．結果として生成されることを意味することが多い

- ☐ **thrombin** generation　トロンビン生成［251］
- ☐ **force** generation　力発生［240］
- ☐ **superoxide** generation　スーパーオキシド発生［116］
- ☐ **ceramide** generation　セラミド生成［88］
- ☐ **action potential** generation　活動電位発生［60］
- ☐ **radical** generation　ラジカル発生［125］
- ☐ **second-harmonic** generation　第二次高調波発生［65］
- ☐ **the next** generation **of ～**　～の次世代［80］
- ☐ **a new** generation **of ～**　新しい世代の～［108］　文例 184

yield：収率／産生する［9751］

✣ 産生の効率を示すために用いられる

- ☐ **overall** yield　全収率［270］
- ☐ **high** yields　高収率［205］　文例 185
- ☐ **good** yields　よい収率［204］
- ☐ **excellent** yields　素晴らしい収率［178］
- ☐ **diagnostic** yield　診断率［70］
- ☐ **quantum** yields　量子収率［146］
- ☐ **fluorescence** yield　蛍光収量［44］

synthesis：合成［30096］

✣ 複数形が用いられることはほとんどない

- ☐ **protein** synthesis　タンパク質合成［4110］
- ☐ **DNA** synthesis　DNA合成［3442］　文例 186
- ☐ **glycogen** synthesis　グリコーゲン合成［290］

- □ **fatty acid** synthesis　脂肪酸合成［267］
- □ **bile acid** synthesis　胆汁酸合成［117］
- □ **lagging strand** synthesis　ラギング鎖合成［72］
- □ **collagen** synthesis　コラーゲン合成［237］
- □ **chemical** synthesis　化学合成［211］
- □ **translesion** synthesis　損傷乗り越え合成［195］
- □ **cholesterol** synthesis　コレステロール合成［163］
- □ **lipid** synthesis　脂質合成［134］
- □ **peptide** synthesis　ペプチド合成［121］
- □ **solid-phase** synthesis　固相合成［100］
- □ **cell wall** synthesis　細胞壁合成［88］
- □ **prostaglandin** synthesis　プロスタグランジン合成［89］
- □ **cytokine** synthesis　サイトカイン合成［80］
- □ **displacement** synthesis　置換合成［76］
- □ **total** synthesis　全合成［363］
- □ ***de novo*** synthesis　新規合成［318］
- □ **efficient** synthesis　効率的な合成［108］
- □ **asymmetric** synthesis　不斉合成［94］

regeneration ：再生［3449］

❖ 体の一部の再生を意味することが多い．複数形が用いられることはほとんどない

- □ **liver** regeneration　肝再生［374］　文例 187
- □ **tissue** regeneration　組織再生［173］
- □ **muscle** regeneration　筋再生［104］
- □ **axon** regeneration　軸索再生［98］
- □ **nerve** regeneration　神経再生［85］
- □ **bone** regeneration　骨再生［72］
- □ **hair cell** regeneration　有毛細胞再生［34］
- □ **limb** regeneration　肢再生［34］
- □ **axonal** regeneration　軸索再生［124］
- □ **periodontal** regeneration　歯周組織再生［80］
- □ **hepatic** regeneration　肝再生［32］

reproduction：生殖／繁殖［991］

❖ 子孫をつくる過程を意味する．複数形が用いられることはほとんどない

- □ sexual reproduction　有性生殖［160］　文例 23 121
- □ asexual reproduction　無性生殖［45］　文例 23
- □ female reproduction　雌の生殖［18］

II-A-5 増加／上昇

increase, augmentation, increment, rise, up-regulation は量的な増大を表すときに用いられる

increase：増大／増大する［73332］

❖ 上昇や増加の意味で用いられる．「increase in」の用例が多い

- □ significant increase in ～　～の有意な増大［2996］　文例 171 188
- □ dramatic increase in ～　～の劇的な増大［604］
- □ large increase in ～　～の大きな増大［464］
- □ transient increase in ～　～の一過性の増大［438］
- □ dose-dependent increase in ～　～の用量依存的増大［382］
- □ rapid increase in ～　～の急速な増大［356］
- □ substantial increase in ～　～の実質的な増大［337］
- □ concomitant increase in ～　～の同時の増大［307］
- □ modest increase in ～　～の僅かな増大［259］
- □ 2-fold increase in ～　～の2倍の増大［416］
- □ marked increase in　～の顕著な増大［856］
- □ increase in the number of ～　～の数の増大［838］
- □ increase in the rate of ～　～の割合の増大［260］
- □ increase in the expression of ～　～の発現の増大［254］
- □ increase in the level of ～　～のレベルの増大［229］

augmentation：増大［905］

❖「augmentation of」の用例が多い

- □ **significant** augmentation **of** ～　～の有意な増大［14］　文例 177
- □ **marked** augmentation **of** ～　～の顕著な増大［13］
- □ **bone** augmentation　骨増生［14］
- □ **bladder** augmentation　膀胱の拡張［10］
- □ **alveolar ridge** augmentation　歯槽堤増大術［6］

increment：増大［743］

❖「increment in」の用例が比較的多い

- □ **small** increments　小さな増大［17］　文例 189
- □ **free energy** increment　自由エネルギーの上昇［17］
- □ **caries** increment　齲歯の増加［9］

elevation：上昇［4604］

❖「elevation of」と「elevation in」の割合がほぼ半々である

- □ **significant** elevation　有意な上昇［161］　文例 190
- □ **transient** elevation　一過性の上昇［73］
- □ **sustained** elevation　持続性の上昇［80］
- □ **marked** elevation　顕著な上昇［61］
- □ **ST-segment** elevation **myocardial infarction**　ST部分上昇型心筋梗塞［92］

rise：上昇／上昇する［6214］

❖「give rise to」の用例が非常に多い

- □ **rapid** rise **in** ～　～の急速な上昇［54］
- □ **transient** rise **in** ～　～の一過性の上昇［44］
- □ **give** rise **to** ～　～を生じる［1353］　文例 191

up-regulation：上方制御［4227］

❖ 発現量の上昇を意味する．綴りは upregulation もよく使われる．複数形が用いられることはほとんどない

- □ **transcriptional** up-regulation **of ～**　～の転写上方制御［62］
- □ **significant** up-regulation **of ～**　～の顕著な上方制御［51］　文例 192

II-A-6 増強／促進／誘導

enhancement：増強［6231］

❖ 神経やシグナルに使われる

- □ **significant** enhancement　顕著な増強［146］　文例 193
- □ **synaptic** enhancement　シナプス増強［41］
- □ **marked** enhancement　顕著な増強［58］
- □ **delayed** enhancement　遅延した増強［45］
- □ **contrast** enhancement　コントラスト増強［167］
- □ **rate** enhancement　速度上昇［126］
- □ **fluorescence** enhancement　蛍光増強［86］　文例 181
- □ **signal** enhancement　シグナル増強［62］

potentiation：増強［2582］

❖ 神経に関係することが多い．複数形が用いられることはほとんどない

- □ **long-term** potentiation　長期増強［900］　文例 194
- □ **synaptic** potentiation　シナプス増強［96］
- □ **tetanic** potentiation　強縮性の増強［31］
- □ **long-lasting** potentiation　長期増強［18］

facilitation：促進［1307］

❖ 神経に関することが多い．複数形が用いられることはほとんどない

- □ **paired-pulse** facilitation　二連発刺激の促進［134］
- □ **long-term** facilitation　長期促進［102］
- □ **synaptic** facilitation　シナプス性促進［70］　文例 195

promotion：促進［1073］

✣ 増殖などに対して使われる

- □ **tumor** promotion　癌促進［159］　文例 196
- □ **fusion** promotion　融合促進［26］

activation：活性化［99653］

✣ 本来の性質を増強させることを意味する

- □ **transcriptional** activation　転写活性化［3471］
- □ **constitutive** activation **of** ～　～の構成的活性化（～の常時活性化）［589］
- □ **immune** activation　免疫活性化［355］
- □ **cellular** activation　細胞活性化［280］
- □ **subsequent** activation **of** ～　～の引き続いた活性化［210］　文例 197
- □ **direct** activation **of** ～　～の直接の活性化［191］
- □ **rapid** activation **of** ～　～の急速な活性化［189］
- □ **maximal** activation　最大活性化［188］
- □ **selective** activation **of** ～　～の選択的な活性化［181］
- □ **specific** activation **of** ～　～の特異的な活性化［165］
- □ **transient** activation **of** ～　～の一過性の活性化［158］
- □ **full** activation **of** ～　～の完全活性化［133］
- □ **synergistic** activation **of** ～　～の相乗的活性化［114］
- □ **increased** activation **of** ～　～の増大した活性化［150］
- □ **sustained** activation **of** ～　～の持続性の活性化［250］
- □ **T-cell** activation　T細胞活性化［2256］
- □ **kinase** activation　キナーゼ活性化［1235］
- □ **caspase** activation　カスパーゼ活性化［816］
- □ **complement** activation　補体活性化［580］
- □ **platelet** activation　血小板活性化［544］
- □ **required for** activation **of** ～　～の活性化に必要とされる［277］
- □ **mediated by** activation **of** ～　～の活性化によって仲介される［122］
- □ **lead to** activation **of** ～　～の活性化につながる［236］
- □ **require** activation **of** ～　～の活性化を必要とする［215］

induction：誘導［28851］

✣ 質的な増強と量的な増大の両方に用いられる

- □ **transcriptional** induction　転写誘導［239］
- □ **rapid** induction　急速な誘導［167］
- □ **neural** induction　神経誘導［132］
- □ **significant** induction　顕著な誘導［92］
- □ **hypoxic** induction　低酸素誘導［84］
- □ **maximal** induction　最大誘導［77］
- □ **gene** induction　遺伝子誘導［393］
- □ **tolerance** induction　耐性誘導［384］
- □ **apoptosis** induction　アポトーシス誘導［285］
- □ **mesoderm** induction　中胚葉誘導［106］
- □ **cytokine** induction　サイトカイン誘導［104］
- □ induction **of apoptosis**　アポトーシスの誘導［1159］　文例 198
- □ induction **of tolerance**　耐性の誘導［131］
- □ **required for the** induction **of ～**　～の誘導のために必要とされる［155］

guidance：誘導／ガイダンス［2010］

✣ 正しい方向に導くことを意味する

- □ **axon** guidance　軸索誘導［520］　文例 199
- □ **growth cone** guidance　成長円錐ガイダンス［42］
- □ **axonal** guidance　軸索誘導［64］
- □ **fluoroscopic** guidance　蛍光透視ガイダンス［38］
- □ **repulsive** guidance　反発的誘導［38］
- □ **provide** guidance　ガイダンスを提供する［74］

pathfinding：誘導／経路探索［361］

✣ 神経に関することが多い

- □ **axon** pathfinding　軸索誘導［126］　文例 200
- □ **axonal** pathfinding　軸索誘導［39］

cue：キュー／合図／手がかり［3258］

❖ 指示を出す合図や何らかの要因や手がかりを意味する．複数形の用例が非常に多い

- ☐ **environmental** cues　環境キュー／環境要因［249］
- ☐ **extracellular** cues　細胞外キュー［60］
- ☐ **visual** cues　視覚的キュー［58］
- ☐ **sensory** cues　感覚的キュー［50］
- ☐ **developmental** cues　発生の手がかり［46］
- ☐ **spatial** cues　空間的キュー［37］　文例 201
- ☐ **molecular** cues　分子的キュー［37］
- ☐ **external** cues　外的手がかり［36］
- ☐ **positional** cues　位置的キュー［35］
- ☐ **olfactory** cues　嗅覚的キュー［27］
- ☐ **contextual** cues　前後関係的手がかり［25］
- ☐ **guidance** cues　誘導キュー［225］

acceleration：加速［1040］

❖ 速度に関することが多い

- ☐ **rate** acceleration　速度加速［61］
- ☐ **linear** acceleration　直線加速度［21］

II-A-7 増殖／増幅

proliferation：増殖［23738］

❖ 細胞の増殖などに用いられる．複数形が用いられることはあまりない

- ☐ **cell** proliferation　細胞増殖［7744］　文例 202 203
- ☐ **lymphocyte** proliferation　リンパ球増殖［270］
- ☐ **hepatocyte** proliferation　肝細胞増殖［224］
- ☐ **cellular** proliferation　細胞増殖［916］
- ☐ **homeostatic** proliferation　恒常的増殖［160］
- ☐ **epithelial** proliferation　上皮の増殖［117］
- ☐ **increased** proliferation　増大した増殖［290］

- □ **enhanced** proliferation　増強された増殖 [134]
- □ **reduced** proliferation　低下した増殖 [149]
- □ proliferation **and differentiation**　増殖と分化 [807]
- □ proliferation **and apoptosis**　増殖とアポトーシス [295]

growth：増殖／成長 [71370]

❖ 増殖と成長の２つの意味で使われる．複数形が用いられることはほとんどない

- □ **cell** growth　細胞増殖 [5201]
- □ **tumor** growth　腫瘍増殖 [2649]
- □ **plant** growth　植物生長 [394]
- □ **axon** growth　軸索伸長 [254]
- □ **root** growth　根の成長 [166]
- □ **cellular** growth　細胞増殖 [312]
- □ **intracellular** growth　細胞内増殖 [228]
- □ **anchorage-independent** growth　足場非依存性増殖 [543]
- □ **normal** growth　正常な増殖 [415]
- □ **bacterial** growth　細菌増殖 [318]
- □ **exponential** growth　指数関数的増殖 [280]
- □ **axonal** growth　軸索伸長 [243]
- □ **fetal** growth　胎児成長 [223]
- □ **vegetative** growth　栄養生長 [220]
- □ growth **hormone**　成長ホルモン [896]
- □ growth **cone**　成長円錐 [715]　文例 204
- □ **epidermal** growth **factor**　上皮増殖因子（EGF）[3085]
- □ growth **and differentiation**　増殖と分化 [684]
- □ growth **and development**　成長と発達 [642]

replication：複製 [25550]

❖ 通常，DNA の複製を意味する．複数形が用いられることはあまりない

- □ **DNA** replication　DNA複製 [4773]
- □ **virus** replication　ウイルス複製 [1041]　文例 205

□ **RNA** replication	RNA複製［722］	
□ **HIV** replication	ヒト免疫不全ウイルス複製［351］	
□ **genome** replication	ゲノム複製［169］	
□ **chromosome** replication	染色体複製［115］	
□ **plasmid** replication	プラスミド複製［81］	
□ **viral** replication	ウイルスの複製［2072］	文例 206
□ **lytic** replication	溶解性複製［222］	
□ **intracellular** replication	細胞内複製［138］	
□ **chromosomal** replication	染色体複製［81］	
□ replication **fork**	複製フォーク［1087］	

propagation：伝播／増殖［1771］

❖ ウイルスや電波などに使われる．複数形が用いられることはほとんどない

□ **wave** propagation	波動伝播［94］	
□ **signal** propagation	信号伝播［60］	
□ **prion** propagation	プリオン伝播［50］	文例 207
□ **action potential** propagation	活動電位伝播［36］	
□ **viral** propagation	ウイルス増殖［27］	
□ **impulse** propagation	インパルス伝播［24］	
□ propagation **velocity**	伝播速度［42］	

amplification：増幅［5626］

❖ PCRによる増幅に用いられることが多い

□ **PCR** amplification	PCR増幅［634］	
□ **gene** amplification	遺伝子増幅［415］	文例 208
□ **signal** amplification	シグナル増幅［150］	
□ **centrosome** amplification	中心体増幅［102］	
□ **genome** amplification	ゲノム増幅［65］	
□ **rapid** amplification	急速増幅［281］	
□ **genomic** amplification	ゲノム増幅［42］	
□ amplification **product**	増幅産物［95］	

duplication ：重複［3484］

✣ 遺伝子の重複に使われることが多い

□ **gene** duplication	遺伝子重複［600］	文例 112
□ **centrosome** duplication	中心体複製［181］	
□ **genome** duplication	ゲノム重複［125］	
□ **target site** duplication	標的部位重複［41］	
□ **axis** duplication	軸重複［31］	
□ **centriole** duplication	中心子重複［25］	
□ **tandem** duplication	縦列重複［193］	
□ **segmental** duplication	分節重複［135］	
□ **genomic** duplication	ゲノムの重複［34］	
□ duplication **event**	重複事象［238］	

redundancy ：重複性／冗長性［801］

✣ 同じようなものが繰り返してあることを意味する

□ **functional** redundancy	機能的冗長性［234］	文例 209
□ **genetic** redundancy	遺伝的重複性［27］	
□ **apparent** redundancy	明らかな重複性［14］	

overlap ：重複／重複する［3238］

✣ 機能的あるいは位置的重複に使われる

□ **functional** overlap	機能的重複［75］
□ **significant** overlap	顕著な重複［59］
□ **considerable** overlap	かなりの重複［39］
□ **spectral** overlap	スペクトルの重複［35］
□ **substantial** overlap	実質的な重複［35］
□ **extensive** overlap	広範な重複［27］
□ **orbital** overlap	軌道の重複［19］

outgrowth ：伸長／成長［2290］

❖ 外に伸びることを意味する

□ **neurite** outgrowth	神経突起伸長［812］	文例 199
□ **axon** outgrowth	軸索伸長［211］	
□ **axonal** outgrowth	軸索の伸長［93］	
□ **limb** outgrowth	肢伸長［56］	
□ **spore** outgrowth	胞子成長［24］	
□ **limb bud** outgrowth	肢芽伸長［22］	

hyperplasia ：過形成／肥大／増生［2030］

❖ 形態的に見て，過剰に大きくなることを意味する

□ **prostatic** hyperplasia	前立腺肥大［162］	文例 210
□ **intimal** hyperplasia	内膜過形成［158］	
□ **neointimal** hyperplasia	新生内膜過形成［124］	
□ **epidermal** hyperplasia	表皮過形成［97］	
□ **epithelial** hyperplasia	上皮過形成［62］	
□ **ductal** hyperplasia	乳管過形成［49］	
□ **atypical** hyperplasia	非定型過形成［40］	
□ **lymphoid** hyperplasia	リンパ組織増生［38］	
□ **congenital adrenal** hyperplasia	先天性副腎過形成［30］	
□ **gingival** hyperplasia	歯肉増殖［24］	
□ **endometrial** hyperplasia	子宮内膜過形成［20］	
□ **atypical lobular** hyperplasia	非定型小葉過形成［18］	
□ **goblet cell** hyperplasia	杯細胞過形成［61］	

II-A-8 拡大／拡張

expansion ：拡大／増殖［7688］

❖ 外への広がりを意味する

□ **cell** expansion	細胞増殖［568］	文例 211
□ **volume** expansion	体積膨張［90］	

- □ **polyglutamine** expansion　ポリグルタミン伸長 [82]
- □ **ring** expansion　環拡大 [67]
- □ **population** expansion　人口拡大 [53]
- □ **trinucleotide repeat** expansion　三塩基反復配列伸長 [49]
- □ **clonal** expansion　クローン増殖 [521]
- □ ***ex vivo*** expansion　生体外増殖 [84]
- □ **rapid** expansion　急速拡大 [73]
- □ **thermal** expansion　熱膨張 [54]
- □ **activation and** expansion　活性化と増殖 [80]

extension：伸長／伸展／延長 [5506]

❖ 伸びることを意味する

- □ **primer** extension　プライマー伸長法 [903]　文例 168
- □ **neurite** extension　神経突起伸展 [122]
- □ **chain** extension　鎖延長 [69]
- □ **axon** extension　軸索伸長 [59]
- □ **life span** extension　寿命延長 [51]
- □ **pseudopod** extension　偽足伸長 [45]
- □ **N-terminal** extension　N末端伸長 [206]　文例 212
- □ **convergent** extension　収斂伸長 [190]

enlargement：拡大／肥大 [809]

❖ 形態的に過剰に大きくなることを意味する

- □ **ventricular** enlargement　脳室拡大 [56]　文例 213
- □ **compensatory** enlargement　代償性拡張 [21]
- □ **gingival** enlargement　歯肉肥大 [18]

dilation：拡張 [1134]

❖ 血管や瞳孔に対して用いられる

- □ **balloon** dilation　バルーン拡張術 [60]　文例 214
- □ **artery** dilation　動脈拡張 [46]
- □ **left ventricular** dilation　左心室拡張 [31]

- ☐ **pupil** dilation　瞳孔拡張 [17]
- ☐ **arteriolar** dilation　細動脈拡張 [20]
- ☐ **flow-mediated** dilation　流量依存性拡張 [89]

dilatation ：拡張 [585]

❖ dilation とほぼ同義である

- ☐ **balloon** dilatation　バルーン拡張 [28]
- ☐ **aortic** dilatation　大動脈拡張 [18]
- ☐ **flow-mediated** dilatation　流量依存性拡張 [43]

hypertrophy ：肥大 [2950]

❖ 心筋細胞などが病的に大きくなることを意味することが多い．複数形が用いられることはあまりない

- ☐ **cardiac** hypertrophy　心肥大 [676]　文例 116
- ☐ **ventricular** hypertrophy　心室肥大 [315]　文例 215
- ☐ **myocardial** hypertrophy　心筋肥大 [55]
- ☐ **myocyte** hypertrophy　筋肥大 [92]
- ☐ **cardiomyocyte** hypertrophy　心筋細胞肥大 [84]
- ☐ **chondrocyte** hypertrophy　軟骨細胞肥大 [58]
- ☐ **muscle** hypertrophy　筋肥大 [49]
- ☐ **pressure overload** hypertrophy　圧過負荷肥大 [38]

II-A-9 進歩／進行

progress ：進歩／進行する [4030]

❖ よい意味の進行に用いられることが多い

- ☐ **recent** progress　最近の進歩 [417]　文例 216
- ☐ **significant** progress　顕著な進歩 [177]
- ☐ **considerable** progress　かなりの進歩 [111]
- ☐ **rapid** progress　急速な進歩 [77]
- ☐ **substantial** progress　かなりの（実質的な）進歩 [67]
- ☐ **much** progress　大きな進歩 [63]

- □ **remarkable** progress　顕著な（注目すべき）進歩［30］
- □ **tremendous** progress　すさまじい進歩［27］
- □ **be in** progress　～は進行中である［88］
- □ progress **in understanding** ～　～を理解する際の進歩［172］　文例 216

stride：進歩［87］

❖ 顕著な進歩に対して形容詞と組み合わせで使われる

- □ **great** strides　大きな進歩［28］　文例 217
- □ **significant** strides　顕著な進歩［9］
- □ strides **have been made**　進歩がなされた［34］　文例 217

advance：進歩／進行／進行する［5255］

❖ よい意味の進行に用いられることが多い

- □ **recent** advances　最近の進歩［1448］　文例 160 218
- □ **significant** advances　顕著な進歩［197］
- □ **major** advances　大きな進歩［166］
- □ **technological** advances　科学技術の進歩［109］
- □ **important** advances　重要な進歩［78］
- □ **technical** advances　技術的進歩［61］
- □ **phase** advances　位相前進［58］
- □ advances **in our understanding of** ～　～に対する我々の理解の進歩［290］
- □ advances **in the field**　その分野における進歩［78］
- □ **Despite** advances **in** ～　～の進歩にもかかわらず［55］

progression：進行［16137］

❖ 様々な意味の進行を表し，病気の進行に対してよく使われる．複数形が用いられることはあまりない

- □ **cell cycle** progression　細胞周期進行［2441］　文例 219
- □ **disease** progression　疾患進行［1863］
- □ **tumor** progression　腫瘍の進行［1211］
- □ **cancer** progression　癌進行［579］
- □ **S-phase** progression　S期進行［128］

□ **melanoma** progression	黒色腫進行［69］
□ **replication fork** progression	複製フォークの進行［49］
□ **malignant** progression	悪性化［185］
□ **neoplastic** progression	腫瘍（新生物）の進行［115］ 文例 220
□ **rapid** progression	急速な進行［106］
□ **mitotic** progression	有糸分裂進行［100］
□ **clinical** progression	臨床的進行［86］
□ **metastatic** progression	転移進行［55］
□ **median** progression-**free survival**	無増悪期間中央値［80］
□ **rate of** progression	進行の速度［120］
□ **time to** progression	無進行期間［232］
□ progression **of atherosclerosis**	粥状動脈硬化の進行［147］
□ progression **of prostate cancer**	前立腺癌の進行［97］

II-B 低下・破壊

II-B-1 抑　制

inhibition ：抑制／阻害［44801］

❖ 薬物や酵素の阻害に用いられることが多い．複数形が用いられることはあまりない

□ **selective** inhibition **of ～**	～の選択的抑制［279］	文例 221
□ **significant** inhibition **of ～**	～の有意な抑制［269］	
□ **pharmacological** inhibition **of ～**	～の薬理学的な阻害［263］	
□ **specific** inhibition **of ～**	～の特異的な抑制［254］	
□ **competitive** inhibition	競合的な阻害［248］	
□ **complete** inhibition **of ～**	～の完全な抑制［234］	
□ **lateral** inhibition	側方抑制［180］	
□ **pharmacologic** inhibition **of ～**	～の薬理的な抑制［155］	
□ **direct** inhibition **of ～**	～の直接な抑制［154］	
□ **partial** inhibition **of ～**	～の部分的な抑制［125］	
□ **potent** inhibition **of ～**	～の強力な抑制［123］	
□ **growth** inhibition	成長抑制［1482］	
□ **feedback** inhibition	フィードバック阻害［277］	
□ **proteasome** inhibition	プロテアソーム阻害［217］	
□ **product** inhibition	生産物阻害［166］	
□ **enzyme** inhibition	酵素阻害［159］	
□ inhibition **of apoptosis**	アポトーシスの抑制［211］	
□ inhibition **of proliferation**	増殖の抑制［151］	
□ inhibition **of protein synthesis**	タンパク質合成の阻害［150］	

suppression ：抑制［9437］

❖ 増殖や転写の抑制を意味する．複数形が用いられることはあまりない

□ **tumor** suppression	腫瘍抑制［463］	文例 222
□ **growth** suppression	増殖抑制［367］	
□ **immune** suppression	免疫抑制［218］	

- □ **viral** suppression ウイルス抑制［80］
- □ **complete** suppression **of ～** ～の完全な抑制［67］
- □ **significant** suppression **of ～** ～の有意な抑制［62］
- □ **transcriptional** suppression 転写の抑制［48］
- □ **nonsense** suppression ナンセンス抑制［44］
- □ suppression **of apoptosis** アポトーシスの抑制［98］
- □ suppression **of tumor growth** 腫瘍増殖の抑制［33］

repression ：抑制［7571］

❖ 転写や翻訳の抑制を意味することが多い．複数形が用いられることはほとんどない

- □ **transcriptional** repression 転写抑制［1084］ 文例 223
- □ **translational** repression 翻訳抑制［194］
- □ **catabolite** repression カタボライト抑制［170］
- □ **gene** repression 遺伝子抑制［165］
- □ **glucose** repression グルコース抑制［116］
- □ **transcription** repression 転写抑制［83］
- □ repression **of transcription** 転写の抑制［98］

depression ：抑制／うつ（病）［7323］

❖ うつ病や神経的抑制に用いられる

- □ **major** depression 大うつ病［1040］
- □ **synaptic** depression シナプス性抑制［185］
- □ **unipolar** depression 単極抑制［46］
- □ **severe** depression 重篤な抑制［45］
- □ **geriatric** depression 老人性うつ病［39］ 文例 224
- □ **bipolar** depression 双極性うつ病［38］
- □ **minor** depression 小うつ病［36］
- □ **myocardial** depression 心筋抑制［33］
- □ **respiratory** depression 呼吸抑制［32］
- □ **postpartum** depression 産後うつ病［31］
- □ **psychotic** depression 精神病性うつ病［28］

- □ **inbreeding** depression　近交退化／近交弱勢 [107]
- □ **spreading** depression　拡延性抑制 [70]
- □ **long-term** depression　長期抑制 [324]
- □ **paired-pulse** depression　二連発刺激の抑制 [111]
- □ **anxiety** depression　不安うつ病 [40]
- □ **symptoms of** depression　うつ病の症状 [98]
- □ **treatment of** depression　うつ病の治療 [91]
- □ **history of** depression　うつ病の病歴 [54]
- □ **scale for** depression　抑制のスケール [48]

interference：干渉 [4785]

❖ RNA干渉法に用いられることが多い

- □ **RNA** interference　RNA干渉 [2066]　文例 225
- □ **methylation** interference　メチル化干渉法 [65]
- □ **crossover** interference　クロスオーバー干渉 [42]
- □ **quantum** interference　量子干渉 [39]
- □ **transcriptional** interference　転写の干渉 [40]
- □ **steric** interference　立体的な干渉 [32]
- □ **differential** interference **contrast microscopy**　微分干渉顕微鏡 [30]
- □ **small** interference **RNA**　低分子干渉RNA [138]

II-B-2 低　下

decrease：低下／減少／減らす／低下する [26362]

❖「decrease in」の用例が多い

- □ **a significant** decrease **in ～**　～の有意な低下 [984]
- □ **a marked** decrease **in ～**　～の顕著な低下 [304]
- □ **a dose-dependent** decrease **in ～**　～の用量依存的な低下 [114]
- □ **a dramatic** decrease **in**　～の劇的な低下 [175]
- □ **a concomitant** decrease **in ～**　～の随伴性の低下 [122]

- ☐ a substantial decrease in ～ ～の実質的な低下［80］
- ☐ a corresponding decrease in ～ ～の対応する低下［86］
- ☐ a slight decrease in ～ ～の僅かな低下［74］
- ☐ associated with a decrease in ～ ～の低下と関連している［280］ 文例 226

reduction：低下／減少／還元［28579］

❖「reduction in」の用例が多い

- ☐ significant reduction in ～ ～の有意な低下［1826］
- ☐ marked reduction in ～ ～の顕著な低下［501］ 文例 227
- ☐ dramatic reduction in ～ ～の劇的な低下［281］
- ☐ greater reduction in ～ ～のより大きな低下［194］
- ☐ substantial reduction in ～ ～の実質的な低下［179］
- ☐ severe reduction in ～ ～の重篤な低下［128］
- ☐ selective reduction 選択的低下［106］
- ☐ similar reduction in ～ ～の類似した低下［104］
- ☐ large reduction in ～ ～の大きな低下［86］
- ☐ modest reduction in ～ ～の僅かな（ささやかな）低下［85］
- ☐ concomitant reduction in ～ ～の随伴性の低下［80］
- ☐ further reduction in ～ ～のさらなる低下［72］
- ☐ drastic reduction in ～ ～の激烈な低下［65］
- ☐ profound reduction in ～ ～の深刻な低下［59］
- ☐ slight reduction in ～ ～の僅かな低下［56］
- ☐ a statistically significant reduction in ～ ～の統計的に有意な低下［42］
- ☐ approximately 50% reduction in ～ ～のおよそ50％の低下［42］
- ☐ risk reduction リスク軽減［349］
- ☐ dose reduction 用量減量［180］
- ☐ lung volume reduction surgery 肺容量減少術［56］
- ☐ associated with a reduction in ～ ～の低下と関連している［241］
- ☐ catalyze the reduction of ～ ～の還元を触媒する［116］

fall ：低下／減少／低下する［1945］

❖ 動詞の用例が多いが，名詞としても使われる．やや口語的表現である

- ☐ a significant fall in ～　～の有意な低下［13］
- ☐ a rapid fall in ～　～の急速な低下［7］
- ☐ fall in blood pressure　血圧の低下［8］

decline ：低下／減少／低下する［5196］

❖「decline in」の用例が多い

- ☐ cognitive decline　認知機能低下［301］
- ☐ significant decline in ～　～の有意な低下［125］
- ☐ functional decline　機能的低下［74］
- ☐ rapid decline in ～　～の急速な低下［64］
- ☐ progressive decline in ～　～の進行性の低下［54］
- ☐ cognitive decline in ～　～の認知機能低下［53］
- ☐ greater decline in ～　～のより大きな低下［37］
- ☐ marked decline in ～　～の顕著な低下［34］　文例 228
- ☐ gradual decline in ～　～の徐々の低下［24］
- ☐ sharp decline in ～　～の鋭い低下［19］

diminution ：低下／減少［287］

❖ あまり使われない

- ☐ significant diminution　有意な低下［15］
- ☐ marked diminution　顕著な低下［13］

drop ：低下／減少／下落する［932］

❖ 大きな低下に対して使われる．やや口語的表現である

- ☐ significant drop　有意な低下［27］　文例 229
- ☐ rapid drop　急速な低下［16］
- ☐ dramatic drop　劇的な低下［15］
- ☐ pressure drop　血圧低下［14］

attenuation：減弱／減衰［2804］

❖ 転写などを弱めることを意味する

- □ **significant** attenuation **of ～**　～の有意な減弱［54］
- □ **marked** attenuation **of ～**　～の顕著な減弱［42］
- □ **transcriptional** attenuation　転写の減衰［29］
- □ attenuation **correction**　減衰補正［154］　文例 230
- □ attenuation **of apoptosis**　アポトーシスの減弱［18］

down-regulation：下方制御［2113］

❖ 下がる方向へ制御することを意味する．綴りは downregulation もよく使われる．複数形が用いられることはあまりない

- □ **significant** down-regulation **of ～**　～の有意な下方制御［38］　文例 231
- □ **rapid** down-regulation **of ～**　～の急速な下方制御［31］
- □ **selective** down-regulation **of ～**　～の選択的な下方制御［22］
- □ **transcriptional** down-regulation **of ～**　～の転写の下方制御［19］

Ⅱ-B-3 遮断／欠乏

block：ブロック／阻止／ブロックする［16096］

❖ 動詞の用例の方が多いが，名詞でも用いられる

- □ **bundle branch** block　脚ブロック［138］
- □ **conduction** block　伝導ブロック［127］
- □ **haplotype** block　ハプロタイプブロック［63］
- □ **heart** block　心臓ブロック［87］
- □ **cell cycle** block　細胞周期ブロック［56］　文例 232
- □ **complete** block　完全ブロック［62］
- □ **atrioventricular** block　房室ブロック［54］
- □ **mitotic** block　分裂阻止［33］

blockade：遮断［4973］

✣ 遮断するものを意味することも多い

□ costimulation blockade	共刺激遮断［104］	文例 233
□ pharmacological blockade	薬理学的遮断［90］	
□ costimulatory blockade	同時刺激遮断［78］	
□ adrenergic blockade	アドレナリン作動遮断［61］	
□ selective blockade	選択的遮断［56］	
□ neuromuscular blockade	神経筋遮断［36］	
□ ganglionic blockade	神経節遮断［31］	
□ simultaneous blockade	同時遮断［26］	

loss：喪失／減少［35635］

✣ 失うことを意味する

□ weight loss	体重減少［1456］
□ bone loss	骨消失［685］
□ hearing loss	難聴［589］
□ graft loss	移植片機能損失［453］
□ blood loss	失血［249］
□ attachment loss	付着喪失［233］
□ tooth loss	歯牙喪失［156］
□ neuron loss	ニューロン消失［124］
□ water loss	水分喪失［119］
□ vision loss	失明［116］
□ visual loss	失明［114］
□ pregnancy loss	妊娠喪失［108］
□ allele loss	対立遺伝子欠失［108］
□ complete loss	完全な喪失［681］
□ allelic loss	対立遺伝子の欠失［428］
□ neuronal loss	ニューロンの欠失［358］
□ significant loss	有意な消失［288］
□ progressive loss	進行性の消失［230］

- □ partial loss　部分的喪失［226］
- □ selective loss　選択的な消失［188］
- □ loss-of-function mutations　機能喪失型変異［510］　文例 234
- □ loss of heterozygosity　ヘテロ接合性の消失［834］
- □ loss of activity　活性の消失［263］
- □ loss of expression　発現の喪失［219］
- □ compensate for the loss of ～　～の喪失を補償する［112］

absence：非存在／欠如［25482］

❖ 存在しないことを意味する．複数形が用いられることはない

- □ complete absence of ～　～の完全な欠如［275］
- □ the apparent absence of ～　～の明らかな欠如［60］
- □ virtual absence of ～　～の実質的な欠如［44］
- □ near absence of ～　～がほとんど存在しないこと［43］
- □ total absence of ～　～の完全な欠如［40］
- □ occur in the absence of ～　～の非存在下で起こる［548］　文例 201 208

lack：欠如／欠く［14993］

❖ 欠如した状態を意味する

- □ complete lack　完全な欠如［96］　文例 235
- □ apparent lack　明らかな欠如［72］
- □ relative lack　相対的欠如［54］

depletion：枯渇／減少［7808］

❖ 足らない状態を意味する

- □ T-cell depletion　T細胞枯渇［357］　文例 54
- □ store depletion　ストア枯渇［182］
- □ cholesterol depletion　コレステロール減少［149］
- □ lymphocyte depletion　リンパ球除去［78］
- □ dopamine depletion　ドーパミン枯渇［75］
- □ glutathione depletion　グルタチオン枯渇［66］

deprivation：枯渇／欠乏／遮断［2355］

✣ 足らない状態を意味する．複数形が用いられることはあまりない

- ☐ **glucose** deprivation　グルコース枯渇［261］
- ☐ **serum** deprivation　血清枯渇［218］　文例 236
- ☐ **sleep** deprivation　睡眠遮断［129］
- ☐ **nutrient** deprivation　栄養枯渇［100］
- ☐ **food** deprivation　食糧不足［84］
- ☐ **oxygen** deprivation　酸素欠乏［84］
- ☐ **monocular** deprivation　単眼遮蔽［78］
- ☐ **visual** deprivation　視覚遮断［67］
- ☐ **androgen** deprivation **therapy**　アンドロゲン除去療法［73］

arrest：停止／停止する［9575］

✣ 細胞周期などの動きの停止に使われる

- ☐ **cell cycle** arrest　細胞周期停止［2062］
- ☐ **growth** arrest　増殖停止［1810］　文例 237
- ☐ **cardiac** arrest　心停止［708］
- ☐ **mitotic** arrest　有糸分裂停止［193］
- ☐ **developmental** arrest　発育停止［90］
- ☐ **meiotic** arrest　減数分裂停止［68］
- ☐ **cardioplegic** arrest　心臓麻痺性停止［63］
- ☐ **circulatory** arrest　循環停止［59］
- ☐ **replication** arrest　複製停止［62］
- ☐ **metaphase** arrest　中期停止［54］

termination：終結／終止［3252］

✣ 終わらせることを意味する

- ☐ **premature** termination **codon**　中途終止コドン［143］　文例 238
- ☐ **transcriptional** termination　転写終結［47］
- ☐ **translation** termination　翻訳終結［161］
- ☐ **transcription** termination **factor**　転写終結因子［47］

disruption ：破壊［8191］

❖ 遺伝子の人工的な破壊などを意味する

- □ **targeted** disruption **of ～** ～の標的破壊［579］ 文例 239
- □ **genetic** disruption **of ～** ～の遺伝的破壊［67］
- □ **homozygous** disruption **of ～** ～のホモ接合性破壊［30］
- □ **gene** disruption 遺伝子破壊［423］
- □ **barrier** disruption バリアの破壊［80］
- □ **membrane** disruption 膜破壊［64］
- □ disruption **of the actin cytoskeleton** アクチン骨格の破壊［54］

destruction ：破壊［2562］

❖ 障害などによる組織の破壊を意味する

- □ **tissue** destruction 組織破壊［167］ 文例 240
- □ **bone** destruction 骨破壊［118］
- □ **joint** destruction 関節破壊［62］
- □ **tumor** destruction 腫瘍破壊［50］
- □ **autoimmune** destruction 自己免疫性破壊［40］
- □ **immune** destruction 免疫破壊［34］

resection ：切除／摘出［2231］

❖ 手術による切除を意味することが多い

- □ **surgical** resection 外科的切除［317］ 文例 241
- □ **hepatic** resection 肝切除※同義［95］
- □ **complete** resection 完全切除［72］
- □ **curative** resection 治癒的切除［52］
- □ **transurethral** resection 経尿道的切除術［44］
- □ **pancreatic** resection 膵切除［43］
- □ **abdominoperineal** resection 腹会陰式切除［21］
- □ **liver** resection 肝切除※同義［74］

- ☐ **tumor** resection　腫瘍切除［54］
- ☐ **bowel** resection　腸切除［41］
- ☐ **underwent** resection　切除を受けた［47］

excision：除去／切除［3219］

❖ 外科的切除以外に，DNA の除去修復に用いられる

- ☐ **surgical** excision　外科的切除［68］
- ☐ **local** excision　局所切除［52］
- ☐ **nucleotide** excision **repair**　ヌクレオチド除去修復［622］　文例 242

ablation：除去／アブレーション［3255］

❖ 組織の表面などを凝固させて除去することを意味する

- ☐ **catheter** ablation　カテーテルアブレーション［164］　文例 243
- ☐ **radiofrequency** ablation　高周波アブレーション［143］
- ☐ **androgen** ablation　アンドロゲン除去［126］
- ☐ **laser** ablation　レーザーアブレーション［92］
- ☐ **gene** ablation　遺伝子除去［64］
- ☐ **genetic** ablation　遺伝子除去［104］
- ☐ **androgen** ablation **therapy**　アンドロゲン除去療法［44］

removal：除去［6576］

❖ やや口語的表現である

- ☐ **enzymatic** removal **of ～**　～の酵素的除去［66］　文例 244
- ☐ **complete** removal **of ～**　～の完全除去［53］
- ☐ **proteolytic** removal **of ～**　～のタンパク質分解性除去［46］

elimination：除去／離脱［3202］

❖ 除去することを意味する

- ☐ **reductive** elimination　還元的脱離［101］
- ☐ **complete** elimination **of ～**　～の完全な除去［55］　文例 245
- ☐ **selective** elimination **of ～**　～の選択的な除去［37］
- ☐ **synapse** elimination　シナプス除去［51］

☐ elimination **half life** 排出半減期 [57]

cleavage：切断 [17449]

❖ DNA やタンパク質の切断を意味することが多い

☐ **DNA** cleavage DNA切断 [777]

☐ **caspase** cleavage カスパーゼ切断 [160]

☐ **secretase** cleavage セクレターゼ切断 [125]

☐ **protease** cleavage プロテアーゼ切断 [81]

☐ **substrate** cleavage 基質切断 [80]

☐ **proteolytic** cleavage タンパク質分解性切断 [632]

☐ **endonucleolytic** cleavage エンドヌクレアーゼ性切断 [82]

☐ **enzymatic** cleavage 酵素的切断 [77]

☐ **oxidative** cleavage 酸化的開裂 [76]

☐ cleavage **products** 切断産物 [269]

scission：切断 [311]

❖ DNA 鎖などを切ることを意味する

☐ **DNA** scission DNA切断 [39] 文例 246

☐ **vesicle** scission 小胞切断 [13]

☐ **chain** scission 鎖切断 [12]

truncation：切断／切り詰め [2328]

❖ タンパク質などの先端を切断することを意味する

☐ **C-terminal** truncation C末端切断 [188]

☐ **protein** truncation タンパク質切断 [56]

☐ truncation **mutants** 切断変異体 [222] 文例 247 248

☐ truncation **mutations** 切断変異 [49]

transection：切断［531］

❖ 神経を横断的に切断することを意味する

□ **spinal cord** transection	脊髄離断［49］	
□ **optic nerve** transection	視神経切断［35］	文例 249
□ **fornix** transection	脳弓離断［16］	
□ **the** transection **site**	離断部位［16］	

deletion：欠失［23752］

❖ 遺伝子の一部が欠失することを意味する

□ **targeted** deletion **of ～**	～の標的欠失［397］	文例 250
□ **homozygous** deletion	ホモ接合型欠失［408］	
□ **in-frame** deletion	インフレーム欠失［257］	
□ **genetic** deletion **of ～**	～の遺伝的欠失［133］	
□ **C-terminal** deletion	C末端欠失［181］	
□ **large** deletion	大きな欠失［179］	
□ **internal** deletion	内部欠失［170］	
□ **clonal** deletion	クローン除去［161］	
□ **small** deletion	小さな欠失［125］	
□ **chromosomal** deletion	染色体欠失［93］	
□ **partial** deletion	部分欠失［92］	
□ **genomic** deletion	ゲノム欠失［81］	
□ **conditional** deletion **of ～**	～の条件的欠失［72］	
□ **interstitial** deletion	中間部欠損［76］	
□ **heterozygous** deletion	ヘテロ接合性の欠失［58］	
□ **allelic** deletion	対立遺伝子の欠失［57］	
□ **hemizygous** deletion	ヘミ接合性の欠失［53］	
□ **gene** deletion	遺伝子欠失［416］	
□ **promoter** deletion	プロモーター欠失［132］	
□ **single nucleotide** deletion	一塩基欠失［41］	
□ **a series of** deletion **mutants**	一連の欠失変異体［40］	

inactivation：不活性化 [10830]

❖ activation の逆の意味を持つ

□ slow inactivation	遅い不活性化 [238]
□ fast inactivation	速い不活性化 [188]
□ functional inactivation	機能的不活性化 [107]
□ insertional inactivation	挿入不活性化 [96]
□ mutational inactivation	変異による不活性化 [88]
□ conditional inactivation	条件的不活性化 [66]
□ rapid inactivation	急速な不活性化 [62]
□ thermal inactivation	熱による失活 [59]
□ genetic inactivation	遺伝的不活性化 [57]
□ complete inactivation	完全な不活性化 [56]
□ reversible inactivation	可逆的不活性化 [49]
□ transcriptional inactivation	転写不活性化 [43]
□ irreversible inactivation	不可逆的不活性化 [41]
□ oxidative inactivation	酸化的不活性化 [37]
□ epigenetic inactivation	エピジェネティックな不活性化 [37]
□ selective inactivation	選択的不活性化 [36]
□ biallelic inactivation	両アレル性不活性化 [28]
□ targeted inactivation	標的化された不活性化 [69]
□ X-chromosome inactivation	X染色体不活性化 [202] 文例 251
□ gene inactivation	遺伝子不活性化 [188]
□ steady-state inactivation	定常状態不活性化 [132]
□ enzyme inactivation	酵素不活性化 [58]
□ heat inactivation	熱失活 [50]
□ suicide inactivation	自殺的不活性化 [32]

II-B-5 分解／崩壊

degradation：分解［14705］

❖タンパク質の分解などを意味する．複数形が用いられることはあまりない

- □ **protein** degradation　タンパク質（性の）分解［656］　文例 172
- □ **matrix** degradation　基質分解［137］
- □ **Edman** degradation　エドマン分解［134］
- □ **proteasome** degradation　プロテアソーム分解［71］
- □ **collagen** degradation　コラーゲン分解［68］
- □ **cartilage** degradation　軟骨分解［57］
- □ **heme** degradation　ヘム分解［55］
- □ **proteasomal** degradation　プロテアソーム性分解［454］
- □ **rapid** degradation　急速分解［287］
- □ **proteolytic** degradation　タンパク質分解［215］
- □ **lysosomal** degradation　リソソーム分解［129］
- □ **subsequent** degradation　引き続いた分解［125］
- □ **ubiquitination and** degradation　ユビキチン化と分解［236］
- □ **phosphorylation and** degradation　リン酸化と分解［158］

breakdown：分解／崩壊／破綻／破壊［1520］

❖分解だけでなく，機能的破綻も意味する

- □ **protein** breakdown　タンパク質分解［111］　文例 252
- □ **nuclear envelope** breakdown　核膜崩壊［62］
- □ **blood-retinal barrier** breakdown　血液網膜関門破綻［31］
- □ **germinal vesicle** breakdown　卵核胞崩壊［51］
- □ **collagen** breakdown　コラーゲン分解［26］

disassembly：分解［1225］

❖ assembly の逆の意味を持つ

- □ **focal adhesion** disassembly　接着斑分解［43］
- □ **filament** disassembly　フィラメント分解［31］
- □ **assembly and** disassembly　構築と分解［133］　文例 253

rupture：破裂／破綻／破裂する［1159］

❖ 動詞としても使われる

- □ **plaque** rupture　プラーク破綻［150］　文例 254
- □ **membrane** rupture　膜破裂［36］
- □ **aneurysm** rupture　動脈瘤破裂［15］
- □ **cardiac** rupture　心臓破裂［17］
- □ **premature** rupture　早期破水［16］
- □ **uterine** rupture　子宮破裂［14］

collapse：崩壊／虚脱／崩壊する［1201］

❖ 動詞としても使われる

- □ **growth cone** collapse　成長円錐崩壊［89］　文例 204
- □ **replication fork** collapse　複製フォーク崩壊［18］
- □ **hydrophobic** collapse　疎水性崩壊［39］
- □ **cardiovascular** collapse　心血管虚脱［29］

decay：減衰／崩壊／減衰する［3982］

❖ 動詞としても使われる

- □ **fluorescence** decay　蛍光減衰［81］　文例 255
- □ **anisotropy** decay　異方性減衰［80］
- □ **current** decay　電流減衰［51］
- □ **intensity** decay　強度減衰［34］
- □ **exponential** decay　指数関数的減衰［79］
- □ **rapid** decay　急速な崩壊［74］

II-C 変化・移動

II-C-1 変 化

change：変化／変化する［71106］

❖ 複数形，特に「changes in」の用例が多い

□ **conformational** changes	立体構造変化［2578］	
□ **structural** changes	構造変化［1269］	文例 85 194
□ **significant** changes **in** ～	～の有意な変化［808］	
□ **morphological** changes	形態学的な変化［539］	
□ **genetic** changes	遺伝的変化［287］	
□ **small** changes **in** ～	～の小さな変化［281］	
□ **phenotypic** changes	表現型の変化［272］	
□ **dynamic** changes	動的な変化［267］	
□ **similar** changes	類似した変化［237］	
□ **functional** changes	機能的変化［233］	
□ **dramatic** changes	劇的な変化［225］	
□ **molecular** changes	分子の変化［201］	
□ **subtle** changes	僅かな変化［193］	
□ **pathological** changes	病理学的変化［188］	
□ **developmental** changes	発生上の変化［184］	
□ **spectral** changes	スペクトルの変化［170］	
□ **major** changes	大きな（主要な）変化［166］	
□ **large** changes **in** ～	～の大きな変化［164］	文例 256
□ **morphologic** changes	形態的変化［147］	
□ **rapid** changes	急速な変化［141］	
□ **biochemical** changes	生化学的変化［139］	
□ **metabolic** changes	代謝性変化［134］	
□ **behavioral** changes	行動変化［133］	
□ **environmental** changes	環境変化［133］	
□ **global** changes	全体的な変化［133］	

- □ **observed** changes　観察された変化［200］
- □ **age-related** changes　年齢に関連した変化［209］
- □ **gene expression** changes　遺伝子発現の変化［250］
- □ **sequence** changes　配列変化［207］
- □ **response to** changes **in ～**　～の変化に対する応答［237］
- □ **associated with** changes **in ～**　～の変化と関連した［249］
- □ changes **in gene expression**　遺伝子発現の変化［680］
- □ changes **in cell morphology**　細胞形態の変化［77］

alteration：変化［11159］

❖「alterations in」がよく使われる．複数形の用例が非常に多い．change より文語的表現

- □ **genetic** alterations　遺伝的変化［466］
- □ **structural** alterations　構造的変化［181］
- □ **significant** alterations **in ～**　～の有意な変化［108］
- □ **molecular** alterations　分子的変化［98］
- □ **genomic** alterations　ゲノム変化［78］
- □ **functional** alterations　機能的変化［75］
- □ **epigenetic** alterations　エピジェネティック変化［70］
- □ **morphological** alterations　形態変化［70］
- □ **chromosomal** alterations　染色体変化［47］
- □ **conformational** alterations　立体構造変化［44］
- □ **metabolic** alterations　代謝の変化［43］
- □ **dramatic** alterations **in ～**　～の劇的な変化［32］
- □ **sequence** alterations　配列変化［65］
- □ **copy number** alterations　コピー数の変化［44］
- □ alterations **in gene expression**　遺伝子発現の変化［104］　文例 173

modification：修飾［12399］

❖ 可算・不可算両方の用例が混在している．複数形の用例も多い

- □ **posttranslational** modification　翻訳後修飾［735］
- □ **chemical** modification　化学修飾［441］
- □ **covalent** modification　共有結合的修飾［378］

- □ **structural** modifications　構造修飾［111］
- □ **genetic** modification　遺伝的修飾［156］
- □ **oxidative** modification　酸化的修飾［116］　文例 257
- □ **epigenetic** modifications　エピジェネティック修飾［104］
- □ **synaptic** modification　シナプス修飾［88］
- □ **histone** modifications　ヒストン修飾［306］
- □ **protein** modification　タンパク質修飾［203］
- □ **chromatin** modification　クロマチン修飾［174］
- □ **lipid** modification　脂質修飾［121］
- □ **surface** modification　表面修飾［74］

fluctuation：ゆらぎ／変動［2122］

❖ 複数形の用例が非常に多い

- □ **conformational** fluctuations　立体構造的ゆらぎ［85］
- □ **thermal** fluctuations　熱ゆらぎ［75］　文例 258
- □ **structural** fluctuations　構造的ゆらぎ［43］
- □ **fluorescence** fluctuation　蛍光ゆらぎ［36］
- □ **random** fluctuations　不規則ゆらぎ［27］
- □ **large** fluctuations　大きなゆらぎ［26］
- □ **stochastic** fluctuations　確率的変動［20］

deformation：変形［1018］

❖ 望ましくない形への変化を意味する

- □ **mechanical** deformation　機械的変形［39］
- □ **plastic** deformation　塑性変形［23］
- □ **elastic** deformation　弾性変形［16］
- □ **membrane** deformation　膜変形［37］　文例 259
- □ **surface** deformation　表面変形［21］
- □ **bilayer** deformation　二層変形［16］

distortion：歪み／乱れ［1083］

❖ 構造的なものを中心に，様々な歪みの意味で使われる

- □ **structural** distortion　構造的歪み［55］　文例 260
- □ **architectural** distortion　構築の乱れ［22］
- □ **helical** distortion　らせんの歪み［20］
- □ **local** distortion　局所の歪み［16］
- □ **geometric** distortion　幾何学的歪み［15］
- □ **segregation** distortion　分離ひずみ［52］
- □ **ratio** distortion　比の歪み［51］　文例 261
- □ **transmission** distortion　伝送歪み［16］

diversion：変向／迂回路［149］

❖ 流れを変えることを意味する

- □ **urinary** diversion　尿路変向術［21］　文例 55
- □ **biliopancreatic** diversion　胆膵路転換手術［10］
- □ **fecal** diversion　便流変向術［9］
- □ **biliary** diversion　胆汁流出路変向［9］

differentiation：分化［25291］

❖ 組織・細胞の分化を意味する．複数形が用いられることはあまりない

- □ **terminal** differentiation　最終分化［864］
- □ **neuronal** differentiation　神経細胞分化［684］　文例 262
- □ **cellular** differentiation　細胞分化［435］
- □ **muscle** differentiation　筋肉分化［331］
- □ **myeloid** differentiation　ミエロイド分化［295］
- □ **adipocyte** differentiation　脂肪細胞分化［290］
- □ **osteoblast** differentiation　骨芽細胞分化［252］
- □ **erythroid** differentiation　赤血球分化［212］
- □ **keratinocyte** differentiation　ケラチノサイト分化［190］
- □ **osteoclast** differentiation　破骨細胞分化［162］
- □ **macrophage** differentiation　マクロファージ分化［142］
- □ **chondrocyte** differentiation　軟骨細胞分化［107］

- ☐ **myogenic** differentiation　筋肉分化［175］
- ☐ **epidermal** differentiation　表皮分化［158］
- ☐ **sexual** differentiation　性分化［151］
- ☐ **epithelial** differentiation　上皮分化［145］
- ☐ **granulocytic** differentiation　顆粒球分化［126］
- ☐ **morphological** differentiation　形態的分化［103］
- ☐ differentiation **marker**　分化マーカー［342］

transformation：形質転換［8782］

❖ 大腸菌にプラスミドを入れて薬剤耐性にすること，もしくは細胞が癌化することを意味する

- ☐ **cell** transformation　細胞形質転換［535］
- ☐ **phase** transformation　相転移［54］
- ☐ **malignant** transformation　悪性転換［518］　文例 263
- ☐ **cellular** transformation　細胞形質転換［419］
- ☐ **neoplastic** transformation　腫瘍化［347］
- ☐ **oncogenic** transformation　癌化［307］
- ☐ **morphological** transformation　形態的転換［88］
- ☐ **genetic** transformation　遺伝子形質転換［85］
- ☐ **epithelial-mesenchymal** transformation　上皮間葉転換［44］
- ☐ **chemical** transformation　化学変換［70］
- ☐ **leukemic** transformation　白血病化［60］
- ☐ **homeotic** transformation　ホメオティック形質転換［57］
- ☐ **natural** transformation　自然変換［47］

switching：スイッチング／スイッチ／転換［2185］

❖ 切り換えることを意味する

- ☐ **isotype** switching　アイソタイプスイッチング［156］
- ☐ **template** switching　テンプレートスイッチング［156］　文例 53
- ☐ **mating-type** switching　交配タイプスイッチング［55］
- ☐ **phenotypic** switching　表現型スイッチング［45］

transfer：移動／伝達／移行させる［21417］

❖ ものの移動を意味する

- □ **electron** transfer　電子伝達［2505］
- □ **fluorescence resonance energy** transfer　蛍光共鳴エネルギー転移［865］
- □ **proton** transfer　プロトン移動［817］
- □ **charge** transfer　電荷移動［604］
- □ **strand** transfer　鎖移動［420］
- □ **hydride** transfer　水素化物移動［370］
- □ **phosphoryl** transfer　リン酸基転移［291］
- □ **horizontal gene** transfer　遺伝子水平伝播［191］　文例 264
- □ **atom** transfer　原子移動［137］
- □ **methyl** transfer　メチル基転移［136］
- □ **adoptive** transfer　養子移植［1180］
- □ **horizontal** transfer　水平伝播［213］
- □ **passive** transfer　受動転移［180］
- □ **microsomal triglyceride** transfer **protein**　ミクロソームトリグリセリド輸送タンパク質［98］
- □ **catalyze the** transfer **of** ～　～の転移を触媒する［138］

transit：通過／移行［1063］

❖ 場所の通過を意味する

- □ **intestinal** transit　腸通過［46］
- □ **colonic** transit　結腸通過［38］
- □ transit **peptide**　輸送ペプチド［190］　文例 265
- □ transit **time**　通過時間［148］

transition：転移／遷移／移行［15180］

❖ 状態の変化を意味する

- □ **phase** transition　相転移［660］　文例 266

- □ **mitochondrial permeability** transition　ミトコンドリア膜透過性遷移［224］
- □ **glass** transition　ガラス転移［97］
- □ **state** transition　状態遷移［79］
- □ **metaphase-anaphase** transition　中期-後期移行［71］
- □ **midblastula** transition　中期胞胚変移［65］
- □ **cell cycle** transition　細胞周期移行［55］
- □ **helix-coil** transition　ヘリックス-コイル転移［50］
- □ **conformational** transition　立体構造転移［378］
- □ **structural** transition　構造転移［253］
- □ **allosteric** transition　アロステリック転移［70］
- □ **unfolding** transition　アンフォールディング転移［110］
- □ **folding** transition　フォールディング転移［114］
- □ **melting** transition　融解転移［57］
- □ transition **state**　遷移状態［2971］
- □ transition **metal**　遷移金属［468］
- □ transition **temperature**　転移温度［338］
- □ **epithelial to mesenchymal** transition　上皮間葉転換［119］

translocation ：移行／転位置［11301］

✣ ものの移行と場所の移行の両方に使われる

- □ **nuclear** translocation　核移行［1584］
- □ **chromosomal** translocations　染色体の転座［325］
- □ **reciprocal** translocation　相互移行［43］
- □ **bacterial** translocation　細菌移行［76］
- □ **rapid** translocation　急速移行［55］
- □ **mitochondrial** translocation　ミトコンドリア移行［46］
- □ **protein** translocation　タンパク質移行［253］
- □ **membrane** translocation　膜移行［226］　文例 24
- □ **proton** translocation　プロトン移行［137］
- □ **chromosome** translocations　染色体転座［49］

☐ **substrate** translocation	基質移行 [60]	
☐ translocation **pathway**	移行経路 [93]	
☐ translocation **breakpoints**	転座切断点 [66]	

migration：遊走／移動 [12766]

❖ 細胞の移動を意味することが多い

☐ **cell** migration	細胞遊走 [2975]	文例 267
☐ **branch** migration	分岐点移動 [231]	
☐ **neutrophil** migration	好中球遊走 [127]	
☐ **macrophage** migration	マクロファージ遊走 [116]	
☐ **leukocyte** migration	白血球遊走 [106]	
☐ **lymphocyte** migration	リンパ球遊走 [86]	
☐ **neural crest** migration	神経堤移動 [65]	
☐ **fibroblast** migration	線維芽細胞移動 [62]	
☐ **keratinocyte** migration	ケラチノサイト移動 [56]	
☐ **monocyte** migration	単核球遊走 [55]	
☐ **neuronal** migration	神経細胞移動 [366]	
☐ **transendothelial** migration	経内皮遊走 [181]	
☐ **nuclear** migration	核内移行 [114]	
☐ **cellular** migration	細胞遊走 [81]	
☐ **directional** migration	方向性のある移動 [70]	
☐ **transepithelial** migration	経上皮移動 [51]	
☐ **proliferation and** migration	増殖と移動 [253]	文例 203
☐ **adhesion and** migration	接着と移動 [203]	

invasion：浸潤／侵入 [5647]

❖ 腫瘍などよくないものが侵潤する場合に使われる

☐ **tumor cell** invasion	腫瘍細胞浸潤 [140]	文例 267
☐ **tumor** invasion	腫瘍浸潤 [223]	
☐ **strand** invasion	ストランド侵入 [106]	
☐ **bacterial** invasion	細菌侵入 [78]	
☐ **vascular** invasion	血管侵入 [77]	

infiltration：浸潤［2524］

❖リンパ球などが集まってくる場合に使われる

□ **neutrophil** infiltration	好中球浸潤［286］	文例 268
□ **leukocyte** infiltration	白血球浸潤［175］	
□ **macrophage** infiltration	マクロファージ浸潤［163］	
□ **lymphocyte** infiltration	リンパ球浸潤［62］	
□ **eosinophil** infiltration	好酸球浸潤［57］	
□ **cellular** infiltration	細胞浸潤［97］	
□ **lymphocytic** infiltration	リンパ球浸潤［76］	

shift：シフト／移動／移す［12496］

❖動詞の用例もかなりある

□ **chemical** shift	化学シフト［836］	文例 256
□ **blue** shift	青色シフト［253］	
□ **phase** shifts	位相変位［147］	
□ **band** shift	バンドシフト［140］	
□ **frame** shift	フレームシフト［128］	
□ **temperature** shift	温度変化［123］	
□ **frequency** shifts	振動数シフト［50］	
□ **a paradigm** shift	パラダイムシフト［33］	
□ **a significant** shift	有為なシフト［50］	
□ **a rightward** shift	右方移動［32］	
□ **negative** shift **in** ～	～の負シフト［31］	
□ **hyperpolarizing** shift **in** ～	～の過分極性シフト［40］	
□ shift **in the voltage dependence of** ～	～の電位依存性のシフト［46］	
□ **electrophoretic mobility** shift **assays**	電気泳動移動度シフト解析（EMSA）［792］	
□ **gel** shift **assays**	ゲルシフトアッセイ［271］	

II-C-3 移　入

entry：移入／侵入／移行［9002］

❖「entry into」の用例がかなり多い

- □ **virus** entry　ウイルス侵入［343］
- □ **calcium** entry　カルシウム流入［289］
- □ **cell** entry　細胞移入［245］
- □ **at study** entry　研究開始時［162］
- □ **S-phase** entry　S期移入［234］
- □ **internal ribosome** entry **site**　内部リボソーム進入部位［179］
- □ **cell cycle** entry　細胞周期移入［118］
- □ **herpesvirus** entry　ヘルペスウイルス侵入［62］
- □ **viral** entry　ウイルス侵入［401］
- □ **nuclear** entry　核移行［133］
- □ **mitotic** entry　有糸分裂開始［98］
- □ entry **pathway**　侵入経路［85］
- □ entry **point**　侵入部位［64］
- □ entry **into mitosis**　有糸分裂への移行［150］　文例 269
- □ entry **into cells**　細胞への侵入［124］

import：移入／移行／移行する［2680］

❖中に入ることを意味する

- □ **nuclear** import　核内移行［992］　文例 270
- □ **mitochondrial** import　ミトコンドリア移入［86］
- □ **chloroplast** import　葉緑体移入［18］

incorporation：取り込み［5658］

❖構成成分として取り込むことを意味する

- □ **thymidine** incorporation　チミジン取り込み［429］
- □ **nucleotide** incorporation　ヌクレオチド取り込み［184］　文例 271
- □ **bromodeoxyuridine** incorporation　ブロモデオキシウリジン取り込み［83］

- □ **site-specific** incorporation　部位特異的取り込み [32]
- □ incorporation **into DNA**　DNAへの取り込み [78]
- □ incorporation **into virions**　ウイルス粒子への取り込み [54]

uptake：取り込み [13362]

❖ 物の取り込みを意味する．複数形が用いられることはあまりない

- □ **glucose** uptake　グルコース取り込み [946]　文例 272
- □ **iron** uptake　鉄取り込み [352]
- □ **tumor** uptake　腫瘍取り込み [217]
- □ **glutamate** uptake　グルタミン酸取り込み [178]
- □ **oxygen** uptake　酸素取り込み [162]
- □ **dopamine** uptake　ドパミン取り込み [124]
- □ **thymidine** uptake　チミジン取り込み [98]
- □ **deoxyglucose** uptake　デオキシグルコース取り込み [85]
- □ **fatty acid** uptake　脂肪酸取り込み [79]
- □ **tracer** uptake　トレーサー取り込み [66]
- □ **cellular** uptake　細胞取り込み [226]
- □ **selective** uptake　選択的取り込み [168]
- □ **standardized** uptake　標準取り込み [106]
- □ **increased** uptake　増大した取り込み [94]
- □ **proton** uptake　プロトン取り込み [83]
- □ uptake **system**　取り込み系 [90]

intake：摂取 [7435]

❖ 食物として摂取することを意味する

- □ **food** intake　食物摂取 [1183]　文例 31
- □ **energy** intake　エネルギー摂取 [589]
- □ **dietary** intake　食事摂取 [422]　文例 161
- □ **alcohol** intake　アルコール摂取 [273]
- □ **fat** intake　脂肪摂取 [250]　文例 273
- □ **calcium** intake　カルシウム摂取 [217]
- □ **protein** intake　タンパク質摂取 [200]

□ **nutrient** intake	栄養摂取 [139]	文例 28
□ **folate** intake	葉酸摂取 [125]	
□ **vegetable** intake	野菜摂取 [98]	
□ **sodium** intake	ナトリウム摂取 [95]	
□ **water** intake	水分摂取 [84]	
□ **fiber** intake	食物線維摂取 [84]	
□ **carbohydrate** intake	炭水化物摂取 [62]	
□ **salt** intake	食塩摂取 [57]	
□ **caffeine** intake	カフェイン摂取 [56]	
□ **whole-grain** intake	全粒穀類摂取 [54]	
□ **caloric** intake	カロリー摂取 [108]	

input：入力 [7828]

✣ 情報などの入力を意味する．複数形の用例も多い

□ **synaptic** input	シナプス入力 [680]	
□ **sensory** input	感覚入力 [331]	
□ **excitatory** input	興奮性入力 [243]	文例 274
□ **inhibitory** input	抑制性入力 [197]	
□ **afferent** input	求心性入力 [190]	
□ **visual** input	視覚入力 [125]	
□ **cortical** input	皮質からの入力 [88]	
□ **thalamic** input	視床入力 [81]	
□ **cholinergic** input	コリン作動性入力 [75]	
□ **glutamatergic** input	グルタミン酸作動性入力 [73]	
□ **GABAergic** input	GABA作動性入力 [68]	
□ **retinal** input	網膜入力 [56]	
□ **auditory** input	聴覚入力 [53]	
□ **receive** input **from ～**	～からの入力を受ける [84]	

consumption ：消費／消費量［3901］

✣ 消費することや摂取した量を意味することが多い．複数形が用いられることはほとんどない

- ☐ **oxygen** consumption　酸素消費（量）［691］
- ☐ **alcohol** consumption　アルコール摂取（量）［607］　文例 275
- ☐ **ethanol** consumption　エタノール接収（量）［107］
- ☐ **food** consumption　摂食（量）［103］
- ☐ **coffee** consumption　コーヒー消費（量）［51］
- ☐ **fish** consumption　魚消費（量）［50］
- ☐ **vegetable** consumption　野菜消費（量）［48］

II-C-4 移　出

export ：排出／輸出／排出する［4249］

✣ 外に輸送することを意味する

- ☐ **nuclear** export　核外輸送［1319］　文例 276
- ☐ **efficient** export　効率的排出［26］
- ☐ **bile salt** export　胆汁酸塩排出［26］

excretion ：排泄［1637］

✣ 尿中への排泄を意味することが多い

- ☐ **urinary** excretion　尿中排泄［192］　文例 277
- ☐ **urinary albumin** excretion　尿中アルブミン排泄量［51］
- ☐ **biliary** excretion　胆汁排泄［64］
- ☐ **urinary protein** excretion　尿タンパク排泄量［26］
- ☐ **creatinine** excretion　クレアチニン排泄［23］

output ：出力［3830］

✣ 外に出たものを意味する

- ☐ **cardiac** output　心拍出量［755］　文例 278
- ☐ **power** output　出力［107］
- ☐ **hepatic glucose** output　肝グルコース放出［53］
- ☐ **urine** output　尿量［91］

II-C-5 運　動

movement：運動／動き［9893］

❖ 物の動きを意味する．複数形の用例がかなり多いが，無冠詞単数でも用いられる

- □ **cell** movement　細胞運動［468］
- □ **rapid eye** movement　急速眼球運動［222］
- □ **charge** movement　電荷移動［180］
- □ **chromosome** movement　染色体運動［96］
- □ **head** movements　頭部運動［63］
- □ **finger** movements　指運動［56］
- □ **convergent extension** movements　収斂伸長運動［42］
- □ **morphogenetic** movements　形態形成運動［89］
- □ **involuntary** movements　不随意運動［45］
- □ movement **disorders**　運動障害［110］
- □ **direction of** movement　運動の方向［41］

exercise：運動／訓練［5958］

❖ 運動の様子や程度を意味する

- □ **treadmill** exercise　トレッドミル運動［139］　文例 279
- □ **peak** exercise　最大運動※ほぼ同意［119］
- □ **resistance** exercise　抵抗運動［61］
- □ **endurance** exercise　耐久力訓練［36］
- □ **moderate-intensity** exercise　中程度の強度の運動［34］
- □ **maximal** exercise　最大運動※ほぼ同意［64］
- □ **aerobic** exercise　有酸素運動［94］
- □ **submaximal** exercise　最大下運動［35］
- □ **regular** exercise　定期的な運動［33］
- □ **physical** exercise　身体的運動［32］
- □ **vigorous** exercise　激しい運動［32］
- □ exercise **training**　運動訓練［194］
- □ **cardiopulmonary** exercise **testing**　心肺運動負荷試験［29］

II-C-6 伝　達

transmission：伝達／伝染／感染／伝播［9411］

❖ 感染症の伝染を意味することも多い

- □ **synaptic** transmission　シナプス伝達［1588］　文例 280
- □ **sexual** transmission　性感染［110］
- □ **vertical** transmission　垂直感染［109］
- □ **glutamatergic** transmission　グルタミン酸伝達［93］
- □ **excitatory** transmission　興奮性伝達［82］
- □ **neuromuscular** transmission　神経筋伝達［71］
- □ **GABAergic** transmission　GABA作動性の伝達［64］
- □ **maternal** transmission　母親からの伝播［62］
- □ **viral** transmission　ウイルス伝染／ウイルス感染［59］
- □ **perinatal** transmission　周産期感染［52］
- □ **horizontal** transmission　水平感染［52］
- □ **heterosexual** transmission　異性間伝播［50］
- □ **signal** transmission　信号伝送［130］
- □ **malaria** transmission　マラリア伝染／マラリア感染［96］
- □ **disease** transmission　感染症伝播［79］
- □ **virus** transmission　ウイルス伝染／ウイルス感染［63］
- □ **chromosome** transmission　染色体伝達［50］
- □ transmission **electron microscopy**　透過型電子顕微鏡［666］

transduction：伝達／情報伝達／導入［11324］

❖ 変化を引き起こす導入を意味する．複数形が用いられることはあまりない

- □ **signal** transduction　シグナル伝達［7981］　文例 127
- □ **energy** transduction　エネルギー変換［80］
- □ **gene** transduction　遺伝子導入［78］
- □ **protein** transduction　タンパク質導入［70］
- □ **retroviral** transduction　レトロウイルス導入［179］　文例 281
- □ **sensory** transduction　感覚情報変換［87］

□ **visual** transduction　視覚情報伝達［52］

□ **stable** transduction　安定導入［41］

communication：情報交換／コミュニケーション［2962］

❖ 相互作用して情報を交換することを意味する

□ **cell-cell** communication　細胞間情報交換［137］

□ **gap junction** communication　ギャップ結合情報交換［38］

□ **intercellular** communication　細胞間情報交換［215］　文例 282

□ **gap junctional** communication　ギャップ結合性情報交換［84］

□ **allosteric** communication　アロステリックコミュニケーション［32］

第Ⅲ章

関係・性質を示す名詞

A. 関連

B. 性質

C. 機能

D. 構造(体)

E. 場所・状態・程度

Ⅲ-A 関連

Ⅲ-A-1 関　与

involvement：関与／転移／合併症［6783］

❖ 調節因子などの関与，病気の転移や合併症などに使われる

- □ **possible** involvement **of ～**　～のありうる関与［206］　文例 120
- □ **potential** involvement **of ～**　～の潜在的な関与［103］
- □ **direct** involvement **of ～**　～の直接関与［103］
- □ **cardiac** involvement　心合併症［45］
- □ **nodal** involvement　リンパ節転移［42］
- □ **organ** involvement　臓器病変［70］
- □ **lymph node** involvement　リンパ節転移［54］
- □ **bone marrow** involvement　骨髄転移［42］
- □ **suggesting the** involvement **of ～**　～の関与を示唆している［230］
- □ **indicating the** involvement **of ～**　～の関与を示している［88］
- □ **evidence for the** involvement **of ～**　～の関与の証拠［150］　文例 151

participation：関与／参加［1542］

❖ 人の参加やタンパク因子の直接的な関与を意味する．複数形が用いられることはほとんどない

- □ **direct** participation　直接の関与［29］　文例 283
- □ **active** participation　積極的な参加［18］
- □ **research** participation　研究参加［19］

intervention：介入／インターベンション［8965］

❖ 積極的に治療などを行うことをいう．また，“インターベンション”はカテーテルを用いた積極的治療法を指す場合が多い．複数形の用例もかなり多い

- □ **therapeutic** intervention　治療介入［1041］　文例 3 25
- □ **coronary** intervention　冠動脈インターベンション［557］
- □ **surgical** intervention　外科的介入［258］

- □ **pharmacological** intervention　薬理学的介入［132］　文例 43
- □ **early** intervention　早期介入［107］
- □ **medical** intervention　医療介入［68］
- □ **dietary** intervention　食事介入［66］
- □ **percutaneous** intervention　経皮的インターベンション［62］
- □ **effective** interventions　効果的介入［58］
- □ **preventive** intervention　予防介入［57］
- □ **educational** intervention　教育的介入［57］
- □ **psychosocial** interventions　心理社会的介入［55］
- □ **behavioral** interventions　行動介入［44］
- □ **lifestyle** intervention　ライフスタイルへの介入［54］

Ⅲ-A-2 関　連

relation ：関係／関連／相関［5209］

❖ 関連の様式や強さなどを議論するときに使われる

- □ **inverse** relation　逆相関［88］
- □ **significant** relation　有意な関連［60］
- □ **linear** relation　直線相関［56］
- □ **causal** relation　因果関係［55］
- □ **positive** relation　正の相関［33］
- □ **direct** relation　直接の相関［30］
- □ **dose-response** relation　用量反応関係［74］
- □ **pressure-volume** relation　圧-容積関係［34］
- □ **structure-function** relation　構造-機能相関［32］
- □ in relation **to** ～　～と関連して［1458］　文例 284

relationship ：関連性／関係／相関［17083］

❖ 重要な関連性がある場合に用いられる．relation に比べて関連性を強調したい場合に使われる

- □ **functional** relationship　機能的関連性［304］
- □ **inverse** relationship　反比例関係［298］
- □ **evolutionary** relationship　進化的関係［283］　文例 19

- □ **linear** relationship　直線関係［266］
- □ **phylogenetic** relationship　系統発生的関係［215］
- □ **significant** relationship　有意な関連性［194］
- □ **spatial** relationship　空間的関係［162］
- □ **causal** relationship　因果関係［187］
- □ **close** relationship　密接な関係［136］
- □ **temporal** relationship　時間的関連性［118］
- □ **direct** relationship　直接的関連性［115］
- □ **structure-activity** relationship　構造活性相関［837］
- □ **structure-function** relationship　構造-機能相関［423］
- □ **dose-response** relationship　用量反応相関［178］
- □ **current-voltage** relationship　電流-電圧関係［119］
- □ **examined the** relationship **between ～**　～の間の関係を調べた［240］
- □ **investigate the** relationship **between ～**　～の間の関係を精査する［188］
- □ **determine the** relationship **between ～**　～の間の関係を決定する［138］

association：関連性／結合／会合［31089］

❖ 直接的結合や強い関連性を意味する

- □ **significant** association　有意な関連性［928］
- □ **inverse** association　逆相関［346］
- □ **strong** association　強い関連性［340］
- □ **physical** association　物理的結合［275］
- □ **positive** association　正の関連性［255］
- □ **genetic** association　遺伝的関連性［213］
- □ **direct** association　直接連合［162］
- □ **specific** association　特異的結合［151］
- □ **membrane** association　膜結合［490］
- □ **protein** association　タンパク質会合［176］
- □ **disease** association　疾病関連性［143］
- □ association **constant**　会合定数［158］

□ **examined the** association **between ～** ～の間の関連を調べた [142]

link：つながり／関連／連鎖／関連づける [8529]

❖ 関連や直接的結合があることを示すときに使われる．動詞の用例が多いが，名詞としても使われる

- □ **a direct** link **between ～** ～の間の直接的なつながり [191]
- □ **functional** link **between ～** ～の間の機能的つながり [151]
- □ **mechanistic** link **between ～** ～の間の機構的つながり [137]
- □ **molecular** link **between ～** ～の間の分子的つながり [116] 文例 285
- □ **possible** link **between ～** ～の間の可能なつながり [76]
- □ **potential** link **between ～** ～の間の潜在的なつながり [71]
- □ **a novel** link **between ～** ～の間の新規のつながり [65]
- □ **causal** link **between ～** ～の間の因果関係 [53]
- □ **provide a** link **between ～** ～の間のつながりを提供する [94]

correlation：相関 [11976]

❖ 関連よりも強い意味で使われる

- □ **significant** correlation **between ～** ～の間の有意な相関 [368]
- □ **strong** correlation **between ～** ～の間の強い相関 [301]
- □ **positive** correlation **between ～** ～の間の正の相関 [265]
- □ **inverse** correlation **between ～** ～の間の逆相関 [202]
- □ **direct** correlation **between ～** ～の間の直接相関 [184]
- □ **negative** correlation **between ～** ～の間の負の相関 [135]
- □ **genetic** correlation 遺伝相関 [120]
- □ **good** correlation **between ～** ～の間のよい相関 [109]
- □ **close** correlation **between ～** ～の間の密接な相関 [84]
- □ **linear** correlation **between ～** ～の間の線形相関 [84]
- □ **genotype-phenotype** correlation 遺伝子型-表現型相関 [103]
- □ **pearson** correlation ピアソンの相関 [95]
- □ **rank** correlation 順位相関 [74]

- □ **fluorescence** correlation **spectroscopy**　蛍光相関分光法 [127]
- □ **rotational** correlation **time**　回転相関時間 [67]
- □ correlation **coefficient**　相関係数 [343]
- □ correlation **spectroscopy**　相関分光法 [197]
- □ correlation **analysis**　相関分析 [138]
- □ **there was no** correlation **between ～**　～の間に相関はなかった [190]　文例 286

relevance：関連性 [2427]

❖ どのような関連があるかを述べるときに用いられる．複数形が使われることはほとんどない

- □ **clinical** relevance　臨床的関連性 [232]
- □ **functional** relevance　機能的関連性 [189]
- □ **physiological** relevance　生理学的関連性 [182]　文例 287
- □ **biological** relevance　生物学的関連性 [136]
- □ **potential** relevance　潜在的関連性 [73]

relatedness：関連性 [410]

❖ 遺伝的あるいは進化的な関連性を述べるときに使われる．複数形が用いられることはほとんどない

- □ **genetic** relatedness　遺伝的関連性 [64]　文例 59
- □ **evolutionary** relatedness　進化的関連性 [13]
- □ **phylogenetic** relatedness　系統学的関連性 [12]

linkage：連鎖 [9245]

❖ 遺伝的な連鎖を述べるときなどに使われる

- □ **genetic** linkage　遺伝連鎖 [385]
- □ **significant** linkage　有意な連鎖 [177]
- □ **genome-wide** linkage　ゲノムワイドの連鎖 [122]
- □ **covalent** linkage　共有結合 [113]
- □ **suggestive** linkage　示唆的連鎖 [99]
- □ **nonparametric** linkage　ノンパラメトリックな連鎖 [98]
- □ **strong** linkage　強い連鎖 [98]

☐ **glycosidic** linkage	グリコシド結合［72］	
☐ **tight** linkage	密な連鎖［59］	
☐ **parametric** linkage	パラメトリックな連鎖［43］	
☐ **disulfide** linkage	ジスルフィド結合［131］	
☐ **phosphodiester** linkage	ホスホジエステル結合［67］	
☐ **ester** linkage	エステル結合［52］	
☐ linkage **disequilibrium**	連鎖不平衡［1065］	文例 288
☐ linkage **mapping**	連鎖地図作成［77］	

III-A-3 一致／類似

agreement：一致［4662］

❖ データの一致などに対して使われる

☐ **interobserver** agreement	観察者間の一致［114］	
☐ **general** agreement	一般的な一致［74］	
☐ **overall** agreement	全体的な一致［72］	
☐ **qualitative** agreement	質的な一致［69］	
☐ **quantitative** agreement	定量的な一致［51］	
☐ **categorical** agreement	分類上の一致［40］	
☐ **in** agreement **with** ～	～と一致して［1366］	文例 289
☐ **in good** agreement **with** ～	～とよく一致して［385］	
☐ **in excellent** agreement **with** ～	～と（すばらしく）よく一致して［176］	
☐ **in close** agreement **with** ～	～と密接に一致して［47］	
☐ **in reasonable** agreement **with** ～	～と妥当に一致して［45］	

concordance：一致［751］

❖ 一致の高さについて述べるときに使われる

☐ **high** concordance	高い一致［22］	
☐ **complete** concordance	完全な一致［19］	
☐ **excellent** concordance	良好な一致［18］	
☐ **in** concordance **with** ～	～と一致して［49］	文例 130

III

A 関連

coincidence：一致／同時発生［270］

❖ 時間的な一致などに対して使われる

- ☐ **temporal** coincidence　時間的一致［10］
- ☐ **random** coincidence　ランダムな一致［5］

correspondence：一致［386］

❖ 別の事象の一致の強さについて述べるときに用いられる

- ☐ **close** correspondence　密接な一致［37］
- ☐ **good** correspondence　よい一致［11］
- ☐ **strong** correspondence　強い一致［9］

identity：同一性／相同性［7699］

❖ 塩基配列などの一致について述べるときによく使われる

- ☐ **sequence** identity　配列相同性［1324］　文例 290
- ☐ **amino acid** identity　アミノ酸相同性［451］
- ☐ **cell** identity　細胞同一性［136］
- ☐ **molecular** identity　分子的同一性［149］
- ☐ **overall** identity　全体の相同性［44］
- ☐ **significant** identity　顕著な同一性［41］
- ☐ **positional** identity　位置同一性［38］
- ☐ **regional** identity　領域独自性［31］
- ☐ **sexual** identity　性同一性［30］

homology：相同性［9745］

❖ 塩基配列やアミノ酸配列の一致の程度を述べるときに用いられる

- ☐ **sequence** homology　配列相同性［1283］
- ☐ **amino acid** homology　アミノ酸相同性［87］
- ☐ **significant** homology　有意な相同性［428］
- ☐ **high** homology　高い相同性［237］
- ☐ **structural** homology　構造的相同性［227］　文例 235
- ☐ **extensive** homology　広範な相同性［116］

- □ **strong** homology　強い相同性［113］
- □ homology **modeling**　相同性モデル化［255］
- □ **have** homology **to** ～　～へ相同性を持つ［131］
- □ **share** homology **with** ～　～と相同性を共有する［133］　文例 291

similarity：類似性［8905］

❖ 塩基配列の類似性などに対して使われる

- □ **sequence** similarity　配列類似性［1956］
- □ **amino acid** similarity　アミノ酸類似性［86］
- □ **structural** similarity　構造的類似性［625］
- □ **functional** similarity　機能的類似性［237］
- □ **significant** similarity　有意な類似性［237］
- □ **high** similarity　高い類似性［120］
- □ **many** similarities　多くの類似性［104］
- □ **strong** similarity　強い類似性［99］
- □ **remarkable** similarity　顕著な（注目に値する）類似性［71］
- □ **striking** similarity　顕著な類似性［215］　文例 292
- □ **high degree of** similarity　高い程度の類似性［94］
- □ **have** similarity **to** ～　～への類似性を持つ［80］

consent：同意［963］

❖ 患者の同意に関することが多い

- □ **informed** consent　インフォームドコンセント［593］　文例 293
- □ **patient** consent　患者の同意［43］

Ⅲ-A-4 違い／変異

difference：違い／相違／差異［40450］

❖ 複数形の用例が非常に多い

- □ **significant** differences　有意な違い［3006］
- □ **structural** differences　構造的差異［424］
- □ **functional** differences　機能的差異［403］
- □ **individual** differences　個体差［231］
- □ **important** differences　重要な違い［208］
- □ **marked** differences　顕著な違い［204］
- □ **subtle** differences　わずかな違い［180］
- □ **major** differences　大きな（主な）違い［176］
- □ **regional** differences　地域差［168］
- □ **large** differences　大きな違い［163］
- □ **quantitative** differences　量的な違い［161］
- □ **substantial** differences　実質的差異［156］　文例 294
- □ **phenotypic** differences　表現型の違い［155］
- □ **genetic** differences　遺伝的違い［151］
- □ **racial** differences　人種差［151］
- □ **small** differences　小さな違い［151］
- □ **ethnic** differences　民族差［137］
- □ **conformational** differences　立体構造的差異［132］
- □ **observed** differences　観察された違い［226］
- □ **striking** differences　顕著な違い［169］
- □ **sex** differences　性差［401］
- □ **mean** difference　平均差［403］
- □ **group** differences　集団差［253］
- □ **sequence** differences　配列の違い［206］
- □ **gender** differences　性差［197］
- □ **species** differences　種差［127］
- □ difference **spectra**　差スペクトル［168］

☐ similarities and differences 類似性と相違［208］ 文例 295

divergence：分岐［2604］

❖ 進化に従って枝分かれしてくることを意味する．多様性を意味する場合もある

☐ sequence divergence 配列分岐［298］
☐ expression divergence 発現分岐［31］
☐ evolutionary divergence 進化学的分岐［86］ 文例 296
☐ functional divergence 機能的分岐［80］
☐ genetic divergence 遺伝的分岐［59］

disagreement：不一致［207］

❖ agreement の反対の意味

☐ considerable disagreement かなりの不一致［6］
☐ substantial disagreement 実質的な不一致［5］

distinction：区別［890］

❖ 区別がつくことを意味する

☐ functional distinction 機能的区別［39］
☐ clear distinction 明らかな区別［35］

discrimination：識別／弁別［2687］

❖ 生物の識別能について述べるときに使われる

☐ odor discrimination 匂いの識別［68］ 文例 297
☐ object discrimination 物体弁別［46］
☐ visual discrimination 視覚的弁別［57］
☐ olfactory discrimination 嗅覚弁別［37］
☐ spatial discrimination 空間識別［32］
☐ discrimination learning 弁別学習［57］

disparity：格差［1227］

❖ 差のあることを示すために使われる

☐ racial disparity 人種的格差［89］ 文例 298
☐ binocular disparity 両眼視差［52］

- ☐ **ethnic** disparity　民族的格差［39］　文例 4
- ☐ **health** disparity　医療格差［46］
- ☐ **gender** disparity　性別格差［11］

exception：例外［2018］

❖ 例外となるものを述べるときに使われる

- ☐ **notable** exception　明らかな例外［106］　文例 299
- ☐ **rare** exception　まれな例外［18］

mutation：変異［82875］

❖ 遺伝子に変化があることを意味する．複数形の用例が多い

- ☐ **point** mutations　点突然変異［1957］
- ☐ **missense** mutations　ミスセンス変異［1013］
- ☐ **loss-of-function** mutations　機能喪失型変異［510］　文例 234
- ☐ **germline** mutations　生殖細胞系列変異［290］
- ☐ **frameshift** mutations　フレームシフト変異［261］
- ☐ **deletion** mutations　欠失変異［256］
- ☐ **suppressor** mutations　抑制因子変異［191］
- ☐ **insertion** mutations　挿入変異［120］
- ☐ **drug-resistance** mutations　薬剤抵抗性変異［74］
- ☐ **null** mutations　ヌル変異［453］
- ☐ **somatic** mutations　体細胞突然変異［429］
- ☐ **deleterious** mutations　有害な変異［264］
- ☐ **different** mutations　異なる変異［204］
- ☐ **genetic** mutations　遺伝的変異［193］
- ☐ **nonsense** mutations　ナンセンス変異［184］
- ☐ **additional** mutations　付加的変異［167］
- ☐ **heterozygous** mutations　ヘテロ接合性変異［155］　文例 174
- ☐ **recessive** mutations　劣性変異［140］
- ☐ **novel** mutations　新規の変異［122］
- ☐ **dominant** mutations　優性変異［115］
- ☐ **lethal** mutations　致死変異［109］

☐ **beneficial** mutations	有益な変異 [104]	
☐ **pathogenic** mutations	病原性の変異 [103]	
☐ **spontaneous** mutations	自然突然変異 [90]	
☐ **compensatory** mutations	代償性変異 [90]	
☐ **site-specific** mutations	部位特異的変異 [76]	
☐ **site-directed** mutations	部位特異的（部位を定めた）変異 [184]	
☐ **inherited** mutations	遺伝性の変異 [94]	

variation：変動／変異 [13311]

❖ mutation とは違って，正常の範囲内の変動を意味することが多い

☐ **genetic** variation	遺伝的変異 [1152]	文例 13
☐ **antigenic** variation	抗原変異 [284]	文例 300
☐ **phenotypic** variation	表現型多様性 [221]	
☐ **allelic** variation	対立遺伝子変異 [173]	
☐ **significant** variation	顕著な変異 [150]	
☐ **natural** variation	自然変異 [131]	文例 174
☐ **wide** variation	幅広い変動 [131]	
☐ **structural** variation	構造変動 [129]	
☐ **regional** variation	地域差 [104]	
☐ **large** variation	大きな変異 [101]	
☐ **individual** variation	個体変異 [98]	
☐ **considerable** variation	かなりの変異 [98]	
☐ **diurnal** variation	日周変動 [72]	
☐ **interindividual** variation	個人間変動 [61]	
☐ **circadian** variation	日内変動 [59]	
☐ **sequence** variation	配列多様性 [640]	
☐ **phase** variation	相変異 [242]	
☐ **copy number** variation	コピー数多型 [57]	
☐ **coefficient of** variation	変動係数 [193]	

mutant：変異体［93480］

❖複数形の用例も多い

- □ **deletion** mutant　欠失変異体［2141］
- □ **point** mutant　点突然変異体［522］
- □ **truncation** mutant　切断変異体［366］　文例 247 248
- □ **loss-of-function** mutant　機能喪失型変異体［147］
- □ **insertion** mutant　挿入変異体［258］
- □ **substitution** mutant　置換変異体［221］
- □ **knockout** mutant　ノックアウト変異体［139］
- □ **null** mutant　ヌル変異体［1442］
- □ **dominant-negative** mutant　ドミナントネガティブ変異体［1142］
- □ **deficient** mutant　欠損変異体［660］
- □ **homozygous** mutant　ホモ接合性変異体［432］
- □ **defective** mutant　欠損変異体［347］
- □ **constitutively active** mutant　構成的に活性のある変異体［224］
- □ **inactive** mutant　不活性な変異体［301］
- □ **temperature-sensitive** mutant　温度感受性変異体［214］
- □ **isogenic** mutant　同質遺伝子変異体［194］
- □ **site-directed** mutant　部位特異的変異体［301］
- □ **truncated** mutant　切断変異体［121］
- □ **activated** mutant　活性化された変異体［118］

variant：変異体／バリアント［17494］

❖mutantとは違って，正常の範囲内の変動を意味することが多い．複数形の用例が多い

- □ **splice** variants　スプライス変異体［706］　文例 301
- □ **sequence** variants　配列変異体［306］
- □ **genetic** variants　遺伝的変異体［287］
- □ **allelic** variants　対立遺伝子変異体［146］
- □ **common** variants　よくある変異体［87］
- □ **viral** variants　ウイルス変異体［73］
- □ **alternatively spliced** variants　選択的にスプライシングされた変異体［47］

- ☐ **structural** variants　構造的変異体［55］
- ☐ **polymorphic** variants　多型変異体［53］
- ☐ **rare** variants　まれな変異体［48］
- ☐ **splicing** variants　スプライシング変異体［56］
- ☐ **histone** variants　ヒストン変異体［46］
- ☐ **missense** variants　ミスセンス変異体［43］

III-A-5 影響／帰結

consequence：結果／影響／帰結［8674］

❖ある現象や処理の結果として起こることを意味する．複数形の用例が非常に多い

- ☐ **functional** consequences　機能的影響［587］
- ☐ **biological** consequences　生物学的影響［143］
- ☐ **important** consequences　重要な影響［140］
- ☐ **direct** consequence　直接の結果［124］
- ☐ **physiological** consequences　生理学的影響［84］
- ☐ **adverse** consequences　有害事象（本来とは逆の結果）［80］
- ☐ **clinical** consequences　臨床的帰結［79］
- ☐ **phenotypic** consequences　表現型的結果［79］
- ☐ **structural** consequences　構造的影響［70］
- ☐ **deleterious** consequences　有害事象［53］
- ☐ **indirect** consequence　間接的結末［51］
- ☐ **long-term** consequences　長期的影響［80］　文例 62
- ☐ **health** consequences　健康上の影響［68］
- ☐ **as a** consequence **of** ～　～の結果として［1010］　文例 121

outcome：結果／転帰／成績［19134］

❖治療の転帰を意味することが多い．複数形の用例も多い

- ☐ **clinical** outcome　臨床成績［1764］　文例 302
- ☐ **primary** outcome　主要転帰［706］
- ☐ **poor** outcome　予後不良［386］

文例 303

☐ **adverse** outcome	有害事象 [423]
☐ **functional** outcome	機能的帰結 [291]
☐ **secondary** outcome	二次転帰 [240]
☐ **main** outcome	主要転帰 [223]
☐ **better** outcome	より良い結果 [192]
☐ **worse** outcome	より悪い結果 [151]
☐ **medical** outcome	医学的転帰 [120]
☐ **favorable** outcome	良好な転帰 [118]
☐ **cardiovascular** outcome	心血管転帰 [100]
☐ **long-term** outcome	長期成績 [471]
☐ **patient** outcome	患者予後 [408]
☐ **treatment** outcome	治療成績 [306]
☐ **health** outcome	健康結果 [241]
☐ **disease** outcome	疾患の転帰 [205]
☐ **pregnancy** outcome	妊娠成績 [177]
☐ **improve** outcome	結果を改善する [258]
☐ **predict** outcome	結果を予測する [97]

impact：影響 [8657]

✣ 影響の大きさについて議論するときに用いられる

☐ **significant** impact **on** ～	～に対する有為な影響 [269]
☐ **major** impact **on** ～	～に対する主要な影響 [131]
☐ **negative** impact	負の影響 [131]
☐ **potential** impact	潜在的影響 [128]
☐ **little** impact **on** ～	～に対する影響のほとんどない [89]
☐ **clinical** impact	臨床的影響 [85]
☐ **functional** impact	機能的影響 [68]
☐ **profound** impact **on** ～	～に対する著明な影響 [61]
☐ **positive** impact	正の影響 [53]
☐ **economic** impact	経済的影響 [52]
☐ **assess the** impact **of** ～	～の影響を評価する [137]
☐ **examined the** impact **of** ～	～の影響を調べた [129]

- □ **have an** impact **on** ～　～に対して影響を持つ［143］

influence ：影響／影響する［16090］

❖ 自然の現象の影響を述べるときに使われる．名詞の用例が多いが，動詞としても使われる

□ **genetic** influence	遺伝的影響［156］	文例 57
□ **environmental** influence	環境の影響［133］	
□ **significant** influence	有為な影響［114］	

effect ：影響／効果［127665］

❖ 薬剤などの効果や影響について述べるときに使われる．複数形の用例もかなり多い

□ **inhibitory** effect	抑制効果［3479］	文例 304
□ **significant** effect	有意な効果［1838］	
□ **protective** effect	保護効果［1587］	
□ **side** effects	副作用［1542］	
□ **adverse** effects	有害作用／副作用［1037］	
□ **direct** effect	直接の影響［883］	
□ **negative** effect	悪影響［798］	
□ **beneficial** effects	有益な効果［693］	文例 305
□ **stimulatory** effect	刺激効果［692］	
□ **similar** effects	類似の効果［531］	
□ **deleterious** effect	有害効果［527］	
□ **biological** effects	生物学的効果［517］	
□ **antitumor** effect	抗腫瘍効果［483］	
□ **specific** effect	特異的効果［445］	
□ **toxic** effects	毒性効果［442］	
□ **therapeutic** effect	治療効果［439］	
□ **cytotoxic** effect	細胞毒性効果［437］	文例 225
□ **minimal** effect	最小効果［432］	
□ **synergistic** effect	相乗効果［423］	
□ **suppressive** effect	抑制効果［398］	
□ **additive** effect	相加的効果［382］	
□ **differential** effects	差動効果［379］	

- □ **apoptotic** effect　アポトーシス効果［356］
- □ **antiproliferative** effect　抗増殖効果［338］
- □ **opposite** effects　反対の影響［326］
- □ **regulatory** effect　調節作用［311］
- □ **different** effects　異なる効果［311］
- □ **neuroprotective** effect　神経保護的効果［299］
- □ **profound** effects　深刻な影響［298］
- □ **functional** effect　機能的効果［295］
- □ **inflammatory** effect　炎症効果［278］
- □ **pleiotropic** effect　多面的効果［278］
- □ **positive** effect　正の効果［275］
- □ **detrimental** effect　有害作用（弊害をもたらす作用）［273］
- □ **cytopathic** effect　細胞変性効果［271］
- □ **behavioral** effect　行動的影響［267］
- □ **detectable** effect　検出可能な影響［262］
- □ **combined** effect　併用効果［298］
- □ **opposing** effect　拮抗作用［262］
- □ **kinetic isotope** effect　動的同位体効果［444］
- □ **treatment** effect　治療効果［387］

efficacy：効果／効力［10321］

❖治療の効果などを述べるときに使われる

- □ **therapeutic** efficacy　治療効果［370］
- □ **clinical** efficacy　臨床効果［261］
- □ **synaptic** efficacy　シナプス効力［203］
- □ **protective** efficacy　保護効率［202］
- □ **antitumor** efficacy　抗腫瘍活性［155］　文例 306
- □ **relative** efficacy　相対的効力［93］
- □ **superior** efficacy　優れた効果［52］
- □ **vaccine** efficacy　ワクチン有効性［209］
- □ **treatment** efficacy　治療効果［88］
- □ **drug** efficacy　薬効［84］

- □ **long-term** efficacy　長期有効性［80］
- □ **evaluate the** efficacy **of ～**　～の有効性を評価する［106］
- □ **determine the** efficacy **of ～**　～の有効性を決定する［73］

efficiency ：効率［9582］

❖ 数値で表せるような効率を意味する

文例 126

- □ **catalytic** efficiency　触媒効率［709］
- □ **high** efficiency　高効率［407］
- □ **translational** efficiency　翻訳効率［136］
- □ **low** efficiency　低効率［97］
- □ **similar** efficiency　類似した効率［86］
- □ **reduced** efficiency　低下した効率［103］
- □ **splicing** efficiency　スプライシング効率［82］
- □ **coupling** efficiency　カップリング効率［77］
- □ **transduction** efficiency　（ファージやウイルスの）導入効率［181］
- □ **transfer** efficiency　導入（移行）効率［165］
- □ **transfection** efficiency　（DNAなどの）導入効率［117］
- □ **translation** efficiency　翻訳効率［85］
- □ **replication** efficiency　複製効率［84］
- □ **separation** efficiency　分離効率［78］
- □ **quantum** efficiency　量子効率［76］
- □ **transformation** efficiency　転換効率［67］
- □ efficiency **of gene transfer**　遺伝子導入の効率［38］
- □ **increase the** efficiency **of ～**　～の効率を増大させる［69］
- □ **improve the** efficiency **of ～**　～の効率を改善する［47］

contribution：寄与／貢献［9726］

❖ 人以外に対してもよく使われる

- □ **relative** contribution　相対的寄与［888］
- □ **significant** contribution　有意な寄与［215］
- □ **important** contribution　重要な寄与［168］　文例 307
- □ **major** contribution　主要な寄与［151］
- □ **potential** contribution　潜在的な寄与［141］
- □ **genetic** contribution　遺伝的な寄与［132］　文例 117

benefit：利点／利益／効果［7858］

❖ 患者にとって利益になることを述べるときに使われる

- □ **clinical** benefit　臨床的利益［484］　文例 308
- □ **survival** benefit　延命効果［364］
- □ **therapeutic** benefit　治療効果［297］
- □ **potential** benefit　潜在的利点［247］
- □ **significant** benefit　大きな利点［127］
- □ **additional** benefit　付加的利点［99］
- □ **health** benefit　健康効果［165］

advantage：優位性［5115］

❖ 何かが起こりやすい有利な性質を持っていることを意味する

- □ **survival** advantage　生存優位性［376］　文例 241
- □ **growth** advantage　増殖優位性［217］　文例 309
- □ **selective** advantage　選択優位性［252］
- □ **significant** advantage　顕著な優位性［151］
- □ **potential** advantage　潜在的優位性［114］
- □ **several** advantage　いくつかの優位性［107］
- □ **competitive** advantage　競合優位性［69］
- □ **take** advantage **of** ～　～を利用する［216］　文例 2 221

experience：経験／体験／経験する［4649］

❖ 動詞の用例も多い

- □ **clinical** experience　臨床経験［134］
- □ **visual** experience　視覚的経験［122］　文例 310
- □ **sensory** experience　知覚経験［80］
- □ **sexual** experience　性体験［36］
- □ **initial** experience　初体験［35］
- □ **auditory** experience　聴覚経験［29］

success：成功［3189］

❖ 手術などの成功に用いられる

- □ **reproductive** success　生殖成功［133］　文例 261
- □ **clinical** success　臨床的成功［108］
- □ **procedural** success　手術成功［97］
- □ **limited** success　限られた成功［115］
- □ **mating** success　交配成功［41］

Ⅲ-B 性質

Ⅲ-B-1 特徴／性質

feature：特徴［18798］

❖ 複数形の用例が非常に多い

□ structural features	構造的特徴［1312］	文例 46
□ clinical features	臨床的特徴［689］	
□ common feature	共通の特徴［544］	
□ important feature	重要な特徴［307］	
□ unique features	独自の特徴［229］	
□ general feature	一般的特徴［230］	
□ key features	重要な（鍵となる）特徴［214］	
□ prominent feature	顕著な（卓越した）特徴［191］	
□ many features	多くの特徴［171］	
□ morphological features	形態学的特徴［167］	
□ molecular features	分子的特徴［162］	
□ several features	いくつかの特徴［155］	
□ essential feature	必須の特徴［148］	
□ characteristic features	特性［130］	
□ specific features	特異的特徴［117］	
□ histologic features	組織学的特徴［107］	
□ functional features	機能的特徴［104］	
□ pathological features	病理学的特徴［100］	
□ pathologic features	病理学的特徴［96］	文例 311
□ critical feature	（決定的に）重要な特徴［96］	
□ spectral features	スペクトル特性［94］	
□ histological features	組織学的特徴［92］	
□ morphologic features	形態学的特徴［92］	
□ unusual features	珍しい特徴［74］	
□ distinctive features	独特の特徴［73］	

- □ **conserved** feature　保存された特徴［145］
- □ **striking** feature　顕著な特徴［99］
- □ **distinguishing** feature　際立った特徴［93］
- □ **sequence** feature　配列特徴［119］
- □ feature **in common**　共通の特徴［66］
- □ feature **characteristic of ～**　～らしい特徴［124］

characteristic：特性／特徴［17950］

✣ 特徴的な性質を意味する．複数形の用例が非常に多い

- □ **receiver operating** characteristic　受信者動作特性［571］
- □ **clinical** characteristics　臨床的特徴［441］
- □ **functional** characteristics　機能特性［225］
- □ **demographic** characteristics　人口学的特性［213］
- □ **structural** characteristics　構造的特性［163］
- □ **phenotypic** characteristics　表現型の特徴［142］
- □ **biochemical** characteristics　生化学的性質［125］
- □ **morphological** characteristics　形態学的特徴［83］
- □ **sociodemographic** characteristics　社会人口学的特性［64］
- □ **patient** characteristics　患者特性［306］　文例 312
- □ **baseline** characteristics　基本特性［225］
- □ **performance** characteristics　性能特性［118］
- □ **growth** characteristics　生育特性［135］
- □ characteristic **of apoptosis**　アポトーシスの特徴［94］

character：特性／形質［1506］

✣ ものの性質を述べるときに使われる

- □ **hydrophobic** character　疎水性［31］
- □ **morphological** character　形態学的特徴［21］
- □ **aromatic** character　芳香族性［18］
- □ **dynamic** character　動的特性［16］
- □ **secondary sexual** character　二次性徴［9］
- □ **single-stranded** character　一本鎖特性［14］

hallmark：特徴［1748］

❖ 顕著な特徴を意味する

- □ **pathological** hallmark　病理学的特徴［83］
- □ **neuropathological** hallmark　神経病理学的特徴［29］

specificity：特異性［19493］

❖ 他と異なる性質を意味する

- □ **substrate** specificity　基質特異性［1851］　文例 313
- □ **sequence** specificity　配列特異性［405］
- □ **sensitivity** specificity　感受性特異性［332］
- □ **tissue** specificity　組織特異性［222］
- □ **ligand** specificity　リガンド特異性［164］
- □ **receptor** specificity　受容体特異性［142］
- □ **site** specificity　部位特異性［135］
- □ **species** specificity　種特異性［120］
- □ **target** specificity　標的特異性［101］
- □ **epitope** specificity　エピトープ特異性［86］
- □ **high** specificity　高い特異性［424］
- □ **functional** specificity　機能特異性［118］
- □ **broad** specificity　広い特異性［118］
- □ **fine** specificity　微細特異性［108］
- □ **DNA-binding** specificity　DNA結合特異性［214］

property：性質［26495］

❖ 特徴的でないものも含めた性質を意味する

- □ **functional** properties　機能的性質［790］
- □ **biochemical** properties　生化学的性質［536］　文例 314
- □ **mechanical** properties　機械的特性［456］
- □ **kinetic** properties　動力学的特性［452］
- □ **physical** properties　物性［397］
- □ **structural** properties　構造的性質［304］
- □ **biophysical** properties　生物物理学的性質［283］

□ biological properties　生物学的性質［282］
□ catalytic properties　触媒作用的性質［247］
□ unique properties　独特の性質［172］　文例 315
□ pharmacological properties　薬理学的性質［211］
□ dynamic properties　動的性質［192］
□ optical properties　光学的性質［194］
□ enzymatic properties　酵素特性［174］
□ spectral properties　スペクトル特性［164］
□ electrophysiological properties　電気生理学的性質［159］
□ physiological properties　生理的特徴［154］
□ electronic properties　電子状態［155］
□ thermodynamic properties　熱力学特性［152］
□ physicochemical properties　物理化学的特性［145］
□ spectroscopic properties　分光学的特性［150］
□ response properties　反応の性質［229］
□ membrane properties　膜の性質［229］

nature：性質／自然［8178］

自然に本来備わっている性質を意味する

□ dynamic nature of ～　～の動的性質［126］　文例 316
□ molecular nature of ～　～の分子的性質［109］
□ chemical nature of ～　～の化学的性質［59］
□ complex nature of ～　～の複雑な性質［63］
□ exact nature of ～　～の正確な性質［58］
□ precise nature of ～　～の正確な（明確な）性質［54］
□ specific nature of ～　～の特異的な性質［44］
□ transient nature of ～　～の一時的な性質［33］
□ heterogeneous nature of ～　～の異種起源の性質［37］
□ essential nature of ～　～の必須の性質［35］
□ hydrophobic nature of ～　～の疎水性の性質［32］
□ stochastic nature of ～　～の確率的性質［23］
□ conserved nature of ～　～の保存された性質［42］

profile：プロファイル／特性［12226］

❖ 広い範囲の解析結果を意味する．複数形の用例もかなり多い

- ☐ **expression** profile　発現プロファイル［2876］
- ☐ **cytokine** profile　サイトカインプロファイル［377］　文例 317
- ☐ **safety** profile　安全性プロファイル［226］
- ☐ **protein** profile　タンパク質プロファイル［173］
- ☐ **lipid** profile　脂質プロファイル［158］
- ☐ **energy** profile　エネルギープロファイル［134］
- ☐ **gene** profile　遺伝子プロファイル［132］
- ☐ **toxicity** profile　毒性プロファイル［129］
- ☐ **rate** profile　速度プロファイル［129］
- ☐ **activity** profile　活性プロファイル［128］
- ☐ **transcriptional** profile　転写プロファイル［386］
- ☐ **pharmacological** profile　薬理学的プロファイル［136］
- ☐ **pharmacokinetic** profile　薬物動態プロファイル［126］

propensity：傾向／性質［1558］

❖「propensity to *do*」の用例が多い

- ☐ **high** propensity　強い傾向［68］　文例 318
- ☐ **greater** propensity　より大きな傾向［24］
- ☐ **increased** propensity　増大した傾向［58］

stability：安定性［13167］

❖ 物理的な安定性を意味する

- ☐ **protein** stability　タンパク質安定性［577］
- ☐ **genome** stability　ゲノム安定性［191］
- ☐ **thermal** stability　熱安定性［559］　文例 158
- ☐ **thermodynamic** stability　熱力学的安定性［317］
- ☐ **genomic** stability　ゲノムの安定性［268］
- ☐ **conformational** stability　立体構造安定性［166］

- □ **structural** stability 構造安定性 [162]
- □ **relative** stability 相対的安定性 [137]
- □ **genetic** stability 遺伝的安定性 [92]
- □ **increased** stability 増大した安定性 [156]
- □ **enhanced** stability 増強された安定性 [102]

instability：不安定性 [4027]

❖ stability の反対の意味を持つ

- □ **genomic** instability ゲノムの不安定性 [680]
- □ **genetic** instability 遺伝的不安定性 [355]
- □ **chromosomal** instability 染色体不安定性 [297]
- □ **dynamic** instability 動的不安定性 [128]
- □ **hemodynamic** instability 血行動態不安定 [48]
- □ **microsatellite** instability マイクロサテライト不安定性 [434]
- □ **genome** instability ゲノム不安定性 [125]
- □ **chromosome** instability 染色体不安定 [120]

integrity：完全性 [3585]

❖ 本来の構造などを維持することを意味する．複数形で用いられることはあまりない

- **structural** integrity 構造的完全性 [366]
- **genomic** integrity ゲノムの完全性 [207] 文例 242
- **functional** integrity 機能的完全性 [129]
- **epithelial** integrity 上皮の完全性 [53]
- **membrane** integrity 膜の完全性 [166]
- **genome** integrity ゲノムの完全性 [112]
- **cell** integrity 細胞の完全性 [105]
- **cell wall** integrity 細胞壁の完全性 [60]

Ⅲ-B-2 重要性／正確性

importance：重要性［10889］

❖ なんらかの意味で重要であることを意味する．複数形で用いられることはほとんどない

- □ **relative** importance　相対的重要性［433］
- □ **functional** importance　機能的重要性［411］
- □ **potential** importance　潜在的重要性［215］
- □ **critical** importance　決定的な重要性［208］
- □ **clinical** importance　臨床的重要性［141］
- □ **of particular** importance　特別に重要な［139］
- □ **physiological** importance　生理学的重要性［118］
- □ **fundamental** importance　根本的な重要性［117］
- □ **biological** importance　生物学的重要性［116］
- □ **of great** importance　とても重要な［82］
- □ **prognostic** importance　予後の重要性［79］
- □ **of central** importance　最も重要な／中心的に重要な［59］
- □ **of paramount** importance　最も重要な／最高に重要な［58］　文例 76
- □ **demonstrate the** importance **of ～**　～の重要性を実証する［284］
- □ **highlight the** importance **of ～**　～の重要性を強調する［273］
- □ **underscore the** importance **of ～**　～の重要性を強調する［241］

significance：有意性／意義／重要性［5967］

❖ 性質が何かの役に立つことや統計的に有意であること議論するときに使われる．複数形で用いられることはあまりない

- □ **functional** significance　機能的意義［946］
- □ **statistical** significance　統計的有意性［571］
- □ **clinical** significance　臨床的意義［373］
- □ **biological** significance　生物学的意義［335］
- □ **prognostic** significance　予後的重要性［262］　文例 319
- □ **physiological** significance　生理的意義［241］

- □ **potential** significance　潜在的意義［61］
- □ **of undetermined** significance　意義不明な［52］
- □ **evolutionary** significance　進化論的意義［45］
- □ **of particular** significance　特に重要な［33］

implication：意味／関連［7825］

❖ 重要な問題の関連性について議論するときに用いられる

- □ **important** implications **for ～**　～に重要な意味［1297］　文例 320
- □ **clinical** implications　臨床的な意味［261］
- □ **significant** implications **for ～**　～に重大な意味［190］
- □ **therapeutic** implications　治療的な意味［181］
- □ **potential** implications　潜在的意味［129］
- □ **functional** implications　機能的意味［124］
- □ **broad** implications **for ～**　～に広範な意味［97］
- □ **biological** implications　生物学的意味［94］
- □ **possible** implication　潜在的意味／ありえる関連［85］
- □ **prognostic** implications　予後的意味［64］
- □ **mechanistic** implication　機構的関係［64］
- □ **profound** implications **for ～**　～に深い意味［58］
- □ **practical** implications　実用的な意味［51］
- □ **have** implications **for ～**　～に意味を持つ［1021］

accuracy：精度［4835］

❖ 正確性の高さを議論するときに使われる

- □ **diagnostic** accuracy　診断精度［286］　文例 321
- □ **high** accuracy　高い精度［138］
- □ **predictive** accuracy　予測の精度［95］
- □ **overall** accuracy　全体精度［88］
- □ **good** accuracy　よい精度［37］
- □ **greater** accuracy　より素晴らしい精度［35］
- □ **reasonable** accuracy　妥当な精度［27］
- □ **prediction** accuracy　予測精度［112］

- □ **mass** accuracy　質量精度［112］
- □ **classification** accuracy　分類精度［41］
- □ **alignment** accuracy　整列化精度［19］

precision：精度／正確さ［1553］

❖ 正確であることを意味する

- □ **temporal** precision　時間精度［44］
- □ **greater** precision　より素晴らしい精度［20］
- □ **measurement** precision　測定精度［19］
- □ **diagnostic** precision　診断精度［15］

Ⅲ-B-3 要求性／必要

requirement：必要性／必要量／要件［9408］

❖ 必要条件を意味する．複数形の用例もかなり多い

- □ **structural** requirements　構造要件［294］
- □ **absolute** requirement　絶対的必要性［265］　文例 322
- □ **specific** requirement　特異的な要求性［109］
- □ **functional** requirement　機能条件［101］
- □ **essential** requirement　必須条件［71］
- □ **molecular** requirements　分子要求性［64］
- □ **differential** requirement　差動的必要条件［61］
- □ **strict** requirement　厳密な必要性［43］
- □ **stringent** requirement　厳しい必要条件［43］
- □ **minimal** requirement　最小必要要件［41］
- □ **nutritional** requirement　栄養所要量［39］
- □ **sequence** requirements　配列要求性［148］
- □ **energy** requirements　エネルギー必要量［131］
- □ **transfusion** requirements　輸血の必要性［65］

need：必要／必要性／必要とする［8975］

❖ 必要性について述べるときに使われる．動詞の用例も非常に多い

- □ **urgent** need　差し迫った必要性［112］　文例 167
- □ **unmet** need　満たされていない要求［61］
- □ **critical** need　決定的な必要性［41］　文例 60
- □ **pressing** need　差し迫った必要性［44］
- □ **energy** need　エネルギー需要［73］

necessity：必要性［426］

❖ need より文語的

- □ **medical** necessity　医療の必要性［12］
- □ **economic** necessity　経済的必要性［2］

demand：要求／要求する［1520］

❖ 必要とされる量を議論するときに用いられる．複数形の用例もかなり多い

- □ **metabolic** demand　代謝要求［72］　文例 323
- □ **increasing** demand　増大する要求［40］
- □ **task** demands　課題要求［41］
- □ **energy** demands　エネルギー需要［37］
- □ **meet the** demand　要求を満たす［20］

request：要求／請求／請求する［438］

❖ 人からの要求や依頼を意味する

- □ **patient** request　患者の要求［3］
- □ **available upon** request　請求に応じて入手可能な［71］　文例 324

claim：主張／請求／主張する［741］

❖ 主張や請求などを意味する．複数形の用例が非常に多い

- □ **malpractice** claims　医療過誤申し立て［14］
- □ **insurance** claims　保険金請求［11］

Ⅲ-B-4 制限／限界

restriction：制限［5097］

❖ 量を制限することを意味することが多い．制限酵素の意味でも用いられる

□ **calorie** restriction	カロリー制限［129］	文例 28
□ **growth** restriction	成長遅延［104］	
□ **food** restriction	食事制限［79］	
□ **energy** restriction	エネルギー制限［51］	
□ **sodium** restriction	塩分制限［37］	
□ **caloric** restriction	カロリー制限［127］	
□ **dietary** restriction	食事の制限［84］	
□ restriction **fragment**	制限酵素断片［579］	
□ restriction **enzyme**	制限酵素［430］	
□ restriction **endonuclease**	制限酵素（エンドヌクレアーゼ）［306］	

limitation：限界／制約／制限［3350］

❖ 限界や制約を意味する．複数形の用例がかなり多い

□ **major** limitation	大きな制限［108］	
□ **nutrient** limitation	栄養制限［87］	
□ **functional** limitation	機能的制約［78］	文例 325
□ **potential** limitation	潜在的限界［41］	
□ **inherent** limitations	固有の制限［33］	
□ **iron** limitation	鉄制限［66］	
□ **nitrogen** limitation	窒素制限［61］	
□ **activity** limitation	活動制限［38］	
□ **airflow** limitation	気流制限［35］	

limit：限界／制限する［6862］

❖ 動詞の用例が多いが，名詞でも使われる

□ **detection** limit	検出限界［469］	文例 110
□ **confidence** limit	信頼限界［35］	

- ☐ **upper** limit　上限［255］
- ☐ **lower** limit　下限［172］

constraint：制約／拘束［2637］

❖ 物理的な制約を意味することが多い．複数形の用例が非常に多い

- ☐ **distance** constraints　距離的制約［98］　文例 326
- ☐ **angle** constraints　角度拘束［40］
- ☐ **structural** constraints　構造的拘束［92］
- ☐ **functional** constraints　機能的制約［67］
- ☐ **steric** constraints　立体障害［51］
- ☐ **selective** constraints　選択的制約［42］
- ☐ **evolutionary** constraints　進化的拘束［41］
- ☐ **conformational** constraints　立体構造制約［40］
- ☐ **geometric** constraints　幾何制約［28］
- ☐ constraints **imposed by ～**　～によって課せられた制約［77］

threshold：閾値［5876］

❖ 限界値や境界値を意味する

- ☐ **defibrillation** threshold　除細動閾値［116］　文例 327
- ☐ **detection** threshold　検出閾値［85］
- ☐ **activation** threshold　活性化閾値［74］
- ☐ **pain** threshold　疼痛閾値［68］
- ☐ **seizure** threshold　発作閾値［66］
- ☐ **spike** threshold　スパイク閾値［52］
- ☐ **response** threshold　反応閾値［45］
- ☐ **impedance** threshold　インピーダンス閾値［35］
- ☐ **signaling** threshold　シグナル伝達閾値［42］
- ☐ **lower** threshold　より低い閾値［71］
- ☐ **critical** threshold　臨界閾値［68］
- ☐ **nociceptive** threshold　侵害受容閾値［28］

III-B-5 維持／耐性

maintenance：維持［8278］

❖ 遺伝子や細胞を完全な状態に保つことの意味でよく使われる．複数形で用いられることはほとんどない

- □ **telomere** maintenance　テロメア維持［210］　文例 328
- □ **health** maintenance　健康維持［156］
- □ **minichromosome** maintenance　ミニ染色体の維持［102］
- □ **long-term** maintenance　長期の維持［75］
- □ **genome** maintenance　ゲノムの維持［53］
- □ **stem cell** maintenance　幹細胞維持［51］
- □ **weight** maintenance　体重維持［47］
- □ **structural** maintenance　構造の維持［70］
- □ **stable** maintenance　安定保持［51］
- □ maintenance **of genomic stability**　遺伝的安定性の維持［56］
- □ **required for** maintenance **of ～**　～の維持のために必要とされる［148］

protection：保護［9864］

❖ 守ることを意味する

- □ **significant** protection　顕著な保護［252］
- □ **complete** protection　完全な保護［178］
- □ **partial** protection　部分的な保護［131］
- □ **immune** protection　免疫防御［87］
- □ **tumor** protection　腫瘍保護［60］
- □ **ribonuclease** protection **assay**　リボヌクレアーゼプロテクションアッセイ［125］
- □ **provide** protection　保護を提供する［151］
- □ **confer** protection　保護を与える［119］　文例 329

surveillance：監視［2457］

❖ 複数形で用いられることはほとんどない

- □ **immune** surveillance　免疫監視［228］　文例 330

- □ active surveillance　積極的監視［65］
- □ national surveillance　国家的監視［37］
- □ population-based surveillance　人口ベースの監視［36］
- □ cancer surveillance　癌監視［34］

tolerance：寛容／耐性［8049］

✣ 負荷に耐えることや自己抗原などに対する免疫反応の欠如を意味する

- □ glucose tolerance　耐糖能［824］　文例 331
- □ T-cell tolerance　T細胞寛容［232］
- □ transplantation tolerance　移植寛容［160］
- □ exercise tolerance　運動耐容能［139］
- □ stress tolerance　ストレス耐性［98］
- □ allograft tolerance　同種免疫寛容［93］
- □ salt tolerance　耐塩性［87］
- □ morphine tolerance　モルヒネ耐性［71］
- □ endotoxin tolerance　内毒素耐性［58］
- □ peripheral tolerance　末梢寛容［257］
- □ immune tolerance　免疫寛容［220］
- □ oral tolerance　経口免疫寛容［133］
- □ donor-specific tolerance　ドナー特異的寛容［126］
- □ immunological tolerance　免疫寛容［63］
- □ immunologic tolerance　免疫寛容［61］
- □ freezing tolerance　耐凍性［79］
- □ induce tolerance　耐性を誘導する［140］

resistance：抵抗性［24699］

✣ 薬物などが効かないときによく使われる

- □ insulin resistance　インスリン抵抗性［2474］
- □ drug resistance　薬剤抵抗性［1332］　文例 114
- □ disease resistance　耐病性［479］
- □ host resistance　宿主抵抗性［222］
- □ input resistance　入力抵抗［221］

- □ **stress** resistance　ストレス抵抗性［140］
- □ **acid** resistance　耐酸性［132］
- □ **kanamycin** resistance　カナマイシン耐性［108］
- □ **leptin** resistance　レプチン抵抗性［88］
- □ **multidrug** resistance　多剤耐性［692］
- □ **vascular** resistance　血管抵抗［680］
- □ **antibiotic** resistance　抗生物質耐性［421］
- □ **electrical** resistance　電気抵抗［170］
- □ **antimicrobial** resistance　抗菌薬耐性［126］
- □ **increased** resistance　抵抗性増進［322］
- □ **enhanced** resistance　増大した耐性［129］
- □ **systemic acquired** resistance　全身獲得抵抗性［87］
- □ resistance **to apoptosis**　アポトーシスに対する抵抗性［221］
- □ resistance **to infection**　感染に対する抵抗性［143］
- □ **confer** resistance **to** ～　～に対する抵抗性を与える［261］　文例 332

Ⅲ-B-6 能力／潜在力

ability：能力［35359］

✣「ability to *do*」の用例が多い．何かを行う能力があることを意味する

- □ **reduced** ability **to** ～　低下した～する能力［286］
- □ **decreased** ability **to** ～　低下した～する能力［142］
- □ **impaired** ability **to** ～　障害された～する能力［124］
- □ **cognitive** abilities　認知能力［88］
- □ **unique** ability　独特な能力［146］
- □ **forming** ability　形成する能力［115］
- □ ability **to bind**　結合する能力［1201］
- □ ability **to induce** ～　～を誘導する能力［750］
- □ ability **to inhibit** ～　～を抑制する能力［741］
- □ ability **to form** ～　～を形成する能力［504］
- □ ability **to activate** ～　～を活性化する能力［492］

- □ ability to interact with ～ ～と相互作用する能力［349］
- □ ability to stimulate ～ ～を刺激する能力［327］
- □ examined the ability of ～ ～の能力を調べた［358］
- □ tested the ability of ～ ～の能力をテストした［215］
- □ investigated the ability of ～ ～の能力を精査した［200］
- □ affect the ability of ～ ～の能力に影響を与える［167］
- □ tested for their ability to ～ ～するそれらの能力に対してテストされる［259］ 文例 206

capability：能力［2257］

❖ 能力の性質について述べるときに用いられる．複数形の用例もかなり多い

- □ functional capabilities 機能的能力［37］
- □ unique capability 独特な能力［31］
- □ metabolic capabilities 代謝能力［30］
- □ predictive capability 予測能力［22］
- □ signaling capability シグナル伝達能力［38］
- □ imaging capability 画像化能力［30］

capacity：能力／容量［10084］

❖ 本来ある容量や能力を意味する

- □ heat capacity 熱容量［329］
- □ exercise capacity 運動能力［308］
- □ peak capacity ピーク容量［93］
- □ repair capacity 修復能［85］
- □ transport capacity 輸送能力［65］
- □ replication capacity 複製能［61］
- □ self-renewal capacity 自己再生能［41］
- □ proliferative capacity 増殖能力［221］ 文例 333
- □ functional capacity 機能的能力［189］
- □ high capacity 大容量［135］
- □ vital capacity 肺活量［119］
- □ replicative capacity 複製能／複製の能力［91］

- ☐ **regenerative** capacity　再生能［87］
- ☐ **oxidative** capacity　酸化能［64］
- ☐ **antioxidant** capacity　抗酸化能［56］
- ☐ **aerobic** capacity　有酸素容量［53］
- ☐ **functional residual** capacity　機能的残気量［52］
- ☐ **reduced** capacity　低下した能力［145］
- ☐ **diminished** capacity　低下した能力［69］
- ☐ **increased** capacity　増大した能力［62］
- ☐ **limited** capacity　限られた能力［58］
- ☐ **diffusing** capacity　拡散能力［87］
- ☐ **coding** capacity　コードする能力［63］
- ☐ **signaling** capacity　シグナル伝達能力［57］
- ☐ **buffering** capacity　緩衝能［52］
- ☐ capacity **to bind**　結合する能力［121］
- ☐ capacity **to induce** ～　～を誘導する能力［109］
- ☐ capacity **to produce** ～　～を生産する能力［98］
- ☐ **have the** capacity **to** ～　～する能力を持つ［195］

competence：能力［1212］

✣特定の能力に対して用いられる．複数形で用いられることはほとんどない

- ☐ **replication** competence　複製能力［34］
- ☐ **immune** competence　免疫能力［33］
- ☐ **genetic** competence　遺伝的能力［28］

potential：潜在能／電位／潜在的な［46137］

✣電圧あるいは潜在能を意味する

- ☐ **action** potential　活動電位［3116］
- ☐ **membrane** potential　膜電位［2045］
- ☐ **redox** potential　酸化還元電位［512］
- ☐ **reduction** potential　還元電位［405］
- ☐ **reversal** potential　逆転電位［325］
- ☐ **midpoint** potential　中間点電位［261］

- □ **therapeutic** potential　治療上の潜在能［632］　文例 127
- □ **postsynaptic** potential　シナプス後電位［291］
- □ **metastatic** potential　転移能［290］
- □ **electrostatic** potential　静電ポテンシャル［231］
- □ **transmembrane** potential　膜電位差［217］
- □ **several** potential　いくつかの可能性［215］
- □ **great** potential　大きな潜在能［203］　文例 334 335
- □ **oncogenic** potential　発癌能［197］
- □ **proliferative** potential　増殖能［154］
- □ **negative** potential　陰電位［144］
- □ **evoked** potential　誘発電位［261］
- □ **resting** potential　静止電位［186］
- □ **holding** potential　保持電位［175］
- □ potential **for the treatment**　治療のための潜在能［52］
- □ potential **to form** ～　～を形成する潜在能［85］
- □ potential **to improve** ～　～を改善する潜在能［84］　文例 321
- □ **have the** potential **to** ～　～する潜在能を持つ［1416］　文例 75

potency：効力／活性／能力［4496］

❖薬などの効力の意味でよく使われる

- □ **inhibitory** potency　抑制活性［215］　文例 336
- □ **similar** potency　類似した効力［88］
- □ **relative** potency　相対的な効力［72］
- □ **greater** potency　より大きな効力［66］
- □ **increased** potency　増大した効力［81］
- □ **enhanced** potency　増強された効力［59］
- □ **reduced** potency　低下した効力［45］
- □ **agonist** potency　作用薬効力［75］
- □ **antagonist** potency　拮抗薬効力［50］
- □ **inhibitor** potency　阻害剤効力［44］

power：力／出力［4558］

❖ 機械などの出力や性能の高さを議論するときに使われる

- □ **statistical** power　検定力［184］
- □ **predictive** power　予知力［140］
- □ **discriminatory** power　識別力［70］
- □ **high** power **field**　強拡大視野［65］
- □ **catalytic** power　触媒能力［46］
- □ **resolving** power　解像力［112］
- □ **reducing** power　還元力［31］
- □ **laser** power　レーザー出力［46］
- □ **low frequency** power　低周波電力［27］
- □ power **to detect** ～　～を検出する検出力［233］　文例 337
- □ power **law**　べき法則［236］
- □ power **stroke**　動力行程［96］

strength：強度／力［5975］

❖ 機械的な強度やイオン強度などに使われる

- □ **ionic** strength　イオン強度［1257］
- □ **synaptic** strength　シナプス強度［404］
- □ **relative** strength　相対強度［115］
- □ **mechanical** strength　機械的強度［65］
- □ **binding** strength　結合力［96］
- □ **muscle** strength　筋力［148］
- □ **tensile** strength　引張強度［75］
- □ **grip** strength　握力［82］

performance：能力／成績［9403］

❖ 何かを行う能力の高さを議論するときに使われる

- □ **cognitive** performance　認識能力［166］
- □ **diagnostic** performance　診断能［105］
- □ **cardiac** performance　心機能［102］
- □ **improved** performance　改善された能力［93］

- □ **motor** performance　運動能力［91］
- □ **task** performance　作業能力［143］
- □ **memory** performance　記憶力［131］　文例 338
- □ **exercise** performance　運動能力［93］
- □ **high** performance **liquid chromatography**　高速液体クロマトグラフィー［931］

activity：活性［158334］

❖ 酵素活性など測定できるものに使われる

- □ **promoter** activity　プロモーター活性［3826］　文例 245
- □ **enzyme** activity　酵素活性［2320］
- □ **channel** activity　チャネル活性［1264］
- □ **phosphatase** activity　ホスファターゼ活性［1124］
- □ **telomerase** activity　テロメラーゼ活性［838］　文例 339
- □ **disease** activity　疾患活動性［744］
- □ **protease** activity　プロテアーゼ活性［542］
- □ **enhancer** activity　エンハンサー活性［366］
- □ **transcriptional** activity　転写活性［3101］
- □ **catalytic** activity　触媒活性［2495］
- □ **enzymatic** activity　酵素活性［2234］
- □ **biological** activity　生物活性［1718］
- □ **physical** activity　身体活動性［1370］
- □ **inhibitory** activity　抑制活性［1248］
- □ **specific** activity　比活性［1222］
- □ **neuronal** activity　神経活動／ニューロン活動［939］
- □ **antitumor** activity　抗腫瘍活性［839］
- □ **neural** activity　神経活動［678］
- □ **antiviral** activity　抗ウイルス活性［653］
- □ **functional** activity　機能活性［613］
- □ **proteolytic** activity　タンパク質分解活性［536］
- □ **locomotor** activity　自発運動活性［511］
- □ **synaptic** activity　シナプス活動［481］

- ☐ **electrical** activity 電気活動［431］
- ☐ **cytotoxic** activity 細胞障害活性［397］
- ☐ **spontaneous** activity 自発活性［362］
- ☐ **bactericidal** activity 殺菌活性［309］
- ☐ **apoptotic** activity アポトーシス活性［303］
- ☐ **basal** activity 基礎活性［301］
- ☐ **antimicrobial** activity 抗菌活性［299］
- ☐ **cytolytic** activity 細胞溶解活性［296］
- ☐ **increased** activity 増大した活性［522］
- ☐ **transforming** activity トランスフォーム活性［327］

resolution：分解能［11997］

✣解像度などの意味で使われる

- ☐ **high** resolution 高分解能［3123］
- ☐ **spatial** resolution 空間分解能［519］
- ☐ **temporal** resolution 時間分解能［252］
- ☐ **low** resolution 低分解能［231］
- ☐ **time** resolution 時間分解能［156］

determinant：決定要因／決定因子［8130］

✣何かを決める要因に対して使われる．複数形の用例がかなり多い

- ☐ **important** determinant **of ～** ～の重要な決定要因［710］
- ☐ **major** determinant **of ～** ～の主要な決定要因［496］ 文例 340
- ☐ **critical** determinant 決定的に重要な決定要因［396］
- ☐ **key** determinant 鍵となる決定要因［304］
- ☐ **molecular** determinants 分子決定基［266］
- ☐ **structural** determinants 構造的決定因子［225］
- ☐ **genetic** determinants 遺伝的決定因子［187］
- ☐ **antigenic** determinants 抗原決定基［76］
- ☐ **primary** determinant 主要（一次的）な決定要因［236］
- ☐ **virulence** determinants 病原性決定基［176］

Ⅲ-C 機能

Ⅲ-C-1 応答／認識

response ：応答／反応 [126713]

❖ 免疫応答などに用いられる．複数形の用例もかなり多い

□ **immune** response	免疫応答 [11214]
□ **inflammatory** response	炎症反応 [3150]
□ **cellular** response	細胞応答 [1953]
□ **proliferative** response	増殖応答 [1106]
□ **complete** response	完全寛解 [768]
□ **transcriptional** response	転写応答 [655]
□ **partial** response	部分応答 [639]
□ **clinical** response	臨床反応 [486]
□ **apoptotic** response	アポトーシス応答 [480]
□ **behavioral** response	行動反応 [468]
□ **adaptive** response	適応応答 [412]
□ **biological** response	生物学的応答 [408]
□ **humoral** response	液性応答反応 [339]
□ **neuronal** response	ニューロン反応 [331]
□ **overall** response	全体応答 [306]
□ **autoimmune** response	自己免疫応答 [292]
□ **evoked** response	誘発反応 [286]
□ **antibody** response	抗体応答 [1699]
□ **stress** response	ストレス応答 [1684]
□ **host** response	宿主応答 [749] 文例 341
□ **cytokine** response	サイトカイン反応 [704]
□ **damage** response	損傷応答 [565]
□ **defense** response	防御反応 [384]
□ response **regulator**	応答制御因子 [702]
□ **in** response **to** ～	～に応答して [19193]

reaction：反応［37304］

❖ 酵素反応や化学反応に用いられることが多い

□ **chain** reaction	連鎖反応［4937］
□ **cleavage** reaction	開裂反応［318］
□ **exchange** reaction	交換反応［302］
□ **electron transfer** reaction	電子移動反応［190］
□ **lymphocyte** reaction	リンパ球反応［180］
□ **hypersensitivity** reaction	過敏症反応［145］
□ **redox** reaction	酸化還元反応［122］
□ **recombination** reaction	再結合反応［121］
□ **enzyme** reaction	酵素反応［109］
□ **oxidation** reaction	酸化反応［108］
□ **hydrolysis** reaction	加水分解反応［103］
□ **cyclization** reaction	環化反応［101］
□ **ligation** reaction	連結反応［100］
□ **chemical** reaction	化学反応［412］
□ **inflammatory** reaction	炎症反応［256］
□ **enzymatic** reaction	酵素反応［246］
□ **half** reaction	半反応［244］
□ **allergic** reaction	アレルギー反応［140］
□ **biochemical** reaction	生化学反応［137］
□ **adverse** reaction	有害反応［137］
□ **reverse** reaction	逆反応［122］
□ **catalyzed** reaction	触媒反応［410］
□ **coupling** reaction	カップリング反応［254］
□ **binding** reaction	結合反応［167］
□ **folding** reaction	折り畳み反応［155］
□ reaction **products**	反応産物［328］
□ reaction **center**	反応中心［321］
□ reaction **catalyzed by** ～	～によって触媒される反応［463］

defense：防御［4351］

❖ 生体の防御などの意味で使われる

□ **host** defense	宿主防御［1553］	文例 300
□ **plant** defense	植物防御［221］	
□ **immune** defense	免疫防御［198］	
□ **antioxidant** defense	抗酸化防御［151］	
□ **antiviral** defense	抗ウイルス防御［86］	
□ **innate** defense	先天的防御［84］	
□ **cellular** defense	細胞防御［81］	
□ **mucosal** defense	粘膜防御［43］	

immunity：免疫［7884］

❖ 免疫能，免疫応答を含めた意味に使われる

□ **innate** immunity	自然免疫［923］	
□ **protective** immunity	防御免疫［887］	文例 191
□ **adaptive** immunity	適応免疫［493］	文例 332 342
□ **cellular** immunity	細胞性免疫［323］	
□ **humoral** immunity	液性免疫［307］	
□ **antitumor** immunity	抗腫瘍免疫［285］	
□ **specific** immunity	特異的免疫［193］	
□ **mucosal** immunity	粘膜免疫［145］	
□ **antiviral** immunity	抗ウイルス免疫［107］	
□ **acquired** immunity	獲得免疫［113］	
□ **cell** immunity	細胞免疫［280］	
□ **host** immunity	宿主免疫［195］	
□ **tumor** immunity	腫瘍免疫［187］	

plasticity：可塑性［4868］

❖ 可塑性とは，外界の刺激などに応じて機能や構造を変化させることを意味する

□ **synaptic** plasticity	シナプス可塑性［1489］
□ **neuronal** plasticity	神経可塑性／ニューロン可塑性［149］

- ☐ **neural** plasticity　神経可塑性［106］
- ☐ **structural** plasticity　構造的可塑性［105］
- ☐ **cortical** plasticity　皮質可塑性［66］
- ☐ **behavioral** plasticity　行動可塑性［65］
- ☐ **developmental** plasticity　発生上の可塑性［62］
- ☐ **phenotypic** plasticity　表現型可塑性［48］
- ☐ **functional** plasticity　機能的可塑性［46］
- ☐ **short-term** plasticity　短期可塑性［93］

recognition ：認識［14414］

❖ 人だけでなく，細胞や酵素などが対象を認識する場合にも使われる．複数形で用いられることはあまりない

- ☐ **substrate** recognition　基質認識［577］　文例 343
- ☐ **pattern** recognition　パターン認識［348］
- ☐ **T cell** recognition　T細胞認識［196］
- ☐ **ligand** recognition　リガンド認識［189］
- ☐ **antigen** recognition　抗原認識［175］
- ☐ **object** recognition　物体認識［174］
- ☐ **carbohydrate** recognition　糖質認識［151］
- ☐ **promoter** recognition　プロモーター認識［118］
- ☐ **damage** recognition　損傷認識［112］　文例 314
- ☐ **origin** recognition **complex**　起点認識複合体［158］
- ☐ **immune** recognition　免疫認識［218］
- ☐ **molecular** recognition　分子認識［342］
- ☐ **specific** recognition　特異的認識［338］
- ☐ recognition **sequence**　認識配列［389］

perception ：知覚／認知［2109］

❖ 人や動物が，感覚器や脳の働きによって知覚することを意味する

- ☐ **visual** perception　視覚認知［104］
- ☐ **sensory** perception　知覚［43］
- ☐ **conscious** perception　意識的知覚［33］

- □ **pain** perception 疼痛知覚 [65] 文例 132
- □ **motion** perception 運動感覚 [63]
- □ **speech** perception 言語知覚 [47]
- □ **face** perception 顔面知覚 [29]
- □ **depth** perception 奥行き知覚 [24]

cognition ：認識／認知 [757]

❖ 主に人に対して用いられる

- □ **social** cognition 社会的認知 [78]
- □ **spatial** cognition 空間認識 [15]

Ⅲ-C-2 結合／接着

binding ：結合 [153865]

❖ 物理的に結合することを意味する．複数形で用いられることはほとんどない

- □ **ligand** binding **to** ～ ～へのリガンド結合 [250]
- □ **high affinity** binding **of** ～ ～の高親和性結合 [197]
- □ **protein** binding **to** ～ ～へのタンパク質結合 [196]
- □ **peptide** binding **to** ～ ～へのペプチドの結合 [108]
- □ **antibody** binding **to** ～ ～への抗体結合 [98]
- □ **nucleotide** binding **to** ～ ～へのヌクレオチド結合 [72]
- □ **calcium** binding **to** ～ ～へのカルシウム結合 [66]
- □ **membrane** binding **of** ～ ～の膜結合 [81]
- □ **specific** binding **of** ～ ～の特異的結合 [405] 文例 344
- □ **direct** binding **of** ～ ～の直接結合 [287]
- □ **cooperative** binding **of** ～ ～の協同的結合 [131]
- □ **tight** binding **of** ～ ～の堅固な結合 [84]
- □ **increased** binding **of** ～ ～の増大した結合 [174]
- □ **enhanced** binding **of** ～ ～の増強された結合 [104]
- □ **inhibited** binding **of** ～ ～の抑制された結合 [91]

bond ：結合／結合する［14145］

❖分子間，分子内の結合を意味する

□ **hydrogen** bond	水素結合［1906］	文例 345
□ **disulfide** bond	ジスルフィド結合［1185］	
□ **peptide** bond	ペプチド結合［421］	
□ **phosphodiester** bond	リン酸ジエステル結合［215］	
□ **amide** bond	アミド結合［178］	
□ **carbon** bond	炭素結合［107］	
□ **ester** bond	エステル結合［60］	
□ **double** bond	二重結合［488］	
□ **triple** bond	三重結合［155］	
□ **glycosidic** bond	グリコシド結合［112］	
□ **covalent** bond	共有結合［103］	

bonding ：結合［2947］

❖bond とほぼ同義である．複数形で用いられることはあまりない

□ **hydrogen** bonding	水素結合［1986］	文例 307
□ **disulfide** bonding	ジスルフィド結合［87］	
□ **chemical** bonding	化学結合［25］	

interaction ：相互作用［76229］

❖２つの物質が互いに作用することを意味する

□ **protein-protein** interaction	タンパク質間相互作用［2693］
□ **receptor-ligand** interaction	受容体-リガンド相互作用［135］
□ **binding** interaction	結合相互作用［532］
□ **hydrogen bonding** interactions	水素結合相互作用［241］
□ **stacking** interaction	スタッキング相互作用［249］
□ **direct** interaction	直接相互作用［1380］
□ **specific** interaction	特異的相互作用［1078］
□ **electrostatic** interaction	静電相互作用［982］
□ **functional** interaction	機能的相互作用［755］
□ **physical** interaction	物理的相互作用［728］

- ☐ **genetic** interaction　遺伝的相互作用 [671]
- ☐ **hydrophobic** interaction　疎水性相互作用 [653]
- ☐ **molecular** interaction　分子間相互作用※通常は同義 [546]
- ☐ **complex** interaction　複雑な相互作用 [348]
- ☐ **cooperative** interaction　協同的相互作用 [323]
- ☐ **intermolecular** interaction　分子間相互作用※通常は同義 [293]　文例 307

interplay：相互作用 [1095]

❖ 相互作用の性質を述べるときに使われる

- ☐ **complex** interplay　複雑な相互作用 [147]　文例 346
- ☐ **dynamic** interplay　動的相互作用 [76]
- ☐ **functional** interplay　機能的相互作用 [27]

adhesion：接着／付着 [16719]

❖ 表面にくっつくことを意味する

- ☐ **focal** adhesion　接着斑 [1857]
- ☐ **cellular** adhesion　細胞接着 [199]
- ☐ **leukocyte** adhesion　白血球付着 [399]　文例 347
- ☐ **platelet** adhesion　血小板粘着 [227]
- ☐ **neutrophil** adhesion　好中球接着 [147]
- ☐ **monocyte** adhesion　単球接着 [129]

attachment：付着 [5399]

❖ 付着物や付着場所を意味する

- ☐ **cell** attachment　細胞付着 [331]
- ☐ **matrix** attachment　基質付着 [116]
- ☐ **membrane** attachment　膜付着 [83]
- ☐ **microtubule** attachment　微小管付着 [81]
- ☐ **covalent** attachment　共有結合 [264]
- ☐ **periodontal** attachment　歯周付着 [53]

connection ：結合／関連［3717］

❖ 物理的な結合だけでなく，性質の類似性も意味する

- ☐ **synaptic** connection　シナプス結合［300］　文例 348
- ☐ **functional** connection　機能的結合［80］
- ☐ **neuronal** connection　ニューロン結合［62］
- ☐ **direct** connection　直接結合［52］
- ☐ **reciprocal** connection　相互結合［52］
- ☐ **horizontal** connection　水平結合［47］
- ☐ **cortical** connection　皮質結合［43］
- ☐ **axonal** connection　軸索接触［38］
- ☐ **thalamocortical** connection　視床皮質結合［37］
- ☐ **in** connection **with ～**　～に関連して［50］

conjugation ：抱合／結合［1366］

❖ 抱合という特別な結合様式に対してよく使われる

- ☐ **ubiquitin** conjugation　ユビキチン抱合［112］
- ☐ **bacterial** conjugation　細菌接合［24］

cohesion ：接着／粘着［530］

❖ 染色体について使われることが多い．複数形で用いられることはあまりない

- ☐ **sister chromatid** cohesion　姉妹染色分体接着［202］　文例 349
- ☐ **chromosome** cohesion　染色体接着［20］
- ☐ **centromeric** cohesion　動原体接着［22］

contact ：接触／接着［12187］

❖ 接触していること，あるいは接触点を意味する

- ☐ **cell-cell** contact　細胞間接着［505］　文例 350
- ☐ **protein-protein** contact　タンパク質-タンパク質結合［89］
- ☐ **direct** contact　直接接触［381］
- ☐ **synaptic** contact　シナプス結合［268］
- ☐ **close** contact　密接な接触※ほぼ同義［203］
- ☐ **focal** contact　接着点［156］

□ **tertiary** contact	三次接触［112］
□ **hydrophobic** contact	疎水性接触［92］
□ **intermolecular** contact	分子間接触［91］
□ **physical** contact	身体的接触［80］
□ **intimate** contact	密接な接触※ほぼ同義［50］

affinity：親和性［31065］

❖ 結合しやすさについて述べることに使われる

□ **high** affinity	高親和性［7723］	
□ **low** affinity	低親和性［1769］	
□ **apparent** affinity	見かけの親和性［366］	
□ **similar** affinity	類似の親和性［287］	
□ **relative** affinity	相対的親和性［174］	
□ **greater** affinity	より大きな親和性［168］	
□ **different** affinity	異なる親和性［134］	
□ **moderate** affinity	中程度の親和力［80］	
□ **reduced** affinity	低下した親和性［302］	
□ **increased** affinity	増大した親和性［258］	
□ **decreased** affinity	低下した親和性［139］	
□ **enhanced** affinity	増強された親和性［123］	
□ **binding** affinity	結合親和性［4047］	文例 351
□ **ligand** affinity	リガンド親和性［147］	
□ **oxygen** affinity	酸素親和性［140］	
□ **substrate** affinity	基質親和性［98］	
□ **electron** affinity	電子親和力［94］	

Ⅲ-C-3 機構／役割

mechanism：機構／機序［88334］

✣ 仕組みを意味する．複数形の用例もかなり多い

□ **molecular** mechanisms	分子機構［3575］	文例 160 216 217
□ **novel** mechanism	新規の機構［2087］	
□ **regulatory** mechanism	制御機構※同義［1361］	
□ **possible** mechanism	可能な機構［1043］	
□ **potential** mechanism	潜在的機構［990］	
□ **cellular** mechanism	細胞機構［798］	
□ **important** mechanism	重要な機構［765］	
□ **different** mechanisms	異なる機構［734］	
□ **catalytic** mechanism	触媒機構［689］	
□ **distinct** mechanisms	明確に異なる機構／別個の機構［525］	
□ **common** mechanism	共通の機構［491］	
□ **unknown** mechanism	未知の機構［484］	
□ **new** mechanism	新しい機構［432］	
□ **general** mechanism	一般的な機構［415］	
□ **similar** mechanism	類似の機構［410］	
□ **control** mechanism	制御機構※同義［404］	
□ **kinetic** mechanism	動力学機構［398］	
□ **defense** mechanism	防御機構［379］	
□ **precise** mechanism	正確な機構［348］	
□ **multiple** mechanism	多重機構［341］	
□ **pathogenic** mechanism	発症機構［314］	
□ **specific** mechanism	特異的機構［304］	
□ **major** mechanism	主要機構［303］	
□ **underlying** mechanism	根底にある機構［1108］	
□ **signaling** mechanism	シグナル伝達機構［783］	
□ **proposed** mechanism	提案された機構［335］	
□ **reaction** mechanism	反応機構［484］	
□ **feedback** mechanism	フィードバック機構［324］	

- ☐ mechanism **of action** 作用機序［1946］ 文例 6
- ☐ **insight into the** mechanism **of ～** ～の機構への洞察［303］
- ☐ **investigate the** mechanism **of ～** ～の機構を精査する［310］

machinery：装置／機構［4071］

❖ 機能を果たすもの（装置）を意味する

- ☐ **transcription** machinery 転写装置［242］
- ☐ **replication** machinery 複製機構［160］
- ☐ **cell cycle** machinery 細胞周期装置［130］
- ☐ **repair** machinery 修復機構［88］
- ☐ **transport** machinery 輸送装置［85］
- ☐ **transcriptional** machinery 転写装置［209］
- ☐ **molecular** machinery 分子機構［118］
- ☐ **cellular** machinery 細胞機構［113］
- ☐ **endocytic** machinery エンドサイトーシス機構［94］
- ☐ **apoptotic** machinery アポトーシス機構［84］
- ☐ **translational** machinery 翻訳装置［78］
- ☐ **processing** machinery 加工装置［75］

basis：基盤／基礎［16954］

❖ メカニズムを考える上での情報や知識を意味する

- ☐ **molecular** basis 分子基盤［2687］
- ☐ **structural** basis 構造的基盤［964］ 文例 7
- ☐ **genetic** basis 遺伝的基盤［758］ 文例 156
- ☐ **mechanistic** basis 機構の基盤［293］
- ☐ **cellular** basis 細胞基盤［189］
- ☐ **neural** basis 神経基盤［147］ 文例 10
- ☐ **biochemical** basis 生化学基盤［140］
- ☐ **biological** basis 生物学的基礎［77］
- ☐ **physical** basis 物理的基盤［68］
- ☐ **rational** basis 合理的根拠［62］

□ **provide a** basis **for** ～	～の基礎を提供する［336］	文例 140
□ **on the** basis **of** ～	～に基づいて［5732］	

function：機能／関数［113870］

❖ 機能だけでなく，関数の意味で使われることもある

□ **biological** function	生物学的機能［1423］	文例 154
□ **unknown** function	未知の機能［1060］	
□ **renal** function	腎機能［1024］	
□ **cellular** functions	細胞機能［901］	
□ **cognitive** function	認知機能［730］	
□ **cardiac** function	心機能［632］	文例 40
□ **immune** function	免疫機能［584］	
□ **regulatory** function	制御機能［563］	文例 41
□ **novel** function	新規の機能［549］	
□ **ventricular** function	心室機能［525］	
□ **essential** function	必須機能［518］	
□ **endothelial** function	内皮機能［486］	
□ **normal** function	正常な機能［482］	
□ **pulmonary** function	肺の機能［469］	
□ **mitochondrial** function	ミトコンドリア機能［466］	
□ **physiological** functions	生理的機能［450］	
□ **important** function	重要な機能［409］	
□ **distinct** functions	別個の機能［358］	
□ **systolic** function	収縮機能［331］	
□ **specific** functions	特異的機能［321］	
□ **synaptic** function	シナプス機能［317］	
□ **contractile** function	収縮機能［309］	
□ **physical** function	身体機能［307］	
□ **catalytic** function	触媒機能［305］	
□ **diastolic** function	拡張機能［264］	
□ **different** functions	異なる機能［254］	文例 93
□ **dual** function	二重の機能［253］	

☐ **diverse** function　多様な機能 [194]
☐ **known** function　既知の機能 [373]
☐ **gene** function　遺伝子機能 [996]
☐ **protein** function　タンパク質機能 [965]
☐ **effector** function　効果器機能 [928]
☐ **lung** function　肺機能 [570]
☐ **a** function **of time**　時間の関数 [189]
☐ **a** function **of temperature**　温度の関数 [175]
☐ **loss of** function　機能喪失 [2238]
☐ **gain of** function　機能獲得 [1080]

action：作用 [20933]

❖働きを意味する

☐ **insulin** action　インスリン作用 [500]
☐ **drug** action　薬物作用 [95]
☐ **hormone** action　ホルモン作用 [71]
☐ **estrogen** action　エストロゲン作用 [61]
☐ **inhibitory** action　抑制作用 [320]
☐ **direct** action　直接作用 [168]
☐ **biological** action　生物学的作用 [122]
☐ **cardiac** action　強心作用 [74]
☐ **cytotoxic** action　細胞毒性作用 [67]
☐ **anti-inflammatory** action　抗炎症作用 [62]
☐ **sequential** action　連続作用 [62]
☐ **synergistic** action　相乗作用 [61]
☐ **neuroprotective** action　神経保護作用 [60]
☐ **postsynaptic** action　シナプス後作用 [59]
☐ **combined** action　複合作用 [138]
☐ **concerted** action　協調した作用 [112]
☐ **coordinated** action　協調した作用 [78]
☐ **opposing** action　反対作用 [60]
☐ **mechanism of** action　作用機序 [1487]　文例 6

role：役割［107643］

❖「play a role in」の用例が多い

□ play a role in ～	～において役割を果たす［7428］	文例 257 301
□ play an important role in ～	～において重要な役割を果たす［6557］	文例 95 196
□ play a critical role in ～	～において決定的に重要な役割を果たす［2877］	文例 267
□ play a key role in ～	～において鍵となる役割を果たす［1818］	文例 203
□ play a central role in ～	～において中心的な役割を果たす［1370］	
□ play a major role in ～	～において主要な役割を果たす［1149］	
□ play an essential role in ～	～において必須の役割を果たす［1075］	文例 342
□ play a crucial role in ～	～において決定的な役割を果たす［854］	
□ play a significant role in ～	～において重要な（意義深い）役割を果たす［750］	文例 195
□ play a pivotal role in ～	～において中心的な役割を果たす［637］	文例 297
□ the potential role of ～	～の潜在的な役割［694］	
□ the functional role of ～	～の機能的な役割［442］	
□ the possible role of ～	～の可能な役割［383］	
□ the critical role of ～	～の決定的に重要な役割［289］	
□ the physiological role of ～	～の生理学的な役割［280］	
□ the precise role of ～	～の正確な役割［210］	
□ an important role for ～	～の重要な役割［899］	
□ a critical role for ～	～の決定的に重要な役割［574］	
□ a novel role for ～	～の新規の役割［504］	
□ a potential role for ～	～の潜在的な役割［332］	
□ an essential role for ～	～の必須の役割［327］	
□ a possible role for ～	～の可能な役割［300］	
□ a key role for ～	～の鍵となる役割［212］	
□ a direct role for ～	～の直接的な役割［175］	

☐ suggest a role for ～ ～の役割を示唆する [699]

pathway：経路 [74642]

❖ 反応や情報伝達の経路を意味する

☐ **signaling** pathway	シグナル伝達経路※ほぼ同義 [11664]	文例 116
☐ **biosynthetic** pathway	生合成経路 [896]	
☐ **secretory** pathway	分泌経路 [860]	
☐ **apoptotic** pathway	アポトーシス経路 [672]	文例 285
☐ **metabolic** pathway	代謝経路 [661]	
☐ **regulatory** pathway	調節経路 [593]	
☐ **alternative** pathway	代替経路 [500]	
☐ **molecular** pathway	分子経路 [446]	
☐ **endocytic** pathway	エンドサイトーシス経路 [365]	文例 135
☐ **novel** pathway	新規の経路 [354]	
☐ **distinct** pathway	個別経路 [332]	
☐ **common** pathway	共通経路 [302]	
☐ **multiple** pathways	複数経路 [273]	
☐ **biochemical** pathway	生化学的経路 [276]	
☐ **survival** pathway	生存経路 [245]	
☐ **developmental** pathway	発生経路 [243]	
☐ **major** pathway	主要経路 [238]	
☐ **genetic** pathway	遺伝的経路 [228]	
☐ **classical** pathway	古典経路 [195]	
☐ **indirect** pathway	間接経路 [168]	
☐ **folding** pathway	フォールディング経路 [328]	
☐ **processing** pathway	プロセシング経路 [176]	
☐ **signal transduction** pathway	シグナル伝達経路※ほぼ同義 [2627]	
☐ **repair** pathway	修復経路 [550]	
☐ **cell death** pathway	細胞死経路 [274]	
☐ **ubiquitin-proteasome** pathway	ユビキチン・プロテアソーム経路 [346]	
☐ **reaction** pathway	反応経路 [311]	
☐ **degradation** pathway	分解経路 [264]	

process：過程／プロセス／プロセシングする［45396］

✣ 複数形の用例もかなり多い

- □ **cellular** processes　細胞プロセス［1429］
- □ **biological** processes　生物学的過程［1022］
- □ **developmental** processes　発生過程［598］
- □ **inflammatory** processes　炎症過程［255］
- □ **physiological** processes　生理的過程［369］
- □ **complex** process　複雑な過程［331］
- □ **pathological** process　病理過程［237］
- □ **dynamic** process　動的過程［230］
- □ **cognitive** process　認知過程［190］
- □ **multistep** process　多段階過程［190］
- □ **apoptotic** process　アポトーシス過程［161］
- □ **aging** process　老化過程［173］
- □ **disease** process　疾病過程［646］　文例 45
- □ **repair** processes　修復過程［143］
- □ **assembly** process　集合過程［258］
- □ **two-step** process　２段階過程［156］
- □ **transport** process　輸送過程［195］

circuit：回路［3946］

✣ 電気的な回路や神経回路に使われることが多い．複数形の用例が多い

- □ **neural** circuits　神経回路［305］　文例 56
- □ **short** circuit　短絡［142］
- □ **neuronal** circuits　神経回路／ニューロン回路［139］
- □ **cortical** circuits　皮質回路［83］
- □ **reentrant** circuits　リエントリー回路［49］
- □ **local** circuit **neurons**　局所回路ニューロン［43］
- □ **inhibitory** circuits　抑制回路［34］
- □ **synaptic** circuits　シナプス回路［28］

circuitry ：回路／回路網［1216］

❖ circuit とほぼ同じ意味である

- ☐ **neural** circuitry　神経回路［190］
- ☐ **cortical** circuitry　皮質回路［51］　文例 310
- ☐ **regulatory** circuitry　調節回路［46］
- ☐ **neuronal** circuitry　神経回路／ニューロン回路［42］
- ☐ **synaptic** circuitry　シナプス回路［29］
- ☐ **brain** circuitry　脳回路［30］

cycle ：周期／サイクル／環［28214］

❖ 周期的に繰り返し起こることに対して使われる

- ☐ **life** cycle　生活環［1276］　文例 352
- ☐ **tricarboxylic acid** cycle　トリカルボン酸回路［146］
- ☐ **division** cycle　分裂周期［242］
- ☐ **replication** cycle　複製周期［223］
- ☐ **light-dark** cycle　明暗周期［151］
- ☐ **redox** cycle　酸化還元サイクル［164］
- ☐ **reaction** cycle　反応サイクル［113］
- ☐ **catalytic** cycle　触媒サイクル［464］
- ☐ **lytic** cycle　溶菌サイクル［273］
- ☐ **menstrual** cycle　月経周期［229］
- ☐ **cardiac** cycle　心周期［114］

transcription ：転写［60949］

❖ DNA から mRNA への転写を意味する

- ☐ **reverse** transcription　逆転写［3381］　文例 315
- ☐ ***in vitro*** transcription　試験管内転写［593］
- ☐ **increased** transcription　増大した転写［260］
- ☐ **gene** transcription　遺伝子転写［3008］
- ☐ **general** transcription **factor**　基本転写因子［303］
- ☐ **activate** transcription　転写を活性化する［828］

□ **repress** transcription	転写を抑制する［347］
□ **regulate** transcription	転写を調節する［295］

system ：系／システム［66474］

❖ 生体内のシステムや研究のシステムを意味することが多い

□ **central nervous** system	中枢神経系［3974］	文例 353
□ **immune** system	免疫系［3177］	
□ **biological** system	生物システム［624］	文例 307
□ **visual** system	視覚系［596］	
□ **regulatory** system	制御系［565］	
□ **delivery** system	送達系［480］	
□ **cell-free** system	無細胞系［437］	
□ **experimental** system	実験系［373］	
□ **olfactory** system	嗅覚系［328］	
□ **neural** system	神経系［267］	
□ **genetic** system	遺伝子系［250］	
□ **cardiovascular** system	心血管系［240］	
□ **auditory** system	聴覚系［212］	
□ **sensory** system	感覚系［203］	
□ **solar** system	太陽光システム／太陽系［194］	
□ **signaling** system	シグナル伝達系※ほぼ同義［408］	
□ **scoring** system	採点システム［255］	
□ **model** system	モデル系［2977］	
□ **expression** system	発現系［1196］	
□ **secretion** system	分泌系［833］	
□ **two-hybrid** system	ツーハイブリッドシステム［772］	
□ **culture** system	培養系［710］	
□ **transport** system	輸送系［586］	
□ **assay** system	アッセイ系［385］	
□ **organ** system	臓器系［352］	
□ **signal transduction** system	シグナル伝達系※ほぼ同義［294］	

- ☐ **two-component** system　2成分系［299］
- ☐ **health care** system　医療システム［231］
- ☐ **renin-angiotensin** system　レニン・アンジオテンシン系［227］
- ☐ **ubiquitin-proteasome** system　ユビキチン・プロテアソーム系［178］
- ☐ **repair** system　修復系［188］
- ☐ **motor** system　運動系［183］
- ☐ **complement** system　補体系［177］

III-C-4 調　節

regulation ：調節／制御［43508］

❖ 調節を意味する

- ☐ **transcriptional** regulation　転写制御［1989］
- ☐ **negative** regulation　負の調節［679］
- ☐ **differential** regulation　分別制御［371］
- ☐ **translational** regulation　翻訳制御［284］
- ☐ **developmental** regulation　発生的調節［229］
- ☐ **allosteric** regulation　アロステリック制御［165］
- ☐ **immune** regulation　免疫制御［147］
- ☐ **temporal** regulation　一時的調節［134］
- ☐ **dynamic** regulation　動的調節［131］
- ☐ **posttranscriptional** regulation　転写後調節［119］
- ☐ **positive** regulation　正の調節［118］
- ☐ **proper** regulation　適切な制御［116］
- ☐ **gene** regulation　遺伝子制御［1416］　文例 354
- ☐ **cell cycle** regulation　細胞周期制御［481］　文例 222
- ☐ **feedback** regulation　フィードバック制御［231］
- ☐ **growth** regulation　増殖制御［218］

control：調節／対照／コントロール／制御する［76278］

❖ 調節の意味だけでなく，研究の対照群という意味もある．複数形の用例もかなり多い

- □ **healthy** controls　健康な対照群［686］
- □ **transcriptional** control　転写調節［618］
- □ **normal** controls　正常な対照群［548］
- □ **glycemic** control　血糖コントロール［320］
- □ **translational** control　翻訳調節［281］
- □ **negative** control　ネガティブコントロール［272］
- □ **genetic** control　遺伝的制御［244］
- □ **positive** control　正の対照［240］
- □ **untreated** controls　未処理の対照群［199］
- □ **quality** control　品質管理［569］
- □ **cell cycle** control　細胞周期調節［532］　文例 49
- □ **growth** control　増殖調節［379］
- □ **checkpoint** control　チェックポイント制御［219］

modulation：調節／変調［7000］

❖ 調節だけでなく，変調の意味でも使われる

- □ **immune** modulation　免疫調節［84］　文例 355
- □ **allosteric** modulation　アロステリック調節［65］
- □ **channel** modulation　チャネル変調［76］
- □ **envelope** modulation　エンベロープ変調［41］
- □ modulation **of gene expression**　遺伝子発現の調節［41］

adjustment：調整／補正［3559］

❖ 研究結果を対象の年齢や性別などを考慮して補正することを意味する

- □ **further** adjustment　さらなる調整［90］
- □ **multivariate** adjustment　多変量補正［62］
- □ **additional** adjustment　追加調整［59］
- □ **multivariable** adjustment　多変量補正［39］

☐ **social** adjustment　社会的適応［30］

☐ **risk** adjustment　リスク補正［79］

☐ after adjustment **for age**　年齢に対して補正したあと［386］　文例 319 356

☐ after adjustment **for baseline**　ベースラインに対して補正したあと［77］

☐ after adjustment **for potential confounders**　潜在的交絡因子に対して補正したあと［52］

adaptation：適応／順応［4065］

❖ 環境に適応することを意味する

☐ **dark** adaptation　暗順応［133］　文例 357

☐ **light** adaptation　明順応［96］

☐ **evolutionary** adaptation　進化的適応［55］

☐ **metabolic** adaptation　代謝的適応［40］

☐ **sensory** adaptation　感覚順応［33］

☐ **host** adaptation　宿主適応［44］

☐ **spike frequency** adaptation　スパイク周波数順応［44］

III-C-5 選択／挙動

selection：選択／淘汰［131165］

❖ 選別することや自然な選択を意味する

☐ **positive** selection　正の選択［1123］　文例 73

☐ **negative** selection　負の選択［638］

☐ **natural** selection　自然選択／自然淘汰［623］　文例 358

☐ **sexual** selection　性選択［170］

☐ **genetic** selection　遺伝子選択［153］

☐ **thymic** selection　胸腺選択［99］

☐ **directional** selection　定方向選択［94］

☐ **strong** selection　強い選択［78］

☐ **clonal** selection　クローン選択［58］

☐ **purifying** selection　浄化選択［178］

- ☐ **balancing** selection　平衡淘汰［133］
- ☐ **patient** selection　患者選別［168］　文例 359
- ☐ **target** selection　標的選択［95］
- ☐ **background** selection　背景選択［62］
- ☐ **positive Darwinian** selection　正のダーウィン淘汰［58］
- ☐ selection **pressure**　淘汰圧［165］

choice：選択［3034］

✣ 行動や治療の選択を意味する

- ☐ **mate** choice　配偶者選択［81］　文例 360
- ☐ **treatment** choice　治療選択［37］
- ☐ **lineage** choice　系列選択［34］
- ☐ **first** choice　第一選択［32］
- ☐ **appropriate** choice　適切な選択［32］
- ☐ **the treatment of** choice **for ～**　～のための最良の治療［64］
- ☐ **the method of** choice **for ～**　～のための最良の方法［41］

option：選択肢［2022］

✣ 他の選択肢を意味する

- ☐ **treatment** options　治療法の選択肢［392］
- ☐ **therapeutic** options　治療法の選択肢［227］　文例 361
- ☐ **surgical** options　外科的選択肢［28］

selectivity：選択性［6528］

✣ 選択性があることを意味する

- ☐ **high** selectivity　高い選択性［222］　文例 362
- ☐ **substrate** selectivity　基質選択性［129］
- ☐ **ion** selectivity　イオン選択性［115］
- ☐ **orientation** selectivity　方向（配向）選択性［98］
- ☐ **sequence** selectivity　配列選択性［65］
- ☐ **receptor** selectivity　受容体選択性［64］
- ☐ **site** selectivity　部位選択性［63］

□ **direction** selectivity　方向選択性［55］

□ **cation** selectivity　陽イオン選択性［54］

□ **frequency** selectivity　周波数選択性［50］

behavior：行動／挙動［14974］

❖ 生物の行動や挙動を意味する

□ **sexual** behavior　性行動［334］

□ **social** behavior　社会的行動［198］

□ **aggressive** behavior　攻撃行動［181］

□ **suicidal** behavior　自殺行動［172］

□ **dynamic** behavior　動的挙動［157］

□ **kinetic** behavior　動力学的挙動［150］

□ **motor** behavior　運動行動［131］

□ **cognitive** behavior　認知挙動［121］

□ **complex** behavior　複雑な挙動［113］

□ **cellular** behavior　細胞の挙動［108］

□ **reproductive** behavior　生殖行動［99］

□ **maternal** behavior　母性行動［91］

□ **anxiety-like** behavior　不安様行動［80］

□ **feeding** behavior　摂食行動［212］

□ **mating** behavior　交尾行動［80］

□ **cell** behavior　細胞挙動［262］

□ **risk** behavior　危険行動［127］

competition：競合／競争［3261］

❖ 多数のものが競い合うことを意味する

□ **sperm** competition　精子競争［101］　文例 363

□ **peptide** competition　ペプチド競合［41］

□ **direct** competition　直接競争［54］

□ **interspecific** competition　種間競争［18］

□ **in** competition **with** ～　～と競争して［83］

evolution：進化［10052］

❖ 複数形はほとんど用いられない

□ **molecular** evolution	分子進化［274］	文例 358
□ **adaptive** evolution	適応進化［163］	
□ **rapid** evolution	急速な進化［135］	
□ **convergent** evolution	収束進化［100］	
□ **vertebrate** evolution	脊椎動物の進化［73］	
□ **clonal** evolution	クローン進化［70］	
□ **primate** evolution	霊長類の進化［67］	
□ **systematic** evolution	系統的進化［47］	
□ **divergent** evolution	分岐進化［45］	
□ **directed** evolution	定向進化［147］	
□ **concerted** evolution	協調進化［86］	
□ **genome** evolution	ゲノム進化［154］	
□ **protein** evolution	タンパク質進化［152］	
□ **sequence** evolution	配列進化［143］	
□ **oxygen** evolution	酸素発生［103］	

Ⅲ-D 構造(体)

Ⅲ-D-1 組　成

composition ：組成 [6761]

❖構成成分の割合について述べるときに使われる

- □ **body** composition　体組成 [607]
- □ **amino acid** composition　アミノ酸組成 [264]
- □ **fatty acid** composition　脂肪酸組成 [132]
- □ **subunit** composition　サブユニット構成 [338]
- □ **lipid** composition　脂質組成 [250]
- □ **base** composition　塩基組成 [198]
- □ **protein** composition　タンパク質組成 [146]
- □ **membrane** composition　膜構成 [82]
- □ **nucleotide** composition　ヌクレオチド組成 [72]
- □ **phospholipid** composition　リン脂質組成 [68]
- □ **sequence** composition　配列組成 [62]
- □ **chemical** composition　化学組成 [160]
- □ **isotope** composition　同位体組成 [51]
- □ **isotopic** composition　同位体組成 [136]
- □ **molecular** composition　分子構成 [100]
- □ **elemental** composition　元素組成 [69]
- □ **ionic** composition　イオン構成 [42]

component ：成分／構成成分 [34615]

❖構成成分そのものを意味する．複数形の用例もかなり多い

- □ **essential** component　必須成分 [863]
- □ **important** component　重要要素 [818]
- □ **major** component　主要成分 [779]
- □ **key** component　鍵となる要素 [726]
- □ **critical** component　決定的に重要な要素 [576]
- □ **principal** component　主成分 [437]

- □ **structural** component　構造成分［407］
- □ **integral** component　不可欠な構成要素［275］　文例 364
- □ **cellular** components　細胞成分［228］
- □ **genetic** component　遺伝子成分［228］
- □ **central** component　中心性成分［198］
- □ **individual** component　個々の成分［196］
- □ **regulatory** component　調節成分［175］
- □ **necessary** component　必要な構成要素［117］　文例 330
- □ **signaling** components　シグナル伝達要素［328］
- □ **purified** component　精製成分［118］
- □ **protein** component　タンパク質成分［556］
- □ **complement** component　補体成分［253］
- □ **membrane** component　膜成分［251］
- □ **matrix** components　基質成分［225］
- □ **pathway** component　経路成分［207］
- □ **variance** component　分散成分［185］
- □ component **of the extracellular matrix**　細胞外基質の成分［88］

constituent：成分／構成物［1660］

✣ 物質の構成成分について述べるときに使われる．複数形の用例がかなり多い

- □ **major** constituent　主成分［141］
- □ **cellular** constituents　細胞成分［33］
- □ constituent **proteins**　構成タンパク質［33］

ingredient：成分［171］

✣ 物質に含まれている成分を意味する．複数形の用例もかなり多い

- □ **active** ingredient　活性成分［37］　文例 365
- □ **psychoactive** ingredient　精神活性成分［11］
- □ **pungent** ingredient　辛味成分［11］
- □ **active pharmaceutical** ingredient　活性医薬品成分［5］

community：群／界／コミュニティー［4730］

✣ヒトや生物の集まりを意味する．複数形の用例もかなり多い

- ☐ **microbial** communities　微生物群［117］
- ☐ **scientific** community　科学界［125］
- ☐ **bacterial** community　細菌群［55］
- ☐ **ecological** community　生態学的群集［35］
- ☐ **research** community　研究者コミュニティー［126］
- ☐ **plant** community　植物群落［51］

species：種［30061］

✣生物種や分子種を意味する．単複同形

- ☐ **reactive oxygen** species　活性酸素種［2205］　文例 182 257
- ☐ **plant** species　植物種［470］
- ☐ **animal** species　動物種［186］
- ☐ **reactive nitrogen** species　活性窒素種［111］
- ☐ **vertebrate** species　脊椎動物種［162］
- ☐ **host** species　宿主種［146］
- ☐ **primate** species　霊長類種［131］
- ☐ **candida** species　カンジダ種［120］
- ☐ **bacterial** species　細菌種［486］
- ☐ **different** species　異なる種［485］
- ☐ **mammalian** species　哺乳類種［341］
- ☐ **molecular** species　分子種［228］

Ⅲ-D-2 構　造

structure：構造［78754］

✣物体の構造を意味する

- ☐ **crystal** structure　結晶構造［7869］
- ☐ **secondary** structure　二次構造［3365］　文例 366
- ☐ **three-dimensional** structure　三次元構造［1290］

- ☐ **tertiary** structure　三次構造 [1088]
- ☐ **helical** structure　らせん構造 [550]　文例 367
- ☐ **quaternary** structure　四次構造 [430]
- ☐ **native** structure　自然構造 [429]
- ☐ **electronic** structure　電子構造 [422]
- ☐ **primary** structure　一次構造 [464]
- ☐ **molecular** structure　分子構造 [379]
- ☐ **crystallographic** structure　結晶構造 [340]
- ☐ **genomic** structure　ゲノム構造 [324]
- ☐ **overall** structure　全体構造 [297]
- ☐ **fine** structure　微細構造 [248]
- ☐ **quadruplex** structure　四重構造 [163]
- ☐ **protein** structure　タンパク質構造 [1491]
- ☐ **chromatin** structure　クロマチン構造 [1398]
- ☐ **solution** structure　溶液構造 [989]
- ☐ **X-ray** structure　X線構造 [920]
- ☐ **loop** structure　ループ構造 [550]
- ☐ **high resolution** structure　高分解能構造 [246]
- ☐ **domain** structure　ドメイン構造 [414]
- ☐ **gene** structure　遺伝子構造 [398]
- ☐ **population** structure　人口構造 [323]
- ☐ **brain** structure　脳構造 [302]
- ☐ **hairpin** structure　ヘアピン構造 [218]
- ☐ **sheet** structure　シート構造 [201]

architecture：構築／構造 [3308]

❖ 構造の成り立ちについて述べるときに使われる

- ☐ **genetic** architecture　遺伝的構築 [124]
- ☐ **molecular** architecture　分子構築 [124]
- ☐ **nuclear** architecture　核の構築 [50]
- ☐ **cytoskeletal** architecture　細胞骨格構築 [43]
- ☐ **domain** architecture　ドメイン構築 [93]

☐ **tissue** architecture	組織構築 [75]	文例 175
☐ **chromatin** architecture	クロマチン構築 [54]	
☐ **active site** architecture	活性部位構築 [50]	

makeup：構造／組立 [93]

❖ 論文で使われることは多くない

☐ **genetic** makeup	遺伝子構造 [31]
☐ **molecular** makeup	分子構造 [5]

conformation：構造／立体構造 [13472]

❖ 立体構造を意味する．複数形の用例もかなり多い

☐ **closed** conformation	閉構造 [362]	
☐ **extended** conformation	延長された構造 [244]	
☐ **folded** conformation	折りたたまれた構造 [95]	
☐ **helical** conformation	らせん形構造 [323]	
☐ **open** conformation	開構造 [302]	
☐ **active** conformation	活性立体配座 [284]	
☐ **native** conformation	未変性構造 [214]	文例 368
☐ **different** conformations	異なる構造 [176]	
☐ **inactive** conformation	不活性な構造 [146]	
☐ **distinct** conformations	別個の構造 [86]	
☐ **compact** conformation	小型の構造 [76]	
☐ **multiple** conformations	多重構造 [75]	
☐ **single-strand** conformation **polymorphism**	一本鎖高次構造多型分析（SSCP）[177]	
☐ **protein** conformation	タンパク質構造 [273]	
☐ **side-chain** conformation	側鎖構造 [73]	
☐ **loop** conformation	ループ構造 [103]	
☐ **solution** conformation	溶液構造 [101]	
☐ **backbone** conformation	脊柱構造 [96]	
☐ **energy** conformation	エネルギー配座 [96]	

moiety：部分／成分［4325］

✣ 分子の一部分を意味する

- ☐ **sugar** moiety　糖成分［92］
- ☐ **carbohydrate** moiety　糖鎖［87］　文例 294
- ☐ **protein** moiety　タンパク部分［38］
- ☐ **lipid** moiety　脂質部分［34］
- ☐ **aromatic** moiety　芳香族部分［33］

Ⅲ-D-3 集合／構築

formation：形成［49789］

✣ 形のあるものの形成を意味する．複数形で用いられることはあまりない

- ☐ **complex** formation　複合体形成［2265］　文例 124
- ☐ **tumor** formation　腫瘍形成［737］
- ☐ **bone** formation　骨形成［699］
- ☐ **biofilm** formation　バイオフィルム形成［651］
- ☐ **colony** formation　コロニー形成［573］
- ☐ **synapse** formation　シナプス形成［432］　文例 200
- ☐ **pattern** formation　パターン形成［365］
- ☐ **fibril** formation　線維化［351］
- ☐ **tube** formation　管形成［337］
- ☐ **thrombus** formation　血栓形成［290］
- ☐ **dimer** formation　二量体形成［285］
- ☐ **lesion** formation　損傷形成［282］
- ☐ **disulfide bond** formation　ジスルフィド結合形成［272］
- ☐ **memory** formation　記憶形成［272］
- ☐ **fiber** formation　線維形成［262］
- ☐ **product** formation　産物形成［255］
- ☐ **vesicle** formation　ベシクル形成［241］
- ☐ **plaque** formation　プラーク形成［208］
- ☐ **adduct** formation　付加物形成［195］
- ☐ **syncytium** formation　合胞体形成［190］

- ☐ **vessel** formation　血管形成 [187]
- ☐ **helix** formation　らせん形成 [177]
- ☐ **amyloid** formation　アミロイド形成 [175]
- ☐ **axis** formation　軸形成 [174]
- ☐ **neointima** formation　新生内膜形成 [173]
- ☐ **focus** formation　フォーカス形成 [170]
- ☐ **osteoclast** formation　破骨細胞形成 [150]
- ☐ **spindle** formation　紡錘体形成 [150]
- ☐ **radical** formation　ラジカル形成 [136]
- ☐ **filament** formation　フィラメント形成 [129]
- ☐ **aggregate** formation　凝集体形成 [126]
- ☐ **heterodimer** formation　ヘテロ二量体形成 [121]
- ☐ **cyst** formation　嚢胞形成 [113]
- ☐ **neointimal** formation　新生内膜形成 [135]

construction：構築 [1831]

✣ ものをつくり上げることを意味する

- ☐ **map** construction　地図構築 [24]
- ☐ **model** construction　モデル構築 [16]
- ☐ **rapid** construction　迅速な構築 [21]

organization：構築／構成 [7957]

✣ 物体の構造様式を述べるときに用いられる

- ☐ **genomic** organization　ゲノム構築 [307]
- ☐ **cytoskeletal** organization　細胞骨格構成 [248]
- ☐ **structural** organization　構造的構成 [220]
- ☐ **functional** organization　機能的構成 [195]
- ☐ **spatial** organization　空間的構成 [177]
- ☐ **actin** organization　アクチン構築 [141]
- ☐ **genome** organization　ゲノム構築 [127]
- ☐ **domain** organization　ドメイン構成 [122]
- ☐ **microtubule** organization　微小管構築 [93]　文例 369

- □ **chromatin** organization　クロマチン構成［86］
- □ **cytoskeleton** organization　細胞骨格構成［64］

reorganization：再構築／再編成［1867］

❖ 主に細胞骨格などに使われる

- □ **cytoskeletal** reorganization　細胞骨格の再構築［224］　文例 370
- □ **structural** reorganization　構造的再構成［63］
- □ **actin** reorganization　アクチン再構成［140］
- □ **cytoskeleton** reorganization　細胞骨格再構築［54］

assembly：集合／構築［17405］

❖ 分子の集まりによる構築を意味する

- □ **spindle** assembly　紡錘体集合［408］
- □ **complex** assembly　複合体構造［356］
- □ **actin** assembly　アクチン集合［334］
- □ **virus** assembly　ウイルス構築［217］
- □ **chromatin** assembly　クロマチン構築［215］
- □ **microtubule** assembly　微小管重合［175］
- □ **filament** assembly　線維構築［170］
- □ **virion** assembly　ウイルス粒子構築［153］
- □ **protein** assembly　タンパク質集合［139］
- □ **capsid** assembly　カプシド構築［135］
- □ **matrix** assembly　マトリクス集合［125］
- □ **particle** assembly　粒子集合［123］
- □ **spliceosome** assembly　スプライセオソーム構築［116］
- □ **nucleosome** assembly　ヌクレオソーム構築［114］
- □ **cluster** assembly　クラスター集合［105］
- □ **flagellar** assembly　鞭毛構築［107］

aggregation：凝集／集積［5501］

❖ 血小板などが不規則な形に多数寄り集まること

- □ **platelet** aggregation　血小板凝集［844］　文例 371

- ☐ **protein** aggregation　タンパク質凝集［262］
- ☐ **cell** aggregation　細胞凝集［143］
- ☐ **synuclein** aggregation　シヌクレイン凝集［37］
- ☐ **familial** aggregation　家族内集積［141］
- ☐ **homotypic** aggregation　ホモタイプの凝集［34］

population：集団［35154］

❖ 集合や人口を意味する．複数形の用例もかなり多い

- ☐ **general** population　母集団［947］
- ☐ **large** population　大集団［329］
- ☐ **natural** populations　自然母集団［281］
- ☐ **neuronal** populations　神経集団［272］
- ☐ **distinct** populations　別個の集団［194］
- ☐ **small** population　小集団［193］
- ☐ **effective** population　効果的な集団［187］
- ☐ **different** populations　異なる集団［186］
- ☐ **heterogeneous** population　不均一な集団［167］
- ☐ **pediatric** population　小児科集団［131］
- ☐ **diverse** population　多様な集団［125］
- ☐ **clonal** population　クローン集団［118］
- ☐ **elderly** population　高齢の集団［101］
- ☐ **homogeneous** population　均一集団［93］
- ☐ **entire** population　全体の集団［88］
- ☐ **patient** population　患者集団［638］
- ☐ **study** population　調査集団［460］
- ☐ **lymphocyte** population　リンパ球集団［140］
- ☐ **control** population　対照集団［132］
- ☐ **adult** population　成人集団［128］
- ☐ **progenitor** population　前駆細胞集団［115］　文例 372

group：群／集団／基［81421］

❖研究の実験群を意味することが多い

- □ **control** group　対照群［3034］　文例 373
- □ **treatment** group　治療群［1431］
- □ **placebo** group　プラセボ群［1423］　文例 374
- □ **phosphate** group　リン酸基［528］
- □ **patient** group　患者群［459］
- □ **complementation** group　相補群［387］
- □ **comparison** group　対照群［366］
- □ **intervention** group　介入群［323］
- □ **linkage** group　連鎖群［315］
- □ **high-risk** group　ハイリスク集団［213］
- □ **amino** group　アミノ基［795］
- □ **hydroxyl** group　ヒドロキシル基［989］
- □ **methyl** group　メチル基［915］
- □ **carbonyl** group　カルボニル基［313］
- □ **carboxyl** group　カルボキシル基［303］
- □ **functional** group　官能基［968］
- □ **ethnic** group　民族［509］
- □ **experimental** group　実験群［269］
- □ **treated** group　治療群［561］

cluster：クラスター／集団／クラスター形成する［14638］

❖類似した物質の集団を意味する

- □ **gene** cluster　遺伝子クラスター［1449］
- □ **iron-sulfur** cluster　鉄-硫黄クラスター［290］
- □ **integrin** cluster　インテグリンクラスター［61］
- □ **hierarchical** cluster　階層的クラスター［238］　文例 375
- □ **hydrophobic** cluster　疎水性クラスター［108］
- □ **small** cluster　小さなクラスター［96］
- □ **large** cluster　大きなクラスター［88］

□ **distinct** cluster　別個のクラスター [77]

complex：複合体／複雑な [95123]

❖ 複数の分子の集合体を意味する

□ **major histocompatibility** complex　主要組織適合性複合体 [2391]
□ **transcription** complex　転写複合体 [508]
□ **multiprotein** complex　多タンパク質複合体 [493]
□ **nuclear pore** complex　核膜孔複合体 [360]
□ **DNA-protein** complex　DNA-タンパク質複合体 [252]
□ **replication** complex　複製複合体 [161]
□ **enzyme-substrate** complex　酵素-基質複合体 [156]
□ **ternary** complex　三元複合体 [1518]　文例 124
□ **stable** complex　安定複合体 [635]
□ **immune** complexes　免疫複合体 [450]
□ **anaphase-promoting** complex　後期促進複合体 [293]

combination：組み合わせ [18673]

❖ 一般的な用語だが論文でもよく使われる

□ **various** combination　様々な組み合わせ [249]
□ **different** combination　異なる組み合わせ [247]
□ **unique** combination　独特な組み合わせ [119]
□ **specific** combination　特異的な組み合わせ [83]
□ **drug** combination　薬物の組み合わせ [134]
□ **in** combination **with** ～　～と組み合わせて [3530]　文例 306

recombination：組換え [12725]

❖ 遺伝子の組換えを意味する

□ **homologous** recombination　相同組換え [1995]　文例 104
□ **meiotic** recombination　減数分裂期組換え [459]　文例 98
□ **site-specific** recombination　部位特異的組換え [284]
□ **genetic** recombination　遺伝的組換え [188]

- □ **mitotic** recombination 有糸分裂組換え［143］
- □ **illegitimate** recombination 非正統的組換え［78］
- □ **intragenic** recombination 遺伝子内組換え［46］
- □ **nonhomologous** recombination 非相同的組換え［36］
- □ **class switch** recombination クラススイッチ組換え［206］
- □ **charge** recombination 電荷再結合［95］

Ⅲ-D-4 分子／物質

molecule ：分子［44462］

❖複数形の用例が非常に多い

- □ **signaling** molecules シグナル伝達分子［1368］
- □ **vascular cell adhesion** molecule 血管細胞接着分子［404］
- □ **effector** molecules エフェクター分子［262］
- □ **cell surface** molecules 細胞表面分子［198］
- □ **protein** molecules タンパク質分子［171］ 文例 316
- □ **target** molecules 標的分子［112］
- □ **lipid** molecules 脂肪分子［96］
- □ **extracellular matrix** molecules 細胞外基質分子［87］
- □ **signal** molecules シグナル分子［76］
- □ **organic** molecules 有機分子［167］
- □ **regulatory** molecules 調節分子［166］
- □ **individual** molecules 個々の分子［102］
- □ **solvent** molecules 溶媒分子［101］
- □ **accessory** molecules アクセサリー分子［73］

construct ：コンストラクト／作製する［10413］

❖DNA の組換え体を意味する．動詞の用例も非常に多い．複数形の用例が多い

- □ **deletion** constructs 欠失コンストラクト［215］ 文例 376
- □ **mutant** constructs 変異体コンストラクト［77］
- □ **chimeric** constructs キメラコンストラクト［98］

- ☐ **dominant-negative** constructs　ドミナントネガティブコンストラクト［48］
- ☐ **antisense** constructs　アンチセンスコンストラクト［45］
- ☐ **adenoviral** constructs　アデノウイルスコンストラクト［22］

product：産物［29062］

❖ 酸素反応などでつくられるものを意味することが多い

- ☐ **gene** product　遺伝子産物［4784］
- ☐ **protein** product　タンパク質産物［873］
- ☐ **reaction** product　反応産物［562］
- ☐ **cleavage** product　切断産物［475］
- ☐ **end** product　最終産物［453］　文例 377
- ☐ **oxidation** product　酸化産物［270］
- ☐ **degradation** product　分解産物［206］
- ☐ **translation** product　翻訳産物［184］
- ☐ **blood** product　血液製剤［138］
- ☐ **natural** product　天然物［966］
- ☐ **major** product　主要な産物［265］
- ☐ **final** product　最終産物［147］

intermediate：中間体［17919］

❖ 反応や物質が合成されるときの中間体を意味する

- ☐ **folding** intermediate　フォールディング中間体［293］
- ☐ **signaling** intermediate　シグナル伝達中間体［153］
- ☐ **key** intermediate　鍵となる中間体［232］
- ☐ **tetrahedral** intermediate　四面体中間体［151］
- ☐ **reactive** intermediate　反応性中間体［142］
- ☐ **radical** intermediate　ラジカル中間体［118］
- ☐ **transient** intermediate　一過性中間体［107］
- ☐ **covalent** intermediate　共有結合中間体［99］
- ☐ **assembly** intermediate　構築中間体［82］
- ☐ **reaction** intermediate　反応中間体［223］

- ☐ **reactive oxygen** intermediate　反応性酸素中間体［173］
- ☐ **recombination** intermediate　組換え中間体［167］
- ☐ **replication** intermediate　複製中間体［141］
- ☐ **pathway** intermediate　経路中間体［116］
- ☐ **reactive nitrogen** intermediate　活性窒素中間体［68］

agonist：作用薬［15665］

❖ 物質の作用を増強するもの

- ☐ **partial** agonist　部分作用薬［481］
- ☐ **selective** agonist　選択的作用薬［371］
- ☐ **adrenergic** agonist　アドレナリン作用薬［248］
- ☐ **inverse** agonist　逆作用薬［239］　文例 378
- ☐ **full** agonist　完全作用薬［211］
- ☐ **muscarinic** agonist　ムスカリン作用薬［177］
- ☐ **potent** agonist　強力な作用薬［123］
- ☐ **cholinergic** agonist　コリン作動性作用薬［104］
- ☐ **opioid** agonist　オピオイド作用薬［189］
- ☐ **dopamine** agonist　ドーパミン作用薬［104］

antagonist：拮抗薬［13340］

❖ 物質の作用に拮抗するもの．agonist の逆の意味をもつ

- ☐ **selective** antagonist　選択的拮抗薬［394］
- ☐ **competitive** antagonist　競合的拮抗薬［157］
- ☐ **potent** antagonist　強力な拮抗薬［114］
- ☐ **adrenergic** antagonist　アドレナリン拮抗薬［77］
- ☐ **nicotinic** antagonist　ニコチン拮抗薬［59］
- ☐ **noncompetitive** antagonist　非競合的拮抗薬［50］
- ☐ **opioid** antagonist　オピオイド拮抗薬［148］　文例 379
- ☐ **calmodulin** antagonist　カルモジュリン拮抗薬［75］
- ☐ **peptide** antagonist　ペプチド拮抗薬［73］
- ☐ **calcium** antagonist　カルシウム拮抗薬［64］
- ☐ **calcium channel** antagonist　カルシウムチャンネル拮抗薬［43］

conservation：保存／保存性［3355］

❖ 進化を越えて残っていることを意味する場合も多い．複数形で用いられることはあまりない

- ☐ **sequence** conservation　配列保存［407］
- ☐ **breast** conservation　乳房温存［57］
- ☐ **evolutionary** conservation　進化的保存［278］　文例 113
- ☐ **functional** conservation　機能的保存［107］
- ☐ **high** conservation　高度保存［65］
- ☐ **structural** conservation　構造的保存［60］
- ☐ **remarkable** conservation　著しい保存［34］
- ☐ **degree of** conservation　保存の程度［121］

preservation：保存［1353］

❖ 将来の利用に備えて保存することを意味する．複数形で用いられることはほとんどない

- ☐ **organ** preservation　臓器保存［67］
- ☐ **cold** preservation　低温保存［59］

pool：プール／貯蔵する［5671］

❖ 物質のストックなどを意味する

- ☐ **blood** pool　血液プール［112］
- ☐ **donor** pool　ドナープール［90］
- ☐ **vesicle** pool　ベジクルプール［82］
- ☐ **gene** pool　遺伝子集団［77］
- ☐ **nucleotide** pool　ヌクレオチドプール［62］
- ☐ **precursor** pool　前駆物質プール［51］
- ☐ **bile acid** pool　胆汁酸プール［48］
- ☐ **intracellular** pool　細胞内プール［138］　文例 380
- ☐ **readily releasable** pool　速やかに放出できるプール［77］
- ☐ **large** pool　大プール［70］
- ☐ **reserve** pool　予備プール［63］
- ☐ pool **size**　プールの大きさ［110］

storage：貯蔵［31911］

❖ものをため込むことを意味する．複数形で用いられることはほとんどない

- ☐ **cold** storage 低温貯蔵［110］
- ☐ **intracellular** storage 細胞内貯蔵［30］
- ☐ **memory** storage 記憶貯蔵［120］
- ☐ **information** storage 情報ストレージ［79］
- ☐ **glycogen** storage グリコーゲン貯蔵［77］
- ☐ **lipid** storage 脂質貯蔵［77］
- ☐ **energy** storage エネルギー貯蔵［65］
- ☐ **long-term** storage 長期貯蔵［46］
- ☐ **data** storage データストレージ［46］
- ☐ **carbon** storage 炭素貯蔵［40］
- ☐ **iron** storage **protein** 鉄貯蔵タンパク質［38］
- ☐ **seed** storage **protein** 種子貯蔵タンパク質［37］
- ☐ **lysosomal** storage **disease** リソソーム蓄積症［97］ 文例 381
- ☐ **lysosomal** storage **disorder** リソソーム貯蔵障害［68］

store：貯蔵／貯蔵する［3136］

❖ものをため込んだ場所やため込むこと意味する．複数形の用例が非常に多い．動詞の用例も多い

- ☐ **intracellular** stores 細胞内貯蔵［386］
- ☐ **internal** stores 内部貯蔵［122］
- ☐ **iron** stores 鉄貯蔵［146］
- ☐ **calcium** stores カルシウム貯蔵部位［120］
- ☐ **fat** stores 脂肪蓄積［40］
- ☐ **energy** stores エネルギー貯蔵［37］

reserve：貯蔵／予備／確保する［1007］

❖予備としてため込まれたものを指す

- ☐ **coronary flow** reserve 冠動脈血流予備能［181］ 文例 382
- ☐ **myocardial perfusion** reserve 心筋血流予備能［14］
- ☐ **contractile** reserve 収縮予備能［114］
- ☐ **secretory** reserve 分泌貯蔵［25］

reservoir ：貯蔵所／保菌者［1194］

❖ものの貯蔵所や病原体の保菌者を意味する

- ☐ **viral** reservoir　ウイルス保菌者［51］
- ☐ **latent** reservoir　不顕性保菌者［51］
- ☐ **major** reservoir　主な貯蔵所［32］
- ☐ **natural** reservoir　天然の貯蔵所［26］

depot ：貯蔵所［224］

❖脂肪などの貯蔵場所を意味する

- ☐ **fat** depot　脂肪貯蔵所※同義［43］
- ☐ **adipose** depot　脂肪貯蔵所※同義［24］

retention ：貯留／保持［4100］

❖液体などが貯まっていることを意味する．複数形で用いられることはあまりない

- ☐ **fluid** retention　体液貯留［50］
- ☐ **memory** retention　記憶保持［38］
- ☐ **nuclear** retention　核内繋留［94］
- ☐ **cytoplasmic** retention　細胞質保持［73］
- ☐ **intracellular** retention　細胞内貯留［66］
- ☐ **ER** retention **signal**　小胞体保留シグナル［35］
- ☐ retention **time**　保持時間［148］　文例 80

accumulation ：蓄積［16051］

❖もの（物質）のたまり込みを意味する．あまり生理的でないものが多い

- ☐ **nuclear** accumulation　核集積［624］
- ☐ **intracellular** accumulation　細胞内蓄積［183］
- ☐ **cytoplasmic** accumulation　細胞質蓄積［92］
- ☐ **rapid** accumulation　急速蓄積［80］
- ☐ **abnormal** accumulation　異常蓄積［76］
- ☐ **protein** accumulation　タンパク質の蓄積［261］
- ☐ **lipid** accumulation　脂質の集積［167］

- □ **neutrophil** accumulation 好中球蓄積［156］ 文例 373
- □ **cell** accumulation 細胞蓄積［144］
- □ **transcript** accumulation 転写産物蓄積［123］
- □ **iron** accumulation 鉄蓄積［94］
- □ **mutation** accumulation 突然変異蓄積［91］
- □ **fat** accumulation 脂肪蓄積［83］
- □ **macrophage** accumulation マクロファージ集積［82］
- □ **leukocyte** accumulation 白血球蓄積［70］
- □ **fluid** accumulation 液体貯留［69］

deposition：沈着［3911］

❖ 色や形のあるものが固まって，病的に貯まることを意味する

- □ **collagen** deposition コラーゲン沈着［190］
- □ **amyloid** deposition アミロイド沈着［173］
- □ **fibrin** deposition フィブリン沈着［165］ 文例 240
- □ **matrix** deposition マトリクス蓄積［134］
- □ **iron** deposition 鉄沈着［56］
- □ **complement** deposition 補体沈着［52］
- □ **fat** deposition 脂肪沈着［49］
- □ **vapor** deposition 蒸着［47］
- □ **platelet** deposition 血小板沈着［44］
- □ **lipid** deposition 脂質沈着［43］
- □ **mineral** deposition 鉱質沈着［39］
- □ **immune complex** deposition 免疫複合体の沈着［34］

deposit：沈着物／沈着／沈着する［1479］

❖ 沈着したものを指す．複数形の用例が非常に多い．動詞の用例も多い

- □ **amyloid** deposits アミロイド沈着物［198］ 文例 383
- □ **immune** deposits 免疫沈着物［21］
- □ **fibrillar** deposits 線維状沈着物［15］
- □ **extracellular** deposits 細胞外沈着物［20］

III-E-1 領　域

region：領域［89175］

❖ 物体の一部分や脳や地理上の場所を意味する．複数形の用例がかなり多い

□ **promoter** region	プロモーター領域［2599］
□ **brain** regions	脳領域［1666］
□ **loop** region	ループ領域［477］
□ **linker** region	リンカー領域［380］
□ **hinge** region	ヒンジ領域［379］
□ **transmembrane** region	膜貫通領域［365］
□ **coding** region	翻訳領域［2365］
□ **binding** region	結合領域［1266］
□ **flanking** region	隣接領域［1099］
□ **complementarity-determining** region	相補性決定領域［375］
□ **corresponding** region	対応領域［244］
□ **noncoding** region	非翻訳領域※同義［287］
□ **untranslated** region	非翻訳領域※同義［1987］
□ **conserved** region	保存領域［967］
□ **C-terminal** region	C末端領域［1356］
□ **regulatory** region	調節領域［1271］
□ **chromosomal** region	染色体領域［679］
□ **different** regions	異なる領域［604］
□ **variable** region	可変領域［613］
□ **central** region	中心領域［548］
□ **same** region	同じ領域［481］
□ **intergenic** region	遺伝子間領域［458］
□ **genomic** regions	ゲノム領域［423］
□ **upstream** region	上流領域［408］
□ **critical** region	棄却域［384］

- ☐ **proximal** region　近位部［356］
- ☐ **specific** regions　特異的領域［353］
- ☐ **cortical** regions　皮質領［289］
- ☐ **hypervariable** region　超可変領域［252］
- ☐ **hydrophobic** region　疎水性領域［236］
- ☐ **homologous** region　相同領域［219］
- ☐ **proline-rich** region　高プロリン領域［209］
- ☐ **perinuclear** region　核周辺領域［202］

area：領域［23429］

❖ 脳やその他の部分における場所を意味する．複数形の用例もかなり多い

- ☐ **surface** area　表面積［1321］
- ☐ **brain** areas　脳領域［442］
- ☐ **motor** area　運動野［237］
- ☐ **lesion** area　病変部位［155］
- ☐ **peak** area　ピーク領域［119］
- ☐ **contact** area　接触領域［111］
- ☐ **lumen** area　管腔領域［106］
- ☐ **cortex** area　皮質領域［99］
- ☐ **valve** area　弁口面積［78］
- ☐ **cortical** areas　皮質領［492］　文例 384
- ☐ **tegmental** area　被蓋野［410］
- ☐ **sectional** area　断面積［400］
- ☐ **preoptic** area　視索前野［338］
- ☐ **visual** area　視覚野［323］
- ☐ **geographic** area　地理的領域［95］
- ☐ **metropolitan** area　大都市圏［94］
- ☐ **endemic** area　流行地域［80］　文例 111
- ☐ **temporal** area　側頭部［78］
- ☐ **lateral hypothalamic** area　視床下部外側野［70］
- ☐ area **under the curve**　曲線下面積［333］
- ☐ area **postrema**　最後野［100］

site ：場所［115844］

❖ 特定の狭い場所を意味する

□ **binding** site	結合部位［21434］	
□ **docking** site	ドッキング部位［386］	
□ **active** site	活性部位［10841］	文例 89
□ **catalytic** site	触媒部位［1018］	
□ **specific** site	特異的部位［619］	
□ **abasic** site	脱塩基部位［530］	文例 244
□ **multiple** site	多重部位［518］	
□ **hypersensitive** site	高感受性領域［423］	
□ **major** site	主要部位［361］	
□ **primary** site	原発部位［339］	
□ **regulatory** site	調節部位［300］	
□ **fragile** site	脆弱部位［243］	
□ **phosphorylation** site	リン酸化部位［2276］	
□ **cleavage** site	切断部位［1851］	文例 366
□ **splice** site	スプライス部位［1713］	
□ **target** site	標的部位［1138］	
□ **transcription start** site	転写開始点※同義［1023］	
□ **transcription initiation** site	転写開始点※同義［382］	
□ **recognition** site	認識部位［754］	
□ **glycosylation** site	糖鎖付加部位［620］	
□ **insertion** site	挿入部位［393］	
□ **interaction** site	相互作用部位［377］	
□ **consensus** site	コンセンサス部位［347］	
□ **injection** site	注入部位［333］	
□ **attachment** site	付着部位［306］	
□ **integration** site	統合部位［299］	
□ **contact** site	接触部位［295］	
□ **high-affinity** site	高親和性部位［282］	
□ **release** site	遊離部位［281］	

- □ **acceptor** site　受容部位［266］
- □ **restriction** site　制限酵素部位［234］
- □ **lesion** site　病変部［224］
- □ **autophosphorylation** site　自己リン酸化部位［218］

locus ：座／部位［21918］

❖ 遺伝子上の位置などを意味する．複数形は loci

- □ **quantitative trait** locus　量的形質遺伝子座［254］
- □ **susceptibility** locus　感受性部位［219］　文例 385
- □ **disease** locus　疾患遺伝子座［126］
- □ **mating-type** locus　接合型座［63］
- □ **marker** locus　標識座［58］
- □ **genetic** locus　遺伝子座［181］
- □ **genomic** locus　ゲノム遺伝子座［95］
- □ **chromosomal** locus　染色体座［83］
- □ **major** locus　主要座［74］

territory ：領域／テリトリー［654］

❖ 血管上の位置などを意味する

- □ **vascular** territory　血管領域［32］
- □ **coronary** territory　冠状動脈領域［21］
- □ **cortical** territory　皮質領域［10］
- □ **uncharted** territory　未知の領域［7］
- □ **chromosome** territory　染色体領域［30］
- □ **coronary artery** territory　冠状動脈領域［10］

zone ：帯／領域［5441］

❖ 帯状の領域を意味する

- □ **marginal** zone　周辺帯／辺縁帯［498］　文例 188
- □ **active** zone　活性領域［314］
- □ **subventricular** zone　脳室下帯［260］
- □ **ventricular** zone　脳室帯［226］

- □ proliferative zone　増殖帯［78］
- □ peripheral zone　辺縁帯［66］
- □ intermediate zone　中間帯［56］
- □ transition zone　移行帯［166］
- □ border zone　境界域［103］
- □ elongation zone　伸長域［77］
- □ subduction zone　沈み込み帯［59］
- □ infarct zone　梗塞域［56］
- □ contact zone　接触帯［50］
- □ hybrid zone　雑種地帯［50］

part ：部分／役割［20099］

❖一部分を意味する一般的な語だが論文でもよく使われる

- □ large part　大部分［420］
- □ integral part　不可欠な部分［281］　文例 386
- □ important part　重要な部分［205］
- □ terminal part　末端部分［187］
- □ different part　異なる部分［166］
- □ most part　ほとんどの部分［131］
- □ essential part　必須の部分［114］
- □ body part　体部位［102］
- □ central part　中央部分［80］
- □ major part　主要部分［73］
- □ the first part　最初の部分［62］
- □ ventral part　腹側部［51］
- □ distal part　遠位部［51］
- □ proximal part　近位部［44］
- □ posterior part　後部［44］
- □ dorsal part　背側部［42］
- □ medial part　内側部［41］
- □ lateral part　外側部［39］
- □ form part of ～　～の一部を形成する［157］

□ **take** part **in** ～　～に参加する［45］

□ **in** part　部分的に［8231］

domain：ドメイン［102625］

❖ 分子内の機能的な一部分を意味する

□ **C-terminal** domain　C末端ドメイン［2813］

□ **cytoplasmic** domain　細胞質ドメイン［2707］

□ **catalytic** domain　触媒ドメイン［2016］

□ **extracellular** domain　細胞外ドメイン［1755］

□ **functional** domain　機能的ドメイン［841］

□ **regulatory** domain　調節ドメイン［800］

□ **intracellular** domain　細胞内ドメイン［697］

□ **structural** domain　構造的ドメイン［343］

□ **globular** domain　球状ドメイン［320］

□ **distinct** domain　別個のドメイン［286］

□ **cytosolic** domain　サイトゾルドメイン［232］

□ **hydrophobic** domain　疎水性ドメイン［225］

□ **DNA-binding** domain　DNA結合ドメイン［2428］

□ **membrane-spanning** domain　膜貫通ドメイン［256］

□ **conserved** domain　保存ドメイン［415］

□ **transmembrane** domain　膜貫通ドメイン［2622］　文例 387

□ **activation** domain　活性化ドメイン［1442］

□ **transactivation** domain　トランス活性化ドメイン［631］

□ **membrane** domain　膜ドメイン［477］

□ **coiled-coil** domain　コイルドコイルドメイン［400］

□ **tail** domain　尾部ドメイン［383］

□ **dimerization** domain　二量体形成ドメイン［362］

range：範囲／範囲である［24980］

❖ 値の範囲を意味する

□ **wide** range **of** ～	広範囲の～ ※ほぼ同義［2812］	文例 73
□ **broad** range **of** ～	広範囲の～ ※ほぼ同義［937］	
□ **dynamic** range	ダイナミックレンジ［433］	
□ **normal** range	正常範囲［266］	
□ **interquartile** range	四分位範囲［246］	
□ **diverse** range **of** ～	様々な～［159］	
□ **physiological** range	生理的範囲［157］	
□ **full** range **of** ～	全範囲の～［143］	
□ **narrow** range **of** ～	狭い範囲の～［87］	
□ **linear** range	線形範囲［86］	
□ **host** range	宿主範囲［486］	
□ **concentration** range	濃度範囲［363］	
□ **temperature** range	温度範囲［313］	
□ **dose** range	用量範囲［123］	
□ **frequency** range	周波数域［122］	

Ⅲ-E-2 位置関係

localization：局在［16250］

❖ 特定の場所に位置づけることを意味する

□ **nuclear** localization	核局在／核移行［2413］
□ **subcellular** localization	細胞内局在［1438］
□ **cellular** localization	細胞局在［406］
□ **intracellular** localization	細胞内局在［303］
□ **cytoplasmic** localization	細胞質内局在［241］
□ **membrane** localization	膜局在［481］
□ **protein** localization	タンパク質局在化［220］
□ **surface** localization	表面局在［87］
□ **sound** localization	音源定位［75］

- □ **golgi** localization　ゴルジ体局在 [57]
- □ **nucleolar** localization　核小体局在 [138]
- □ **chromosomal** localization　染色体局在 [130]
- □ **proper** localization　適切な局在 [99]
- □ **mitochondrial** localization　ミトコンドリア局在 [99]
- □ **spatial** localization　空間位置確認 [74]
- □ **specific** localization　特異的局在性 [73]
- □ **asymmetric** localization　非対称局在 [72]
- □ **immunohistochemical** localization　免疫組織化学的局在 [67]
- □ **synaptic** localization　シナプス局在 [66]
- □ **polar** localization　極局在化 [64]
- □ **immunocytochemical** localization　免疫細胞化学的局在 [60]
- □ localization **signal**　局在化シグナル [700]　文例 133
- □ localization **studies**　局在研究 [161]
- □ **nuclear** localization **sequence**　核局在配列 [194]

location：位置 [10195]

✣ どこに位置するかを述べるときに使われる．複数形の用例も多い

- □ **chromosomal** location　染色体上の位置 [314]
- □ **subcellular** location　細胞内位置 [293]
- □ **different** locations　別の場所 [164]
- □ **spatial** location　空間的位置 [157]
- □ **cellular** location　細胞部位 [150]
- □ **same** location　同じ位置 [123]
- □ **geographic** location　地理的位置 [106]
- □ **intracellular** location　細胞内局在 [95]
- □ **precise** location　正確な位置 [92]
- □ **genomic** location　遺伝子位置 [91]
- □ **specific** locations　特異的部位 [89]
- □ **anatomic** location　解剖学的部位 [64]　文例 388

position：位置／位置づける［22290］

❖ ヌクレオチド上などでの位置を示すときに用いられる

- ☐ **relative** position　相対位置［211］
- ☐ **same** position　同じ位置［170］
- ☐ **different** positions　異なる位置［159］
- ☐ **chromosomal** position　染色体上の位置［101］
- ☐ **specific** position　特定位置［81］
- ☐ **conserved** position　保存部位［84］
- ☐ **nucleotide** position　ヌクレオチド配列部位［154］
- ☐ **nucleosome** position　ヌクレオソーム位置［152］
- ☐ **map** position　地図上の位置［123］
- ☐ **codon** position　コドン位置［117］
- ☐ **eye** position　眼球位置［107］
- ☐ **intron** position　イントロンの位置［89］
- ☐ position **effect variegation**　位置効果［74］
- ☐ **residue at** position 〜　〜の位置の残基［366］　文例 122

end：終わり／末端／目標［25221］

❖ いろいろなものの末端を意味する．動詞としても用いられる

- ☐ **C-terminal** end　C末端［303］
- ☐ **barbed** end　反矢じり端［336］
- ☐ **chromosome** end　染色体末端［316］
- ☐ **microtubule plus** end　微小管プラス端［118］
- ☐ **distal** end　遠位末端［201］
- ☐ **dead** end　行き止まり［181］
- ☐ **nonhomologous** end **joining**　非相同末端結合［278］
- ☐ **advanced glycation** end **product**　終末糖化産物［173］
- ☐ end **point**　エンドポイント／終点［2436］
- ☐ end **stage**　最終段階［1041］

distribution：分布［18881］

❖ 細胞内での分布を述べるときによく使われる

- □ **subcellular** distribution　細胞内分布［548］
- □ **spatial** distribution　空間分布［419］
- □ **cellular** distribution　細胞分布［210］
- □ **intracellular** distribution　細胞内分布［156］
- □ **normal** distribution　正常分布［120］
- □ **widespread** distribution　広範な分布［96］
- □ **regional** distribution　領域分布［95］
- □ **asymmetric** distribution　非対称分布［92］
- □ **wide** distribution　広い分布［87］
- □ **differential** distribution　差動的分布［85］
- □ **phylogenetic** distribution　系統的分布［82］
- □ **similar** distribution　類似の分布［82］
- □ **nuclear** distribution　核分布［80］
- □ **random** distribution　不規則分布［77］
- □ **uniform** distribution　均一分布［74］
- □ **geographic** distribution　地理的分布［74］
- □ **tissue** distribution　組織分布［468］　文例 389
- □ **size** distribution　サイズ分布［276］
- □ **frequency** distribution　度数分布［182］
- □ **charge** distribution　電荷分布［181］
- □ **probability** distribution　確率分布［137］
- □ **product** distribution　産物分布［82］
- □ **cell cycle** distribution　細胞周期分布［69］
- □ **body fat** distribution　体脂肪分布［51］
- □ **steady-state** distribution　定常状態分布［49］

arrangement：配置［2221］

❖ 空間的な配置などに使われる

- □ **spatial** arrangement　空間配置［139］

- □ **structural** arrangement 構造配置［32］
- □ **parallel** arrangement 並列配置［27］
- □ **packing** arrangement 充填配置［38］
- □ **gene** arrangement 遺伝子配置［42］
- □ **domain** arrangement ドメイン配置［34］

rearrangement：再構築／再編成［5882］

❖ 染色体の再編成などに使われる．複数形の用例もかなり多い

- □ **structural** rearrangement 構造的再編成［268］
- □ **chromosomal** rearrangements 染色体再構築［257］
- □ **cytoskeletal** rearrangement 細胞骨格再構成［211］ 文例 204
- □ **conformational** rearrangement 立体構造的再構成［162］
- □ **genomic** rearrangement ゲノム再編成［109］
- □ **genome** rearrangement ゲノム再編成［95］
- □ **chromosome** rearrangement 染色体再構築［92］

center：中心／センター／中央に置く［11130］

❖ 位置および機能的中心を意味する動詞としても使われる

- □ **germinal** center 胚中心［772］ 文例 390
- □ **medical** center 医療センター［519］
- □ **metal** center 金属中心［303］
- □ **active** center 活性中心［245］
- □ **catalytic** center 触媒中心［206］
- □ **stereogenic** center 不斉中心［82］
- □ **microtubule-organizing** center 微小管形成中心［133］
- □ **signaling** center シグナル伝達センター［90］
- □ **reaction** center 反応中心［498］
- □ **transplant** center 移植センター［147］
- □ **redox** center 酸化還元中心［131］
- □ **trauma** center 外傷センター［120］

surface ：表面［45798］

❖ 細胞などの表面を意味する

- □ **cell** surface　細胞表面［10922］　文例 300 391
- □ **membrane** surface　膜表面［493］　文例 392
- □ **body** surface　体表［351］
- □ **protein** surface　タンパク質表面［324］
- □ **root** surface　歯根表面［159］
- □ **sea** surface　海面［151］
- □ **platelet** surface　血小板表面［143］
- □ **apical** surface　頂端表面［412］
- □ **outer** surface　外表面［341］
- □ **mucosal** surface　粘膜表面［307］
- □ **hydrophobic** surface　疎水性表面［267］
- □ **basolateral** surface　側底面［204］
- □ **bacterial** surface　細菌表面［191］
- □ **ocular** surface　眼表面［189］

junction ：接合部／ジャンクション／結合［8940］

❖ 接合部を意味する

- □ **gap** junction　ギャップ結合［1397］
- □ **adherens** junction　接着結合［575］
- □ **holliday** junction　ホリデイジャンクション［556］
- □ **splice** junction　スプライスジャンクション［196］
- □ **cell-cell** junction　細胞-細胞結合［134］
- □ **tight** junction　密着結合［764］
- □ **neuromuscular** junction　神経筋接合部［650］
- □ **intercellular** junction　細胞間結合［133］　文例 253
- □ **synaptic** junction　シナプス結合［66］
- □ **gastroesophageal** junction　食道胃接合部［43］
- □ **dermal-epidermal** junction　真皮-上皮接合部［37］

orientation：配向／方向［6506］

❖ 方向性を述べるときに使われる

- ☐ **relative** orientation　相対配向［207］
- ☐ **opposite** orientation　逆配向［108］
- ☐ **antisense** orientation　アンチセンス方向［104］
- ☐ **different** orientation　異なる方向［90］
- ☐ **parallel** orientation　平行配向［56］
- ☐ **spatial** orientation　空間的定位［54］
- ☐ **antiparallel** orientation　逆平行配向［48］
- ☐ **spindle** orientation　紡錘体配向［101］　文例 393

motif：モチーフ［21484］

❖ DNA やタンパク質上の配列を意味する

- ☐ **sequence** motif　配列モチーフ［911］　文例 354
- ☐ **RNA recognition** motif　RNA認識モチーフ［176］
- ☐ **zinc finger** motif　Znフィンガーモチーフ［215］
- ☐ **consensus** motif　コンセンサスモチーフ［205］
- ☐ **helix-turn-helix** motif　ヘリックス・ターン・ヘリックス・モチーフ［104］
- ☐ **regulatory** motif　調節モチーフ［170］
- ☐ **conserved** motif　保存されたモチーフ［388］
- ☐ **DNA-binding** motif　DNA結合モチーフ［232］

element：エレメント／因子／要素［30994］

❖ 構造あるいは機能的な単位を意味する．複数形の用例が非常に多い

- ☐ **regulatory** elements　調節エレメント［1549］
- ☐ **structural** elements　構造要素［562］
- ☐ **transposable** elements　転位因子［352］
- ☐ **genetic** elements　遺伝因子［219］
- ☐ **repetitive** elements　反復エレメント［162］
- ☐ **functional** elements　機能エレメント［138］
- ☐ **key** elements　鍵となる要素［136］

- □ **skeletal** elements　骨格要素 [114]
- □ **mobile** elements　可動要素 [110]
- □ **cytoskeletal** elements　細胞骨格要素 [100]
- □ **cis-acting** elements　シス作用エレメント [403]
- □ **promoter** elements　プロモーターエレメント [483]
- □ **sequence** elements　配列エレメント [410]
- □ **enhancer** elements　エンハンサーエレメント [216]　文例 394
- □ **recognition** elements　認識エレメント [110]
- □ **secondary structure** elements　二次構造要素 [106]

Ⅲ-E-3 環境／状態

state：状態 [45083]

✣ 安定した状態を意味することが多い

- □ **steady** state　定常状態 [6479]
- □ **solid** state　固体 [1001]
- □ **native** state　天然状態／未変性状態 [778]　文例 367
- □ **open** state　開口状態 [429]
- □ **conformational** state　立体構造 [405]
- □ **unfolded** state　折りたたまれていない状態 [399]
- □ **intermediate** state　中間状態 [291]
- □ **active** state　活動状態 [256]
- □ **oligomeric** state　オリゴマー状態 [234]
- □ **inactive** state　不活性状態 [232]
- □ **mental** state　精神状態 [184]
- □ **excited** state　励起状態 [606]
- □ **bound** state　束縛状態 [489]
- □ **closed** state　閉塞状態 [409]
- □ **denatured** state　変性状態 [360]
- □ **folded** state　折り畳み状態 [197]
- □ **resting** state　静止状態 [250]

- □ **transition** state 遷移状態［2971］
- □ **ground** state 基底状態［912］
- □ **disease** state 病状［554］
- □ **phosphorylation** state リン酸化状態［504］
- □ **redox** state 酸化還元状態［450］
- □ **oxidation** state 酸化状態［366］
- □ **charge** state 荷電状態［244］
- □ **activation** state 活性化状態［238］

status：状態［10766］

❖ 変化しやすい状態について述べるときに用いられる

- □ **health** status 健康状態［505］
- □ **performance** status 活動状態［319］
- □ **methylation** status メチル化状態［289］
- □ **phosphorylation** status リン酸化状態［241］
- □ **iron** status 鉄状態［191］
- □ **disease** status 疾病状態［177］
- □ **redox** status 酸化還元状態［132］
- □ **socioeconomic** status 社会経済的状況［431］
- □ **functional** status 機能的状態［429］
- □ **nutritional** status 栄養状態［270］
- □ **clinical** status 臨床状態［180］
- □ **current** status 現在の状態［129］
- □ **menopausal** status 閉経状態［117］ 文例 395
- □ **marital** status 婚姻状態［113］
- □ **nodal** status 結節状態［82］
- □ **smoking** status 喫煙状況［328］
- □ **insurance** status 保険状態［56］
- □ **acetylation** status アセチル化状態［47］
- □ status **epilepticus** てんかん重積［224］

situation ：状況／状態［1756］

❖ 現在の状況や状態を意味する．複数形の用例が非常に多い

- ☐ **clinical** situations　臨床的状況［73］　文例 396
- ☐ **in some** situations　場合によっては［25］
- ☐ **certain** situations　特定の状況［29］
- ☐ **pathological** situations　病的状態［20］
- ☐ **stressful** situations　ストレスの多い状況［16］
- ☐ **in contrast to the** situation　その状況と対照的に［44］

aspect ：面／状況［6515］

❖ ここでいう“面”とは“状況”を意味する．複数形の用例が非常に多い

- ☐ **many** aspects **of ～**　～の多くの面［485］
- ☐ **various** aspects **of ～**　～の様々な側面［241］　文例 391
- ☐ **different** aspects **of ～**　～の異なる側面［220］
- ☐ **some** aspects **of ～**　～のいくつかの面［210］
- ☐ **several** aspects **of ～**　～のいくつかの面［203］
- ☐ **multiple** aspects **of ～**　～の複数の面［157］
- ☐ **key** aspects **of ～**　～の（鍵となる）重要な面［118］　文例 347
- ☐ **important** aspects **of ～**　～の重要な面［117］
- ☐ **specific** aspects **of ～**　～の特異的な面［114］
- ☐ **certain** aspects **of ～**　～のある面［87］

circumstance ：状況／環境［917］

❖ やや曖昧な環境条件などに対して用いられる．複数形の用例が非常に多い

- ☐ **under certain** circumstances　ある状況下で［80］
- ☐ **under some** circumstances　いくつかの状況下で［47］
- ☐ **under normal** circumstances　正常の状況下で［24］
- ☐ **specific** circumstances　特異的な状況［24］

context ：状況／構成［8191］

❖ 構造的な構成，細胞の状況，文脈など多様な意味を持つ

- ☐ **sequence** context　配列構成［415］　文例 126

- ☐ **cell** context　細胞状況 [63]
- ☐ **cellular** context　細胞の状況 [198]
- ☐ **structural** context　構造的状況 [72]
- ☐ **developmental** context　発達状況 [70]
- ☐ **different** context　異なる状況 [59]
- ☐ **genomic** context　ゲノム構成 [58]
- ☐ **social** context　社会状況 [56]

condition ：条件／状態 [32258]

❖ 環境条件や実験条件などを意味する．複数形の用例が圧倒的に多い

- ☐ **growth** conditions　増殖条件 [662]
- ☐ **stress** conditions　応力条件 [366]
- ☐ **reaction** conditions　反応条件 [362]
- ☐ **culture** conditions　培養条件 [332]
- ☐ **control** conditions　対照条件 [219]
- ☐ **flow** conditions　流動状態 [211]
- ☐ **assay** conditions　検定条件 [159]
- ☐ **steady state** conditions　定常状態条件 [139]
- ☐ **experimental** conditions　実験条件 [608]
- ☐ **under physiological** conditions　生理的条件下で [525]　文例 397
- ☐ **environmental** conditions　環境条件 [476]
- ☐ **pathological** conditions　病態 [397]
- ☐ **under the same** conditions　同じ条件下で [330]
- ☐ **under anaerobic** conditions　嫌気状態下で [230]
- ☐ **under basal** conditions　基本条件下で [270]
- ☐ **medical** conditions　医学的状態 [201]
- ☐ **inflammatory** conditions　炎症状態 [209]
- ☐ **acidic** conditions　酸性条件 [211]
- ☐ **comorbid** conditions　併発状態 [215]
- ☐ **under certain** conditions　特定条件下で [200]
- ☐ **under normal** conditions　正常状態下で [186]
- ☐ **different** conditions　異なる条件 [161]

- □ **mild** conditions　穏和な条件［164］
- □ **under aerobic** conditions　好気状態下で［153］
- □ **under similar** conditions　類似した条件下で［146］
- □ **under hypoxic** conditions　低酸素条件下で［141］
- □ **under identical** conditions　同一条件下で［129］
- □ **denaturing** conditions　変性状態［158］
- □ **reducing** conditions　還元条件［153］

environment：環境［10101］

✣ 細胞内外などの総合的な状況を意味する

- □ **local** environment　局所環境［221］
- □ **cellular** environment　細胞環境［176］
- □ **extracellular** environment　細胞外環境［145］
- □ **intracellular** environment　細胞内環境［123］
- □ **novel** environment　新規の環境［112］
- □ **natural** environment　自然環境［109］
- □ **aqueous** environment　水性環境［108］
- □ **different** environment　異なる環境［93］
- □ **external** environment　外部環境［89］
- □ **hydrophobic** environment　疎水性環境［81］
- □ **chemical** environment　化学環境［77］
- □ **acidic** environment　酸性環境［70］
- □ **aquatic** environment　水域環境［49］
- □ **electrostatic** environment　静電気環境［47］
- □ **changing** environment　環境変化［61］
- □ **marine** environment　海洋環境［50］
- □ **gene-**environment **interaction**　遺伝子-環境相互作用［165］
- □ **host** environment　宿主環境［109］
- □ **protein** environment　タンパク質環境［105］
- □ **membrane** environment　膜環境［90］
- □ **coordination** environment　配位環境［79］

☐ **lipid** environment　脂質環境［67］

☐ **heme** environment　ヘム環境［57］

milieu：環境［646］

❖ その場の環境だけでなく，その場所自体を表す場合もある．フランス語に由来する

☐ **extracellular** milieu　細胞外環境［89］

☐ **intracellular** milieu　細胞内環境［31］

☐ **inflammatory** milieu　炎症環境［28］

☐ **cytokine** milieu　サイトカイン環境［43］

Ⅲ-E-4 例／機会

example：例［7987］

❖「for example」の用例が非常に多い

☐ **the first** example **of ～**　～の最初の例［608］　文例 5

☐ **several** examples　いくつかの例［87］

☐ **rare** example　まれな例［73］

☐ **striking** example　顕著な例［68］

☐ **specific** example　具体例［63］

☐ **classic** example　古典的な例［44］

☐ **representative** example　代表例［35］

☐ **for** example　例えば［3230］　文例 398

instance：例［1426］

❖ 複数形の用例が多い．case に近い意味で使われることも多い

☐ **in some** instances　いくつかの例で［162］　文例 399

☐ **in many** instances　多くの例で［73］

☐ **the first** instance　最初の例［59］

☐ **in most** instances　ほとんどの例で［53］

☐ **for** instance　例えば［282］

case：例／症例／事例［30627］

✣ 複数形の用例が多い

□ **cancer** cases	癌症例［277］	
□ **incident** cases	事故例［179］	
□ **sporadic** cases	孤発例［161］	
□ **reported** cases	報告された例［115］	
□ **in some** cases	いくつかの事例で［1154］	
□ **in all** cases	すべての事例で［889］	文例 400
□ **in most** cases	ほとんどの事例で［627］	
□ **in each** case	各々の事例で［582］	
□ **in both** cases	両方の事例で［581］	

event：イベント／現象［30267］

✣ 起こっている現象のことを意味する．複数形の用例が非常に多い

□ **adverse** events	有害事象［1545］	文例 401
□ **signaling** events	シグナル伝達現象［1186］	文例 137
□ **recombination** events	組換え現象［393］	
□ **phosphorylation** events	リン酸化事象［197］	
□ **fusion** events	融合事象［182］	
□ **signal transduction** events	シグナル伝達事象［163］	
□ **duplication** events	重複事象［125］	
□ **cardiovascular** events	心血管イベント［707］	
□ **molecular** events	分子現象［611］	
□ **cardiac** events	心イベント［552］	
□ **early** events	初期現象［422］	
□ **coronary** events	冠動脈イベント［273］	
□ **key** event	重要な現象［268］	
□ **critical** event	決定的に重要な現象［231］	
□ **clinical** events	臨床事象［218］	
□ **ischemic** events	虚血性イベント［195］	
□ **developmental** events	発生事象［181］	

- ☐ **downstream** events　下流の現象［160］
- ☐ **splicing** events　スプライシング事象［114］

opportunity：機会［2837］

❖ 希望的な意味で使われる．複数形の用例がかなり多い

- ☐ **unique** opportunity　独特の機会［312］　文例 341
- ☐ **new** opportunities　新しい機会［212］
- ☐ **therapeutic** opportunities　治療機会［41］
- ☐ **unprecedented** opportunity　前例のない機会［43］
- ☐ **excellent** opportunity　素晴らしい機会［38］
- ☐ **exciting** opportunities　刺激的な機会［19］
- ☐ opportunity **to study** ～　～を研究する機会［165］
- ☐ opportunity **to examine** ～　～を調べる機会［95］
- ☐ opportunity **to investigate** ～　～を精査する機会［73］

occasion：機会［420］

❖ 機会の頻度などを問題にする場合に使われる．複数形の用例が非常に多い

- ☐ **separate** occasions　別々の機会［46］　文例 338
- ☐ **multiple** occasions　複数の機会［14］

Ⅲ-E-5 程度／範囲

rate：速度／率［71177］

❖ 比率を意味するが，速度の意味でも用いられる

- ☐ **mortality** rate　死亡率（やや学術的）［2164］
- ☐ **survival** rate　生存率［1989］　文例 402
- ☐ **heart** rate　心拍数［1914］
- ☐ **response** rate　奏効率［1635］
- ☐ **growth** rate　増殖速度［1621］
- ☐ **mutation** rate　変異率［1061］
- ☐ **flow** rate　流速［825］　文例 323

□ **dissociation** rate	解離速度 [658]	
□ **incidence** rate	発生率 [582]	
□ **success** rate	成功率 [485]	
□ **death** rate	死亡率 [461]	
□ **reaction** rate	反応速度 [434]	
□ **error** rate	誤り率 [433]	
□ **turnover** rate	代謝回転速度 [361]	
□ **recombination** rate	組換え率 [353]	
□ **exchange** rate	交換率 [336]	
□ **association** rate	会合速度 [297]	
□ **filtration** rate	ろ過率 [293]	
□ **second-order** rate	二次速度 [263]	
□ **event** rates	事象率 [185]	
□ **substitution** rates	置換率 [172]	
□ **relaxation** rates	緩和率 [172]	
□ **prevalence** rates	有病率 [136]	
□ **high** rate **of ～**	高い割合の～ [923]	文例 261
□ **metabolic** rate	代謝速度 [532]	
□ **initial** rate	初速度 [362]	
□ **overall** rate **of ～**	～の全体の率 [224]	
□ **firing** rate	発火頻度 [822]	
□ **increased** rate **of ～**	増大した割合の～ [546]	
□ **at a** rate **of ～**	～の速度で [322]	

ratio：比 [23503]

❖ 純粋に比率を意味する

□ **odds** ratio	オッズ比 [4332]	
□ **hazard** ratio	ハザード比 [1858]	文例 403
□ **risk** ratio	リスク比 [419]	
□ **signal-to-noise** ratio	信号雑音比 [282]	
□ **likelihood** ratio	尤度比 [240]	
□ **sex** ratio	性比 [190]	文例 261

- ☐ **waist-hip-**ratio　ウエスト・ヒップ比 [81]
- ☐ **body-weight** ratio　比体重 [60]
- ☐ **cost-effectiveness** ratio　費用効果比 [111]
- ☐ **isotope** ratio　同位体比 [103]
- ☐ **volume** ratio　体積比 [83]
- ☐ **mortality** ratio　死亡比率 [78]
- ☐ **molar** ratio　モル比 [295]
- ☐ **incidence rate** ratio　発症率比 [64]

velocity：速度 [4363]

✤ 物理の用語として用いられる

- ☐ **flow** velocity　流速 [304]
- ☐ **conduction** velocity　伝導速度 [296]　文例 404
- ☐ **sedimentation** velocity　沈降速度 [170]
- ☐ **peak** velocity　ピーク速度 [98]
- ☐ **propagation** velocity　伝播速度 [54]
- ☐ **maximum** velocity　最大速度 [49]
- ☐ **mean** velocity　平均速度 [36]
- ☐ **initial** velocity　初速度 [121]
- ☐ **maximal** velocity　最大速度 [70]
- ☐ **diastolic** velocity　拡張期流速 [47]
- ☐ **peak systolic** velocity　収縮期最大流速 [31]
- ☐ **rolling** velocity　転がり速度 [109]
- ☐ **shortening** velocity　短縮速度 [104]
- ☐ **sliding** velocity　スライド速度 [40]

speed：速度 [2592]

✤ velocity より一般的な用語である

- ☐ **reading** speed　読む速度 [40]
- ☐ **processing** speed　処理速度 [37]
- ☐ **walking** speed　歩行速度 [37]
- ☐ **sliding** speed　スライド速度 [37]

frequency：頻度［22743］

❖ 頻度あるいは周波数の意味で用いられる

- ☐ **high** frequency　高頻度［2057］
- ☐ **low** frequency　低頻度［965］
- ☐ **spatial** frequency　空間周波数［196］
- ☐ **similar** frequency　類似の頻度［129］
- ☐ **greater** frequency　より大きな頻度［106］
- ☐ **temporal** frequency　時間周波数［104］
- ☐ **increased** frequency　増大した頻度［332］
- ☐ **increasing** frequency　増大する頻度［113］
- ☐ **firing** frequency　発火頻度［107］
- ☐ **allele** frequency　対立遺伝子頻度［291］
- ☐ **mutation** frequency　変異頻度［281］
- ☐ **spike** frequency　スパイク頻度［121］
- ☐ **recombination** frequency　組換え頻度［99］
- ☐ **food** frequency **questionnaire**　食物頻度アンケート［233］
- ☐ **at a** frequency **of** ～　～の頻度で［120］

incidence：発生率［10512］

❖ 疾患などの発生率として用いられる

- ☐ **cumulative** incidence　累積発生率［293］
- ☐ **annual** incidence　年間発生率［129］
- ☐ **overall** incidence　全発生率［124］
- ☐ **higher** incidence　より高い頻度［362］
- ☐ **cancer** incidence　癌発生率［278］
- ☐ **tumor** incidence　腫瘍発生率［188］
- ☐ **disease** incidence　疾患発生率［99］
- ☐ incidence **and severity of** ～　～の発生率と重症度［137］

proportion：割合／比率［6708］

❖ 割合の程度を示すために用いられる

- ☐ **a significant** proportion **of** ～　かなりの割合の～［328］

- ☐ **a large** proportion **of ～** 大部分の～ [269]
- ☐ **a high** proportion **of ～** 高い割合の～ [225]
- ☐ **a small** proportion **of ～** 少ない割合の～ [181]
- ☐ **a substantial** proportion **of ～** かなりの割合の～ [191]
- ☐ **a greater** proportion **of ～** より大きな割合の～ [116]
- ☐ **the relative** proportion **of ～** ～の相対比率 [43]
- ☐ **in** proportion **to ～** ～に比例して [235] 文例 183

level ：レベル [125218]

❖ 遺伝子発現の量などに対して使われる．複数形が非常に多い

- ☐ **high** levels **of ～** 高いレベルの～ [5263]
- ☐ **low** levels **of ～** 低いレベルの～ [2191]
- ☐ **normal** levels 正常レベル [903]
- ☐ **basal** levels 基礎レベル [630]
- ☐ **similar** levels 類似のレベル [577]
- ☐ **different** levels 異なるレベル [546]
- ☐ **significant** levels 顕著なレベル [397]
- ☐ **detectable** levels 検出可能なレベル [397]
- ☐ **cellular** levels 細胞レベル [326]
- ☐ **undetectable** levels 検出不能レベル [309]
- ☐ **intracellular** levels 細胞内レベル [291]
- ☐ **physiological** levels 生理的レベル [278]
- ☐ **relative** levels 相対レベル [235]
- ☐ **comparable** levels 匹敵するレベル [209]
- ☐ **moderate** levels 中程度 [181]
- ☐ **endogenous** levels **of ～** 内在性レベル [140]
- ☐ **at multiple** levels 様々なレベルで [136]
- ☐ **increased** levels **of ～** 増大したレベルの～ [1677]
- ☐ **elevated** levels **of ～** 上昇したレベルの～ [1546]
- ☐ **reduced** levels **of ～** 低下したレベルの～ [949]
- ☐ **decreased** levels **of ～** 低下したレベルの～ [482]

- □ **increasing** levels **of ～**　増大するレベルの～ [161]
- □ **varying** levels **of ～**　様々なレベルの～ [132]
- □ **expression** levels　発現レベル [2310]
- □ **plasma** levels　血漿レベル [856]
- □ **serum** levels　血清レベル [816]
- □ **transcript** levels　転写レベル [804]
- □ **steady-state** levels **of ～**　定常状態レベルの～ [602]
- □ **control** levels　対照レベル [462]
- □ **baseline** levels　ベースラインレベル [360]
- □ **background** levels　バックグラウンドレベル [140]
- □ **blood glucose** levels　血糖値 [175]
- □ **intracellular calcium** levels　細胞内カルシウムレベル [122]

concentration：濃度 [46422]

❖ 溶液の濃度を意味する．複数形が非常に多い

- □ **high** concentrations　高濃度 [1493]
- □ **low** concentrations　低濃度 [1287]
- □ **physiological** concentrations　生理的濃度 [316]
- □ **micromolar** concentrations　マイクロモル濃度 [300]
- □ **nanomolar** concentrations　ナノモル濃度 [288]
- □ **different** concentrations　異なる濃度 [173]
- □ **various** concentrations **of ～**　様々な濃度の～ [145]
- □ **intracellular** concentrations　細胞内濃度 [124]
- □ **physiologically relevant** concentrations　生理的に関連する濃度 [67]
- □ **millimolar** concentrations　ミリモル濃度 [108]
- □ **relative** concentrations　相対濃度 [95]
- □ **similar** concentrations　類似の濃度 [76]
- □ **physiologic** concentrations　生理的濃度 [71]
- □ **submicromolar** concentrations　マイクロモル以下の濃度 [69]
- □ **increasing** concentrations **of ～**　～の濃度の増大 [358]　文例 405
- □ **saturating** concentrations　飽和濃度 [139]

- □ **varying** concentrations **of ～** 様々な濃度の～ [88]
- □ **circulating** concentrations **of ～** ～の循環濃度 [83]
- □ **increased** concentrations **of ～** 増大した濃度の～ [100]
- □ **elevated** concentrations **of ～** 上昇した濃度の～ [78]
- □ **plasma** concentrations 血漿濃度 [605]
- □ **serum** concentrations 血清濃度 [288]
- □ **drug** concentrations 薬物濃度 [119]
- □ **substrate** concentrations 基質濃度 [116]
- □ **HDL cholesterol** concentrations HDLコレステロール濃度 [73]
- □ **metabolite** concentrations 代謝物濃度 [65]
- □ **plasma glucose** concentrations 血漿グルコース濃度 [52]

value：値 [26038]

❖ 測定した値などを意味する．複数形が非常に多い

- □ **control** values 対照値 [295]
- □ **baseline** values ベースライン値 [236]
- □ **parameter** values パラメーター値 [145] 文例 73
- □ **mean** values 平均値 [141]
- □ **threshold** values 閾値 [57]
- □ **reference** values 基準値 [50]
- □ **literature** values 文献値 [43]
- □ **standardized uptake** values 標準化集積値 [41]
- □ **predictive** values 的中率 [288]
- □ **experimental** values 実験値 [114]
- □ **normal** values 正常値 [97]
- □ **basal** values 基底値 [47]
- □ **corresponding** values 対応値 [108]
- □ **measured** values 測定された値 [68]
- □ **reported** values 報告された値 [58]
- □ **published** values 公表値 [47]

count：数［4865］

❖数えた数のことを意味する

- □ cell count　細胞数［1441］　文例 286
- □ platelet count　血小板数［528］
- □ lymphocyte count　リンパ球数［266］
- □ neutrophil count　好中球数［259］
- □ blood count　血球数［154］
- □ leukocyte count　白血球数［98］　文例 319

step：段階［21767］

❖１つの段階に対して使われることが多い

- □ first step　第一段階［1567］
- □ key step　鍵となる段階［700］
- □ early step　早期［581］
- □ critical step　決定的に重要な段階［487］　文例 406
- □ initial step　初期段階［478］
- □ important step　重要な段階［407］
- □ essential step　必須の段階［302］
- □ final step　最終段階［288］
- □ rate-limiting step　律速段階（速度を制限する段階）［1058］
- □ rate-determining step　律速段階（速度を決定する段階）［236］

stage：時期／段階／ステージ［23260］

❖連続する様々な段階について述べるときに使われる

- □ early stage　初期［2608］
- □ end stage　末期［1041］
- □ late stage　後期［993］
- □ developmental stage　発生段階［812］　文例 90
- □ different stage　異なる段階［568］
- □ initial stage　初期段階［324］

- □ various stage　様々な段階［263］
- □ clinical stage　臨床病期［234］
- □ larval stage　幼生期［225］
- □ advanced stage　進行期［388］

phase：相／位相／時期［33338］

❖ 特定の位置・時間・状態に対して使われる

- □ stationary phase　定常期［1397］　文例 231
- □ solid phase　固相［1014］
- □ acute phase　急性期［887］
- □ early phase　初期相／早期相［572］　文例 407
- □ late phase　遅延相［444］
- □ mobile phase　移動相［338］
- □ chronic phase　慢性期［319］
- □ initial phase　初期相［205］
- □ aqueous phase　水相［201］
- □ exponential phase　対数期［159］
- □ gas phase　気相［768］
- □ growth phase　増殖相［411］
- □ log phase　対数期［206］
- □ lag phase　誘導期［189］

grade：グレード／悪性度／段階／類別する［5836］

❖ 癌の段階を示すときなどに使われる

- □ tumor grade　腫瘍悪性度［184］
- □ histologic grade　組織学的悪性度［84］
- □ histological grade　組織学的悪性度［50］

degree：程度／温度［25502］

❖ 程度を示すときに使われる

- □ high degree of ～　高度の～［1488］
- □ greater degree　より大きな程度［229］

- □ **similar** degree　類似の程度［195］
- □ **some** degree **of** ～　ある程度の～［158］
- □ **different** degrees **of** ～　異なる程度の～［141］
- □ **various** degrees **of** ～　様々な程度の～［94］
- □ **varying** degrees **of** ～　様々な程度の～［287］
- □ **to a lesser** degree　より低い程度［276］　文例 408
- □ **to varying** degrees　様々な程度で［151］
- □ **to the same** degree　同じ程度で［98］

extent：範囲／程度［10992］

✣ 範囲や程度を意味する．程度の範囲を示すために使われる

- □ **to a lesser** extent　より低い程度で［1246］　文例 305
- □ **to a greater** extent　より大きな程度で［387］
- □ **to the same** extent　同じ程度で［336］
- □ **to a similar** extent　似たような程度で［198］
- □ **to some** extent　ある程度［180］
- □ **to a large** extent　大きな程度で［104］
- □ **to different** extents　異なる程度で［69］
- □ **to a significant** extent　相当な程度で［53］
- □ **to a limited** extent　限られた程度で［41］
- □ **to what** extent　どの程度まで［246］
- □ **spatial** extent　空間的広がり［98］
- □ **the full** extent **of** ～　十分な～［38］

Ⅲ-E-6　型

manner：様式［16168］

✣ 反応が起こるときの様式などに使われる

- □ **in a dose-dependent** manner　用量依存的様式で［1614］　文例 409
- □ **in a similar** manner　類似の様式で［229］
- □ **in a tissue-specific** manner　組織特異的様式で［153］

- ☐ **in the same** manner 同じ様式で [100]
- ☐ **in a dominant-negative** manner ドミナントネガティブな様式で [72]
- ☐ **in a cooperative** manner 協調的な様式で [45]
- ☐ **in a synergistic** manner 相乗的様式で [45]
- ☐ **in a ligand-independent** manner リガンド非依存的様式で [44]

fashion ：様式 [4246]

✣ manner と同じようなパターンで用いられる

- ☐ **in a dose-dependent** fashion 用量依存的様式で [303]
- ☐ **in a similar** fashion 類似の様式で [90]
- ☐ **in a dominant-negative** fashion ドミナントネガティブな様式で [54]
- ☐ **in a stepwise** fashion 段階的な様式で [52]
- ☐ **in a tissue-specific** fashion 組織特異的様式で [28]
- ☐ **in a cell-autonomous** fashion 細胞自律的な様式で [22]
- ☐ **in a linear** fashion 直線的に [21]
- ☐ **in a blinded** fashion 盲検方式で [60]
- ☐ **in a double blind** fashion 二重盲検方式で [25]

mode ：様式 [7774]

✣ 仕組みの型を意味する

- ☐ **binding** mode 結合様式 [674] 文例 410
- ☐ **stretching** mode 進展様式 [108]
- ☐ **normal** mode 通常の様式 [203]
- ☐ **different** mode 異なる様式 [164]
- ☐ **vibrational** mode 振動様式 [126]
- ☐ **distinct** mode 別個の様式 [105]
- ☐ mode **of action** 作用の様式 [488]
- ☐ mode **of inheritance** 遺伝形式 [129]

pattern ：パターン／パターン形成する［35514］

❖ 複数形の用例がかなり多い

□ **expression** patterns	発現パターン［2443］	文例 176
□ **activity** patterns	活性パターン［200］	
□ **activation** patterns	活性化パターン［144］	
□ **distribution** pattern	分布パターン［155］	
□ **response** patterns	反応パターン［114］	
□ **localization** pattern	局在パターン［109］	
□ **growth** patterns	成長パターン［85］	
□ **practice** patterns	練習パターン［81］	
□ **diffraction** patterns	回折パターン［81］	
□ **cleavage** pattern	開裂パターン［70］	
□ **substitution** pattern	置換パターン［64］	
□ **discharge** patterns	放電パターン［59］	
□ **fragmentation** patterns	フラグメンテーションパターン［58］	
□ **similar** pattern	類似のパターン［371］	
□ **different** patterns	異なるパターン［339］	
□ **distinct** patterns	別個のパターン［324］	
□ **temporal** pattern	時間的なパターン［218］	
□ **spatial** patterns	空間パターン［158］	
□ **same** pattern	同じパターン［155］	
□ **molecular** patterns	分子パターン［116］	
□ **dietary** patterns	食事パターン［110］	
□ **complex** pattern	複雑なパターン［159］	
□ **unique** pattern	独特なパターン［114］	
□ **normal** pattern	正常なパターン［114］	
□ **characteristic** pattern	特徴的パターン［67］	
□ **overall** pattern	全体のパターン［63］	
□ **consistent** pattern	一貫したパターン［63］	
□ **punctate** pattern	点状のパターン［63］	
□ **spatiotemporal** patterns	時空間パターン［58］	

- □ **central** pattern **generator** 中枢パターン発生器 [77]
- □ **firing** patterns 発火パターン [214]
- □ **staining** pattern 染色パターン [160] 文例 220
- □ **splicing** patterns スプライシングパターン [75]
- □ **bonding** pattern 結合パターン [65]
- □ **overlapping** patterns オーバーラップパターン [59]

form ：型／形 [60127]

❖ 形態あるいは機能的な型について述べるときに使われる

- □ **active** form 活性型 [1154]
- □ **bound** form 結合型 [618]
- □ **soluble** form 可溶型 [609]
- □ **dominant negative** form **of** ～ ドミナントネガティブ型の～ [555]
- □ **different** form 異なる型 [333] 文例 368
- □ **common** form **of** ～ よくある型の～ [305]
- □ **phosphorylated** form リン酸化型 [410]
- □ **truncated** form **of** ～ 切断型の～ [594]
- □ **activated** form **of** ～ 活性型の～ [405]
- □ **mutant** form **of** ～ 変異型の～ [1047]

第Ⅳ章

疾患・治療に関係する名詞

A
B

IV-A 障壁・疾患

IV-A-1 問題／障壁

problem：問題［8067］

✣ 困った問題に対して用いられる．複数形の用例も多い

□ **clinical** problem	臨床的問題［203］	
□ **major** problem	主な問題［143］	
□ **common** problem	よくある問題［122］	
□ **significant** problem	重大な問題［109］	文例 30
□ **fundamental** problem	基本的問題［76］	
□ **serious** problem	深刻な問題［73］	
□ **important** problem	重要な問題［72］	
□ **medical** problems	医学的問題［58］	
□ **unsolved** problem	未解決の問題［50］	
□ **challenging** problem	挑戦的な課題［80］	
□ **public health** problem	公衆衛生問題［177］	文例 361 411
□ **behavior** problem	行動問題［44］	文例 21

difficulty：困難／障害［2033］

✣ 行うことが困難であることを意味する．複数形の用例も多い

□ **technical** difficulties	技術的困難［40］	文例 412
□ **inherent** difficulties	固有の困難［13］	
□ **reported** difficulty	報告された困難［19］	

obstacle：障壁／障害［689］

✣ 邪魔になるものを意味する．「obstacle to」の用例が多い

□ **major** obstacle	主な障壁［185］	文例 413
□ **significant** obstacle	著しい障壁［25］	
□ **formidable** obstacle	大変な障壁［10］	

barrier：障壁／関門／バリア［6915］

✣ 本来の機能としての障壁を意味する

□ **blood-brain** barrier	血液脳関門［749］	文例 414
□ **free energy** barrier	自由エネルギー障壁［157］	
□ **activation** barrier	活性化障壁［206］	
□ **permeability** barrier	透過性障壁［187］	
□ **species** barrier	種の壁［84］	
□ **epithelial** barrier	上皮バリア［195］	文例 29
□ **endothelial** barrier	内皮バリア［134］	
□ barrier **function**	バリア機能［527］	

distress：苦痛／苦悩［1002］

✣ 精神的な苦痛に対して用いられる．複数形が用いられることはほとんどない

□ **psychological** distress	心理的苦痛［88］	文例 415
□ **emotional** distress	感情的苦悩［35］	
□ **moral** distress	倫理的苦悩［15］	
□ **acute respiratory** distress **syndrome**	急性呼吸窮迫症候群［307］	

stress：ストレス／応力［23747］

✣ 物理的なことと精神的なことの両方に使われる

□ **oxidative** stress	酸化ストレス［4409］	文例 257 416
□ **shear** stress	ずり応力［1041］	
□ **environmental** stress	環境ストレス［455］	
□ **osmotic** stress	浸透圧ストレス［421］	
□ **genotoxic** stress	遺伝毒性ストレス［332］	
□ **posttraumatic** stress	心的外傷後ストレス［290］	
□ **mechanical** stress	機械的ストレス［183］	
□ **mental** stress	心理ストレス［154］	
□ **nitrosative** stress	ニトロソ化ストレス［145］	
□ **acute** stress	急性ストレス［141］	
□ **chronic** stress	慢性的ストレス［118］	

metabolic stress	代謝ストレス [118]
abiotic stress	非生物的ストレス [112]
hyperosmotic stress	高浸透圧ストレス [111]
heat stress	熱ストレス [312]
oxidant stress	酸化体ストレス [295]
salt stress	塩ストレス [133]
restraint stress	拘束ストレス [115]
endoplasmic reticulum stress	小胞体ストレス [112]
dobutamine stress **echocardiography**	ドブタミン負荷心エコー [70]

risk ：リスク／危険性 [48485]

❖ よくないことが起こる確率を意味する

□ **high** risk	高いリスク [3781]	
□ **relative** risk	相対リスク [3166]	
□ **cancer** risk	発癌リスク [1325]	
□ **low** risk	低いリスク [925]	
□ **greater** risk	より大きなリスク [391]	
□ **genetic** risk	遺伝的リスク [285]	
□ **major** risk	大きなリスク [269]	
□ **potential** risk	潜在的リスク [252]	
□ **intermediate** risk	中程度のリスク [158]	
□ **increased** risk	増大したリスク [4101]	
□ **reduced** risk	低下したリスク [467]	
□ **decreased** risk	低下したリスク [284]	
□ **elevated** risk	上昇したリスク [239]	
□ **mortality** risk	死亡リスク [358]	
□ **excess** risk	過剰リスク [181]	文例 273
□ **independent** risk **factor**	独立危険因子 [391]	
□ **cardiovascular** risk **factors**	心血管リスク因子 [341]	
□ **significant** risk **factor**	重要なリスク因子 [248]	
□ **at** risk **for** ～	～の危険がある [734]	文例 220

exposure：暴露［20331］

❖ 放射線や紫外線などに曝されることを意味する

- ☐ chronic exposure　慢性暴露［261］
- ☐ environmental exposure　環境曝露［141］
- ☐ brief exposure　短時間曝露［129］
- ☐ occupational exposure　職業被曝［101］
- ☐ prolonged exposure　長期曝露［244］
- ☐ repeated exposure　反復曝露［116］
- ☐ radiation exposure　放射線曝露［234］
- ☐ light exposure　光曝露［185］
- ☐ long-term exposure　長期曝露［74］
- ☐ cocaine exposure　コカイン曝露［118］
- ☐ solvent exposure　溶媒露出［95］
- ☐ UV exposure　紫外線曝露［93］　文例 232

abuse：乱用／虐待［1912］

❖ 薬物などの乱用や児童虐待の意味で用いられる

- ☐ substance abuse　物質乱用／薬物乱用［324］
- ☐ alcohol abuse　アルコール乱用［263］　文例 417
- ☐ drug abuse　薬物乱用［156］
- ☐ cocaine abuse　コカイン乱用［82］
- ☐ childhood abuse　幼児期虐待［57］
- ☐ child abuse　児童虐待［48］
- ☐ sexual abuse　性的虐待［151］
- ☐ physical abuse　身体的虐待［63］

Ⅳ-A-2 疾患／障害

disease：疾患［89328］

❖ 病名によく用いられる

- ☐ cardiovascular disease　循環器疾患［2748］

□ **neurodegenerative** disease	神経変性疾患［1106］	
□ **renal** disease	腎疾患※同義［1018］	
□ **inflammatory** disease	炎症性疾患［929］	
□ **infectious** disease	感染症［863］	文例 413 418
□ **vascular** disease	血管疾患［862］	文例 419
□ **periodontal** disease	歯周疾患［812］	
□ **chronic** disease	慢性疾患［608］	
□ **metastatic** disease	転移性疾患［550］	
□ **coronary** disease	冠疾患［517］	
□ **clinical** disease	臨床疾患［442］	
□ **genetic** disease	遺伝性疾患［416］	
□ **chronic obstructive pulmonary** disease	慢性閉塞性肺疾患［415］	文例 420
□ **severe** disease	重篤な疾患［407］	文例 190
□ **neurological** disease	神経疾患［374］	
□ **progressive** disease	進行性疾患［326］	
□ **respiratory** disease	呼吸器疾患［246］	
□ **recurrent** disease	再発性疾患［238］	
□ **invasive** disease	侵襲性疾患［237］	
□ **lymphoproliferative** disease	リンパ球増殖性疾患［237］	
□ **advanced** disease	進行疾患［316］	
□ **sexually transmitted** disease	性行為感染症［265］	
□ **demyelinating** disease	脱髄性疾患［307］	
□ **autoimmune** disease	自己免疫疾患［2063］	
□ **coronary artery** disease	冠動脈疾患［1734］	
□ **liver** disease	肝疾患［1684］	文例 268
□ **coronary heart** disease	冠動脈心疾患［1375］	
□ **graft versus host** disease	移植片対宿主病［878］	
□ **kidney** disease	腎疾患※同義［847］	
□ **lung** disease	肺疾患［787］	文例 421
□ **inflammatory bowel** disease	炎症性腸疾患［659］	文例 156 303
□ **prion** disease	プリオン病［431］	

□ **Alzheimer's** disease	アルツハイマー病［3566］	文例 422 423
□ **Huntington's** disease	ハンチントン病［603］	文例 406

illness：疾患［3812］

❖ 精神的な疾患などによく使われる

□ **mental** illness	精神疾患［208］	
□ **critical** illness	重篤疾患［163］	
□ **respiratory** illness	呼吸器疾患［135］	
□ **chronic** illness	慢性疾患［131］	
□ **psychiatric** illness	精神病［99］	文例 18 399
□ **depressive** illness	抑うつ病［75］	
□ **medical** illness	医学的疾患［70］	
□ **febrile** illness	熱性疾患［60］	
□ **comorbid** illness	内科的合併疾患［49］	
□ **diarrheal** illness	下痢性疾患［41］	
□ **severity of** illness	疾患の重症度［274］	文例 424

sickness：病気［180］

❖ 学術論文ではあまり使われない

□ **sleeping** sickness	睡眠病［69］
□ **serum** sickness	血清病［16］
□ **motion** sickness	乗り物酔い［14］
□ **mountain** sickness	高山病［11］

disorder：障害／疾患／障害する［20958］

❖ 病名，特に精神的な疾患に使われることが多い．複数形の用例も多い

□ **bipolar** disorder	双極性障害［767］	
□ **depressive** disorder	うつ病性障害［652］	
□ **psychiatric** disorders	精神障害［460］	文例 51
□ **neurodegenerative** disorders	神経変性疾患［457］	
□ **genetic** disorder	遺伝性疾患［439］	
□ **panic** disorder	パニック障害［392］	

- □ **affective** disorder　感情障害［342］
- □ **recessive** disorder　劣性遺伝疾患［298］
- □ **neurological** disorders　神経障害［297］
- □ **mental** disorders　精神疾患［286］
- □ **autoimmune** disorder　自己免疫障害［253］
- □ **autosomal dominant** disorder　常染色体優性遺伝疾患［218］
- □ **obsessive-compulsive** disorder　強迫性障害［181］　文例 213
- □ **schizoaffective** disorder　統合失調感情障害［163］
- □ **myeloproliferative** disorder　骨髄増殖性疾患［153］
- □ **lymphoproliferative** disorders　リンパ球増殖性疾患［148］
- □ **eating** disorder　摂食障害［277］
- □ **personality** disorder　人格障害［684］　文例 139 143
- □ **anxiety** disorder　不安障害［586］
- □ **stress** disorder　ストレス障害［318］
- □ **mood** disorder　気分障害［300］
- □ **substance use** disorder　物質使用障害［226］
- □ **movement** disorder　運動障害［213］
- □ disorder **characterized by ～**　～によって特徴づけられる疾患［760］　文例 425

impairment：障害［4874］

❖機能的な障害に使われることが多い

- □ **cognitive** impairment　認知障害［654］　文例 399 422
- □ **functional** impairment　機能障害［276］
- □ **visual** impairment　視力障害［134］
- □ **severe** impairment　重度障害［112］
- □ **significant** impairment　顕著な障害［100］
- □ **renal** impairment　腎機能障害［91］　文例 298
- □ **memory** impairment　記憶障害［190］　文例 224

deficit：障害［5088］

❖ 精神的な障害によく使われる．複数形の用例が非常に多い

- ☐ **cognitive** deficits 認知障害［283］
- ☐ **neurological** deficits 神経障害［118］
- ☐ **behavioral** deficits 行動の欠陥［114］
- ☐ **neurologic** deficit 神経障害［93］
- ☐ **functional** deficits 機能的障害［73］
- ☐ **memory** deficits 記憶欠損［147］
- ☐ **motor** deficits 運動障害［114］
- ☐ **learning** deficits 学習障害［75］
- ☐ **attention** deficit **hyperactivity disorder** 注意欠陥多動性障害（ADHD）［225］ 文例 426

disturbance：障害［1163］

❖ 複数形の用例がかなり多い

- ☐ **sleep** disturbance 睡眠障害［89］ 文例 427
- ☐ **behavioral** disturbances 行動障害［37］
- ☐ **metabolic** disturbances 代謝障害［26］

dysfunction：機能不全［8048］

❖ 機能的に大きな障害を意味する

- ☐ **endothelial** dysfunction 内皮細胞機能不全［638］
- ☐ **mitochondrial** dysfunction ミトコンドリア機能不全［439］ 文例 155 416
- ☐ **ventricular** dysfunction 心室機能不全［412］
- ☐ **renal** dysfunction 腎機能不全［305］
- ☐ **systolic** dysfunction 収縮不全［260］
- ☐ **cardiac** dysfunction 心機能不全［236］
- ☐ **diastolic** dysfunction 拡張機能障害［227］
- ☐ **contractile** dysfunction 収縮不全［185］
- ☐ **erectile** dysfunction 勃起機能不全［165］
- ☐ **cognitive** dysfunction 認知機能障害［159］
- ☐ **myocardial** dysfunction 心筋機能不全［141］

- □ **neuronal** dysfunction　神経機能障害 [118]
- □ **sexual** dysfunction　性機能障害 [94]
- □ **vascular** dysfunction　血管機能不全 [92]
- □ **immune** dysfunction　免疫機能障害 [85]
- □ **graft** dysfunction　移植片機能不全 [138]
- □ **telomere** dysfunction　テロメア機能不全 [111]
- □ **motor** dysfunction　運動機能障害 [73]
- □ **allograft** dysfunction　同種移植機能障害 [68]
- □ **multiple organ** dysfunction　多臓器不全 [66]　文例 417
- □ **barrier** dysfunction　バリア機能障害 [66]
- □ **sinus node** dysfunction　洞結節機能不全 [58]

failure：不全／失敗 [15264]

❖ 病名に使われる

- □ **heart** failure　心不全 [5007]　文例 279 312
- □ **treatment** failure　治療不成功 [458]
- □ **graft** failure　移植片不全 [424]
- □ **liver** failure　肝不全 [318]
- □ **organ** failure　臓器不全 [314]
- □ **bone marrow** failure　骨髄機能不全 [139]
- □ **allograft** failure　同種移植片不全 [88]
- □ **renal** failure　腎不全 [1080]　文例 179
- □ **respiratory** failure　呼吸不全 [413]
- □ **hepatic** failure　肝不全 [140]
- □ **cardiac** failure　心不全 [93]
- □ **virologic** failure　ウイルス学的治療失敗 [67]

defect：欠陥／欠損／異常 [21966]

❖ 身体的な欠陥に対して使われることが多い．「defect in」の用例が多い．複数形の用例が多い

- □ **growth** defect　増殖欠陥 [655]
- □ **perfusion** defect　血流欠損 [233]
- □ **birth** defects　先天性欠損／先天異常 [192]　文例 428

- □ **heart** defects　心臓欠損［183］
- □ **neural tube** defect　神経管欠損［182］
- □ **replication** defect　複製欠陥［101］
- □ **genetic** defect　遺伝的欠陥［347］
- □ **developmental** defects　発育障害［293］
- □ **severe** defect　重篤な欠陥［321］
- □ **septal** defect　中隔欠損［241］
- □ **molecular** defect　分子的欠損［169］
- □ **functional** defect　機能的欠陥［163］
- □ **primary** defect　一次欠陥［154］
- □ **cardiac** defect　心臓欠陥［124］
- □ **profound** defect　深刻な欠陥［102］
- □ **patterning** defects　パターン形成欠陥［110］
- □ **signaling** defect　シグナル伝達欠陥［96］
- □ **have** defects **in** ～　～の欠陥を持つ［153］
- □ **exhibit** defects **in** ～　～の欠損を示す［108］　文例 429
- □ **mutants with** defect **in** ～　～の欠陥を持つ変異体［64］

deficiency：欠乏／欠損／欠損症［8760］

✣ 病名に使われることも多い

- □ **iron** deficiency　鉄欠乏［310］
- □ **zinc** deficiency　亜鉛欠乏［127］　文例 357
- □ **folate** deficiency　葉酸欠乏［90］
- □ **leptin** deficiency　レプチン欠乏［63］
- □ **estrogen** deficiency　エストロゲン欠乏［62］
- □ **mismatch repair** deficiency　ミスマッチ修復不全［36］
- □ **copper** deficiency　銅欠乏［49］
- □ **choline** deficiency　コリン欠乏［44］
- □ **immune** deficiency　免疫不全［232］
- □ **genetic** deficiency　遺伝的欠損［110］　文例 188
- □ **acquired immune** deficiency **syndrome**　後天性免疫不全症候群（AIDS）［95］

IV

A 障壁・疾患

- □ deficiency **results in** ～ 　欠乏は～という結果になる [121] 　文例 134
- □ deficiency **leads** ～ 　欠乏は～につながる [83]

syndrome ：症候群／シンドローム [15731]

❖ 1つの原因で様々な症状を生じる疾患

- □ **metabolic** syndrome 　メタボリックシンドローム [730] 　文例 141
- □ **acute coronary** syndrome 　急性冠症候群 [543]
- □ **myelodysplastic** syndrome 　骨髄異形成症候群 [269] 　文例 308
- □ **clinical** syndrome 　臨床的な症候群 [206]
- □ **severe acute respiratory** syndrome 　重症急性呼吸器症候群（SARS） [175]
- □ **hemolytic-uremic** syndrome 　溶血性尿毒症症候群 [161]
- □ **nephrotic** syndrome 　ネフローゼ症候群 [134]
- □ **acute respiratory distress** syndrome 　急性呼吸促迫症候群 [307]
- □ **acquired immunodeficiency** syndrome 　後天性免疫不全症候群（AIDS） [291]
- □ **fragile X** syndrome 　脆弱X症候群 [191]
- □ **toxic shock** syndrome 　毒素性ショック症候群 [132]
- □ **irritable bowel** syndrome 　過敏性腸症候群 [118]

damage ：損傷／障害／損傷する [16329]

❖ 肉眼では見えないレベルの損傷にも使われる

- □ **DNA** damage 　DNA損傷 [7090] 　文例 314
- □ **tissue** damage 　組織損傷 [610] 　文例 430
- □ **brain** damage 　脳損傷 [231]
- □ **liver** damage 　肝損傷 [169]
- □ **organ** damage 　臓器障害 [156]
- □ **joint** damage 　関節損傷 [76]
- □ **oxidative** damage 　酸化的障害 [936]
- □ **neuronal** damage 　神経損傷 [230]
- □ **mitochondrial** damage 　ミトコンドリア損傷 [118]
- □ **cellular** damage 　細胞障害 [100]

□ axonal damage	軸索損傷 [81]	
□ ischemic damage	虚血性障害 [80]	

injury：損傷／傷害 [19298]

❖ 身体の物理的な損傷に使われる

□ lung injury	肺損傷 [1447]	文例 431
□ brain injury	脳損傷 [1005]	文例 334 432
□ liver injury	肝損傷 [790]	
□ tissue injury	組織傷害 [653]	
□ ischemia-reperfusion injury	虚血再灌流障害 [455]	文例 11
□ nerve injury	神経損傷 [403]	
□ head injury	頭部損傷 [225]	
□ balloon injury	バルーン傷害 [191]	
□ spinal cord injury	脊髄損傷 [415]	
□ burn injury	熱傷／火傷 [134]	
□ organ injury	臓器損傷 [134]	
□ oxidant injury	酸化的傷害 [81]	
□ vascular injury	血管損傷 [489]	
□ ischemic injury	虚血傷害 [428]	
□ neuronal injury	ニューロン損傷 [286]	
□ renal injury	腎損傷 [228]	
□ myocardial injury	心筋損傷 [180]	
□ arterial injury	動脈損傷 [152]	
□ oxidative injury	酸化傷害 [145]	
□ hepatic injury	肝傷害 [123]	文例 275
□ axonal injury	軸索損傷 [117]	
□ mitochondrial injury	ミトコンドリア損傷 [93]	
□ endothelial injury	内皮傷害 [82]	
□ epithelial injury	上皮傷害 [81]	
□ glomerular injury	糸球体障害 [76]	
□ thermal injury	熱傷 [74]	
□ hepatocellular injury	肝細胞障害 [73]	

- ☐ **mucosal** injury　粘膜損傷 [72]
- ☐ **traumatic** injury　外傷 [70]
- ☐ **excitotoxic** injury　興奮毒性損傷 [68]

trauma：外傷／心的外傷／トラウマ [2177]

❖ 身体的な外傷と精神的な外傷の両方に用いられる．複数形はほとんど使われない

- ☐ **head** trauma　頭部外傷 [77]
- ☐ **brain** trauma　頭部外傷 [40]
- ☐ **childhood** trauma　小児期の精神的ショック [33]
- ☐ **tissue** trauma　組織損傷 [17]
- ☐ **burn** trauma　熱傷 [16]　文例 12
- ☐ **abdominal** trauma　腹部外傷 [36]
- ☐ **blunt** trauma　鈍的外傷 [35]
- ☐ **surgical** trauma　外科手術による外傷 [28]
- ☐ **severe** trauma　重篤な外傷 [25]
- ☐ **multiple** trauma　多発外傷 [20]
- ☐ **major** trauma　大外傷 [20]
- ☐ **mechanical** trauma　物理的損傷 [20]
- ☐ **pediatric** trauma　小児外傷 [18]

lesion：病変／傷害 [21038]

❖ 組織の病的な変化を意味する．複数形の用例が非常に多い

- ☐ **atherosclerotic** lesions　動脈硬化病変 [553]　文例 433
- ☐ **inflammatory** lesions　炎症性病変 [127]
- ☐ **vascular** lesions　血管病変 [124]
- ☐ **benign** lesions　良性病変 [124]
- ☐ **malignant** lesions　悪性病変 [119]
- ☐ **metastatic** lesions　転移性病変 [98]
- ☐ **hippocampal** lesions　海馬損傷 [87]
- ☐ **premalignant** lesions　前癌病変 [83]
- ☐ **bilateral** lesions　両側性病変 [60]
- ☐ **neoplastic** lesions　腫瘍性病変 [60]

- □ **preneoplastic** lesions　前腫瘍性病変［59］
- □ **intraepithelial** lesions　上皮内病変［57］
- □ **unilateral** lesions　片側性病変［54］

dysplasia ：異形成［1407］

❖ 形成異常のことをいう

- □ **high-grade** dysplasia　高度の異形成［129］
- □ **bronchopulmonary** dysplasia　気管支肺異形成症［82］　文例 421
- □ **ectodermal** dysplasia　外胚葉異形成症［76］
- □ **skeletal** dysplasia　骨異形成症［60］
- □ **arrhythmogenic right ventricular** dysplasia　不整脈源性右室異形成［40］
- □ **cortical** dysplasia　皮質異形成［40］
- □ **thanatophoric** dysplasia　致死性骨異形成症［23］
- □ **epithelial** dysplasia　上皮異形成［22］
- □ **multiple epiphyseal** dysplasia　多発性骨端異形成症［19］

abortion ：流産／中絶［463］

❖ 妊娠中絶および流産の両方の意味で使われる

- □ **spontaneous** abortion　自然流産［128］　文例 261
- □ **unsafe** abortion　危険な中絶［16］
- □ **induced** abortion　人工流産［36］

IV-A-3 発症／感染

onset ：発症／開始［11547］

❖ 開始を意味するが，病気の発症を表すことも多い

- □ **early** onset　早期発症［1097］
- □ **late** onset　後期発症［602］
- □ **new** onset　初発［248］
- □ **rapid** onset　急激な発生［171］
- □ **earlier** onset　早期発症［96］

- ☐ **juvenile** onset　若年発症［58］
- ☐ **delayed** onset　発症遅延［146］
- ☐ **disease** onset　疾患発症［304］
- ☐ **adult** onset　成人発症［261］
- ☐ **symptom** onset　発症［188］
- ☐ **anaphase** onset　後期開始［83］
- ☐ **seizure** onset　発作開始［62］
- ☐ **sleep** onset　睡眠開始［57］
- ☐ **childhood-**onset **schizophrenia**　小児発症統合失調症［79］
- ☐ **maturity-**onset **diabetes of the young**　若年発症成人型糖尿病［69］
- ☐ onset **of symptoms**　症状の発現［183］
- ☐ onset **of diabetes**　糖尿病の発病［93］
- ☐ onset **of apoptosis**　アポトーシスの開始［90］
- ☐ **age at** onset　発症時年齢［369］　文例 356 434
- ☐ **age of** onset　発症の年齢［256］

episode ：エピソード／発症［4185］

✣ 病的な状態の急激な発生を意味する．複数形の用例が非常に多い

- ☐ **rejection** episodes　拒絶エピソード［321］
- ☐ **first** episode　最初のエピソード［275］
- ☐ **depressive** episode　うつ病エピソード［221］
- ☐ **recurrent** episodes　再発エピソード［53］
- ☐ **ischemic** episodes　虚血症状［33］
- ☐ **bleeding** episodes　出血症状［36］

infection ：感染［54843］

✣ 微生物の感染を意味する

- ☐ **viral** infection　ウイルスの感染［1890］
- ☐ **bacterial** infection　細菌感染［756］　文例 435
- ☐ **chronic** infection　慢性感染［632］
- ☐ **persistent** infection　持続性感染［553］

□ **acute** infection	急性感染［528］	
□ **latent** infection	潜伏感染［410］	
□ **primary** infection	一次感染［373］	
□ **opportunistic** infection	日和見感染［323］	
□ **fungal** infection	真菌感染症［321］	
□ **systemic** infection	全身感染［312］	
□ **productive** infection	増殖性感染［301］	
□ **respiratory** infection	呼吸器感染［245］	
□ **chlamydial** infection	クラミジア感染［205］	
□ **pulmonary** infection	肺感染［192］	
□ **microbial** infection	微生物感染［178］	
□ **nosocomial** infection	院内感染［157］	
□ **natural** infection	自然感染［144］	
□ **retroviral** infection	レトロウイルス感染［134］	
□ **mycobacterial** infection	マイコバクテリア感染［131］	
□ **virus** infection	ウイルス感染［1621］	文例 355
□ **urinary tract** infection	尿路感染［374］	
□ **bloodstream** infection	血流感染［278］	
□ **tuberculosis** infection	結核感染［256］	
□ **rotavirus** infection	ロタウイルス感染［152］	
□ **adenovirus** infection	アデノウイルス感染［133］	
□ ***Helicobacter pylori*** infection	ピロリ菌感染［124］	
□ **course of** infection	感染の経過［247］	
□ **multiplicity of** infection	感染効率［173］	

susceptibility：感受性［9540］

❖ 病気の罹りやすさや影響を受けやすさを意味する．「susceptibility to」が多い

□ **increased** susceptibility	増大した感受性［626］	
□ **genetic** susceptibility	遺伝的感受性［264］	文例 128 423
□ **antimicrobial** susceptibility	抗菌薬感受性［124］	
□ **magnetic** susceptibility	磁化率［95］	
□ **antifungal** susceptibility	抗真菌薬感受性［77］	

□ **enhanced** susceptibility	増強された感受性［126］
□ **reduced** susceptibility	低下した感受性［116］
□ **cancer** susceptibility	癌感受性［393］
□ **disease** susceptibility	疾患感受性［302］
□ **drug** susceptibility	薬剤感受性［123］
□ **tumor** susceptibility	腫瘍感受性［104］
□ **seizure** susceptibility	けいれん感受性［78］
□ **influence** susceptibility **to ～**	～に対する感受性に影響を与える［65］
□ **confer** susceptibility **to ～**	～に対する感受性を与える［52］

recurrence：再発［3572］

❖病気などの再発に使われる

□ **local** recurrence	局所再発［319］	文例 436
□ **distant** recurrence	遠隔再発［53］	
□ **disease** recurrence	疾患再発［167］	
□ **tumor** recurrence	腫瘍再発［129］	
□ **cancer** recurrence	癌再発［99］	
□ **risk of** recurrence	再発のリスク［113］	

IV-A-4 症　状

symptom：症状［11212］

❖病気の症状を意味する．複数形の用例が非常に多い

□ **depressive** symptoms	うつ症状［681］
□ **clinical** symptoms	臨床症状［325］
□ **negative** symptoms	陰性症状［267］
□ **respiratory** symptoms	呼吸器症状［158］
□ **psychiatric** symptoms	精神症状［112］
□ **psychotic** symptoms	精神病症状［110］
□ **severe** symptoms	ひどい症状［94］
□ **positive** symptoms	陽性症状［93］

- ☐ **gastrointestinal** symptoms　胃腸症状［80］
- ☐ **neurological** symptoms　神経症状［78］
- ☐ **physical** symptoms　身体症状［75］
- ☐ **disease** symptoms　病気の症状［130］　文例 74
- ☐ **lower urinary tract** symptoms　下部尿路症状［54］
- ☐ **extrapyramidal** symptoms　錐体外路症状［50］
- ☐ **withdrawal** symptoms　禁断症状［50］
- ☐ **asthma** symptoms　ぜんそく症状［49］

manifestation ：症状／出現［2105］

❖ 特定の外観などを呈することをいう．複数形の用例が非常に多い

- ☐ **clinical** manifestations　臨床症状［421］　文例 437
- ☐ **systemic** manifestations　全身症状［31］
- ☐ **ocular** manifestations　眼症状［22］
- ☐ **disease** manifestations　疾患の症状［86］

sign ：徴候／症状［3307］

❖ 印や病気の兆候を意味する．複数形の用例が非常に多い

- ☐ **clinical** signs　臨床徴候［359］
- ☐ **vital** signs　バイタルサイン［65］　文例 438
- ☐ **neurological** signs　神経学的徴候［54］
- ☐ **opposite** sign　逆の徴候［30］

presentation ：提示／症状［5084］

❖ 病気の症状や，その他のものなどを表すことを意味する

- ☐ **antigen** presentation　抗原提示［647］　文例 418
- ☐ **stimulus** presentation　刺激提示［46］
- ☐ **alloantigen** presentation　同種抗原提示［25］
- ☐ **clinical** presentation　臨床症状［430］
- ☐ **initial** presentation　初期症状［58］

representation ：表現／提示／表示［2792］

❖ presentation より詳しく正確に表すことを意味する

- □ **neural** representation　神経表現［85］　文例 123
- □ **cortical** representation　皮質再現［80］
- □ **spatial** representation　空間表現［42］
- □ **graphical** representation　グラフ表示［41］
- □ **internal** representation　内部表現［36］

occlusion ：閉塞［2696］

❖ 血管が詰まることを意味することが多い

- □ **middle cerebral artery** occlusion　中大脳動脈閉塞［211］
- □ **coronary** occlusion　冠動脈閉塞［205］
- □ **vascular** occlusion　血管閉塞［64］　文例 419
- □ **carotid** occlusion　頸動脈閉塞［53］
- □ **vessel** occlusion　血管閉塞［48］
- □ **balloon** occlusion　バルーン閉塞［45］
- □ **venous** occlusion　静脈閉塞［42］
- □ **pulmonary artery** occlusion **pressure**　肺動脈閉塞圧［63］

obstruction ：閉塞［1303］

❖ 血管やその他の管状臓器が詰まることを意味する

- □ **airway** obstruction　気道閉塞［159］
- □ **airflow** obstruction　気流閉塞［106］
- □ **bowel** obstruction　腸閉塞［96］　文例 439
- □ **outflow** obstruction　流出障害［61］
- □ **ventricular outflow tract** obstruction　心室流出路閉塞［29］
- □ **bile duct** obstruction　胆管閉塞［17］
- □ **ureteral** obstruction　尿管閉塞［54］
- □ **microvascular** obstruction　微小血管閉塞［43］
- □ **biliary** obstruction　胆管閉塞［29］

rejection：拒絶／拒絶反応 [7858]

❖ 移植後の拒絶反応を意味することが多い

□ **acute** rejection	急性拒絶反応 [1302]	
□ **chronic** rejection	慢性拒絶反応 [619]	
□ **hyperacute** rejection	超急性拒絶反応 [165]	
□ **vascular** rejection	血管性拒絶反応 [93]	
□ **humoral** rejection	体液性拒絶反応 [68]	
□ **early** rejection	早期拒絶反応 [54]	
□ **severe** rejection	重度の拒絶反応 [51]	
□ **immune** rejection	免疫拒絶 [43]	
□ **accelerated** rejection	加速された拒絶反応 [46]	
□ **biopsy-proven** rejection	生検診断による拒絶反応 [30]	
□ **allograft** rejection	同種移植片拒絶 [1017]	文例 364 440
□ **graft** rejection	移植片拒絶※同義 [432]	
□ **tumor** rejection	腫瘍拒絶 [196]	
□ **transplant** rejection	移植片拒絶※同義 [169]	
□ **xenograft** rejection	異種移植拒絶反応 [154]	

pain：痛み [6994]

❖ 体の痛みに対して使われる

□ **chest** pain	胸痛 [421]
□ **back** pain	背部痛 [258]
□ **knee** pain	膝関節痛 [200]
□ **cancer** pain	癌性疼痛 [68]
□ **joint** pain	関節痛 [59]
□ **neuropathic** pain	神経因性疼痛 [358]
□ **chronic** pain	慢性痛 [255]
□ **abdominal** pain	腹痛 [207]
□ **inflammatory** pain	炎症痛 [107]
□ **postoperative** pain	術後痛 [76]
□ **persistent** pain	持続痛 [71]

- ☐ **severe** pain　激痛［71］
- ☐ **visceral** pain　内臓痛［53］

severity：重症度［6904］

❖病気やケガの重症度を表すことが多い

- ☐ **disease** severity　疾患重症度［718］
- ☐ **symptom** severity　症状重症度［181］　文例 441
- ☐ **injury** severity　傷害重症度［149］
- ☐ **asthma** severity　ぜんそく重症度［65］
- ☐ **illness** severity　疾患重症度［53］
- ☐ **arthritis** severity　関節炎重症度［49］
- ☐ **stenosis** severity　狭窄重症度［35］
- ☐ **clinical** severity　臨床的重症度［113］

Ⅳ-A-5 病　因

etiology：病因［2252］

❖病気の直接的原因を意味する

- ☐ **unknown** etiology　未知の病因［116］　文例 442
- ☐ **genetic** etiology　遺伝的病因［61］
- ☐ **molecular** etiology　分子的病因［39］
- ☐ **nonischemic** etiology　非虚血性病因［18］
- ☐ **disease** etiology　疾患の病因［45］
- ☐ **cancer** etiology　癌の病因［30］

pathogenesis：病因／病態形成［10945］

❖病原体などによる病気の発生過程について述べるときに用いられる．複数形が用いられることはあまりない

- ☐ **disease** pathogenesis　疾患の病因［483］　文例 335
- ☐ **cancer** pathogenesis　癌の病因［66］
- ☐ **molecular** pathogenesis　分子的病因［193］
- ☐ **viral** pathogenesis　ウイルス性病因［122］

- ☐ **bacterial** pathogenesis　細菌性病因［69］
- ☐ **microbial** pathogenesis　微生物性病因［39］

pathogenicity ：病原性［1383］

❖ 微生物の病気を引き起こす能力を意味する

- ☐ **low** pathogenicity　低い病原性［23］　文例 443
- ☐ **viral** pathogenicity　ウイルスの病原性［20］

pathogen ：病原体［10468］

❖ 病原微生物のことを意味する．複数形の用例がかなり多い

- ☐ **bacterial** pathogens　病原性微生物（細菌）［542］　文例 167 264
- ☐ **intracellular** pathogens　細胞内病原体［324］
- ☐ **fungal** pathogen　病原真菌［373］
- ☐ **opportunistic** pathogen　日和見病原体［297］　文例 428
- ☐ **microbial** pathogens　病原性微生物［223］
- ☐ **respiratory** pathogen　呼吸器病原体［136］
- ☐ **enteric** pathogens　腸内病原体［100］
- ☐ **viral** pathogens　ウイルス性病原体［94］
- ☐ **periodontal** pathogens　歯周病原性細菌［93］
- ☐ **host** pathogen　宿主病原体［241］
- ☐ **plant** pathogen　植物病原体［234］

virulence ：病原性／毒性［6619］

❖ 微生物による病原性や毒性の強さを議論するときに用いられる．複数形が用いられることはあまりない

- ☐ **bacterial** virulence　細菌の病原性［146］
- ☐ **full** virulence　完全病原性［68］
- ☐ **reduced** virulence　低下した病原性［81］
- ☐ **attenuated** virulence　弱毒化された病原性［59］
- ☐ virulence **factors**　病原性因子［894］　文例 444
- ☐ virulence **genes**　病原性遺伝子［332］

toxicity ：毒性［8574］

✤ 毒素による毒性を意味する

- ☐ **dose-limiting** toxicity　用量規制毒性［346］
- ☐ **cellular** toxicity　細胞毒性［122］　文例 152
- ☐ **significant** toxicity　顕著な毒性［94］
- ☐ **low** toxicity　低い毒性［86］
- ☐ **systemic** toxicity　全身性毒性［80］
- ☐ **acute** toxicity　急性毒性［79］
- ☐ **pulmonary** toxicity　肺毒性［53］
- ☐ **gastrointestinal** toxicity　胃腸毒性［50］
- ☐ **acceptable** toxicity　許容できる毒性［61］
- ☐ **drug** toxicity　薬物毒性［74］

IV-A-6 経　過

outbreak ：大流行／激増［1747］

✤ 限定された地域での病気の急激な流行を意味する．複数形の用例もかなり多い

- ☐ **disease** outbreaks　疾患の集団発生［35］
- ☐ **recent** outbreaks　最近の大流行［25］

pandemic ：大流行／パンデミック［449］

✤ 世界的流行を意味する

- ☐ **influenza** pandemic　インフルエンザの大流行［64］　文例 445
- ☐ **AIDS** pandemic　エイズの大流行［22］
- ☐ **human** pandemic　ヒトへの大流行［12］

remission ：寛解［449］

✤ まだ完治ではないが，少なくとも一時的には病気が回復した状態を意味する

- ☐ **complete** remission　完全寛解［520］　文例 446
- ☐ **partial** remission　部分寛解［121］
- ☐ **clinical** remission　臨床的寛解［102］

- ☐ **first** remission　最初の寛解［62］
- ☐ **molecular** remission　分子生物学的寛解［45］
- ☐ **cytogenetic** remission　細胞遺伝学的寛解［42］
- ☐ **durable** remission　持続性寛解［29］
- ☐ **sustained** remission　持続した寛解［39］

metastasis：転移［6151］

✣ 癌が原発巣から離れた他の臓器にも及ぶことを意味する．複数形の用例もかなり多い

- ☐ **liver** metastases　肝転移※同義［249］
- ☐ **tumor** metastasis　腫瘍転移［229］
- ☐ **cancer** metastasis　癌転移［178］
- ☐ **bone** metastases　骨転移［176］
- ☐ **lung** metastases　肺転移※※同義［172］　文例 447
- ☐ **lymph node** metastases　リンパ節転移［143］
- ☐ **distant** metastases　遠隔転移［152］
- ☐ **pulmonary** metastases　肺転移※※同義［112］
- ☐ **hepatic** metastases　肝転移※同義［89］
- ☐ **nodal** metastases　結節状転移［87］
- ☐ **spontaneous** metastasis　自然転移［45］
- ☐ metastasis-**free survival**　無転移生存［31］
- ☐ metastasis **suppressor gene**　転移抑制遺伝子［61］
- ☐ **invasion and** metastasis　浸潤と転移［262］　文例 267
- ☐ **growth and** metastasis　成長と転移［221］
- ☐ **progression and** metastasis　進行と転移［10］

complication：合併症［7205］

✣ ある病気が原因となって起こる別の病気や状態を意味する．複数形の用例が非常に多い

- ☐ **major** complications　重大な合併症［152］　文例 448
- ☐ **infectious** complications　感染合併症［138］
- ☐ **vascular** complications　血管合併症［132］
- ☐ **postoperative** complications　術後合併症［121］
- ☐ **cardiovascular** complications　心血管系合併症［105］

- □ **diabetic** complications　糖尿病合併症 [99]
- □ **bleeding** complications　出血性合併症 [97]
- □ **serious** complications　深刻な合併症 [76]
- □ **surgical** complications　手術合併症 [69]
- □ **long-term** complications　長期的合併症 [62]
- □ **ischemic** complications　虚血性合併症 [67]
- □ **pulmonary** complications　肺合併症 [63]
- □ **thrombotic** complications　血栓性合併症 [56]

morbidity：罹患率／罹患 [2804]

❖ ある期間の間にどれだけの割合の人が特定の病気に新たに罹ったかを意味する

- □ **significant** morbidity　顕著な罹患率 [250]
- □ **cardiovascular** morbidity　心血管罹患率 [135]
- □ **substantial** morbidity　実質的な罹患率 [93]
- □ **high** morbidity　高い罹患率 [70]
- □ **postoperative** morbidity　術後発病率 [55]
- □ **increased** morbidity　上昇した有病率 [113]
- □ **morbidity and** mortality　罹患率と死亡率 [1744]　文例 178 180
- □ **cause of** morbidity　罹患の原因 [320]

prevalence：有病率 [6789]

❖ 特定の病気に罹っている人の割合を意味する

- □ **high** prevalence　高い有病率 [483]　文例 449
- □ **overall** prevalence　全有病率 [113]
- □ **low** prevalence　低い有病率 [89]
- □ **increased** prevalence　増大した有病率 [173]
- □ **lifetime** prevalence　生涯有病率 [74]
- □ **disease** prevalence　疾患有病率 [71]

mortality：死亡率［16480］

❖ その年の死亡者数の割合を意味する

□ **hospital** mortality	院内死亡率［723］	文例 229 431
□ **overall** mortality	全死亡率※同義［263］	
□ **high** mortality	高い死亡率［253］	
□ **cardiovascular** mortality	心血管死亡率［212］	
□ **total** mortality	全死亡率※同義［193］	
□ **operative** mortality	手術死亡率［171］	
□ **lower** mortality	より低い死亡率［151］	
□ **early** mortality	早期死亡［143］	
□ **excess** mortality	超過死亡率［116］	
□ **cardiac** mortality	心死亡率［106］	
□ **infant** mortality	乳児死亡率［78］	
□ **increased** mortality	死亡率上昇［506］	文例 450
□ **reduced** mortality	死亡率低下［134］	
□ **predicted** mortality	予測死亡率［77］	
□ **treatment-related** mortality	治療関連死亡率［76］	
□ **all-cause** mortality	総死亡率［645］	
□ **long-term** mortality	長期死亡率［112］	
□ **standardized** mortality **ratio**	標準化死亡比［98］	
□ mortality **risk**	死亡リスク［308］	

lethality：致死／死亡率［2248］

❖ 死に至ること

□ **embryonic** lethality	胚性致死［498］	文例 451
□ **synthetic** lethality	合成致死性［134］	
□ **perinatal** lethality	周産期致死性［69］	
□ **neonatal** lethality	新生児死亡［58］	
□ **postnatal** lethality	出生後の死亡率［36］	
□ **larval** lethality	幼生致死［30］	

prognosis：予後［2574］

❖ 病気の顛末のことを意味する

- □ **poor** prognosis　不良な予後／予後不良［671］　文例 39
- □ **worse** prognosis　より悪い予後［72］
- □ **favorable** prognosis　良好な予後［66］
- □ **good** prognosis　よい予後［65］

survival：生存［34653］

❖ 生物や細胞などが生き残っていることを意味する

- □ **cell** survival　細胞生存［2816］
- □ **graft** survival　移植片生着［1666］
- □ **long-term** survival　長期生存［730］
- □ **patient** survival　患者生存［689］
- □ **allograft** survival　同種移植片生着［642］
- □ **overall** survival　全生存［1819］
- □ **median** survival　生存期間中央値［985］
- □ **disease-free** survival　無病生存率［560］
- □ **neuronal** survival　神経生存［391］
- □ **prolonged** survival　生存期間延長［340］　文例 447
- □ **improve** survival　生存を改善する［220］
- □ **growth and** survival　増殖と生存※同義［411］
- □ **proliferation and** survival　増殖と生存※同義［374］

viability：生存率［4143］

❖ 生き残る割合を意味する

- □ **cell** viability　細胞生存率［1159］　文例 242
- □ **spore** viability　胞子生存率［38］
- □ **myocardial** viability　心筋生存能［121］
- □ **cellular** viability　細胞の生存率［61］
- □ **neuronal** viability　ニューロン生存率［55］

death ：死［32454］

❖ 人や動物だけでなく細胞や臓器に使われる

□ **programmed cell** death	プログラム細胞死［1486］	
□ **cancer** death	癌による死亡［192］	
□ **sudden infant** death **syndrome**	乳幼児突然死症候群（SIDS）［72］	
□ **brain** death	脳死［107］	
□ **neuron** death	神経細胞死［105］	
□ **cardiac** death	心臓死［681］	
□ **neuronal** death	神経細胞死［680］	
□ **sudden** death	突然死［647］	文例 215
□ **apoptotic** death	アポトーシス性死［306］	
□ **cardiovascular** death	心血管疾患死［184］	
□ **hospital** death	病院死［182］	
□ **early** death	早期死亡［178］	
□ **premature** death	早死［172］	

health ：健康［13510］

❖ 複数形で用いられることはほとんどない

□ **public** health	公衆衛生［1300］	文例 361 411
□ **mental** health	メンタルヘルス［1001］	
□ **human** health	人の健康［215］	
□ **general** health	総体的な健康［186］	
□ **cardiovascular** health	心臓血管の健康［126］	
□ **oral** health	口腔保健［121］	文例 65
□ **physical** health	身体的健康［119］	
□ **periodontal** health	歯周の健康［78］	
□ health **care**	医療［2343］	

IV-B 治療

IV-B-1 処置／治療

treatment ：処置／治療［67430］

❖ 薬物などを投与することや病気の治療を行うことを意味する

- ☐ **effective** treatment　有効処置［741］　文例 452
- ☐ **new** treatment　新しい治療［359］
- ☐ **surgical** treatment　外科的治療［307］　文例 162
- ☐ **initial** treatment　初期治療［206］
- ☐ **antibiotic** treatment　抗生物質治療［202］
- ☐ **medical** treatment　治療［194］
- ☐ **standard** treatment　標準的治療［164］
- ☐ **combined** treatment　併用療法［285］
- ☐ **drug** treatment　薬物処置［498］　文例 438
- ☐ **cancer** treatment　癌治療［391］
- ☐ **long-term** treatment　長期治療［156］
- ☐ **insulin** treatment　インスリン治療［224］
- ☐ **combination** treatment　併用療法［169］
- ☐ **target for the** treatment **of ～**　～の治療の標的［123］
- ☐ treatment **and prevention**　治療と予防［146］

therapy ：治療／治療法［34748］

❖ 治療することや治療法を意味する

- ☐ **gene** therapy　遺伝子治療［2410］　文例 155
- ☐ **radiation** therapy　放射線療法［1053］
- ☐ **combination** therapy　併用療法［763］
- ☐ **cancer** therapy　癌治療［749］
- ☐ **replacement** therapy　補充療法［718］　文例 381
- ☐ **drug** therapy　薬物療法［432］
- ☐ **statin** therapy　スタチン療法［293］

☐ **hormone** therapy	ホルモン療法［287］	
☐ **induction** therapy	導入療法［270］	
☐ **maintenance** therapy	維持療法［156］	
☐ **high-dose** therapy	高用量療法［135］	
☐ **first-line** therapy	第一選択治療［100］	
☐ **cognitive behavior** therapy	認知行動療法［96］	
☐ **reperfusion** therapy	再灌流療法［126］	
☐ **corticosteroid** therapy	副腎皮質ステロイド療法［88］	
☐ **salvage** therapy	救援療法［86］	
☐ **resynchronization** therapy	心臓再同期療法［86］	
☐ **medical** therapy	医学療法［522］	文例 396
☐ **effective** therapy	効果的な治療［421］	
☐ **highly active antiretroviral** therapy	高活性抗レトロウイルス剤療法（HAART）［383］	
☐ **adjuvant** therapy	アジュバント療法［337］	
☐ **antiviral** therapy	抗ウイルス療法［334］	
☐ **new** therapy	新しい治療［326］	
☐ **immunosuppressive** therapy	免疫抑制療法［320］	
☐ **thrombolytic** therapy	血栓溶解療法［286］	
☐ **standard** therapy	標準的治療［262］	
☐ **novel** therapy	新規の治療法［255］	
☐ **conventional** therapy	既存療法［238］	文例 407
☐ **antibiotic** therapy	抗生物質治療［213］	
☐ **photodynamic** therapy	光線力学的治療［198］	
☐ **hormonal** therapy	ホルモン療法［160］	
☐ **anticancer** therapy	抗癌治療［123］	
☐ **adjunctive** therapy	補助的療法［109］	
☐ **antiplatelet** therapy	抗血小板療法［99］	
☐ **antiangiogenic** therapy	抗血管新生療法［97］	
☐ **periodontal** therapy	歯周治療［86］	
☐ **combined** therapy	併用療法［133］	

regimen ：治療計画／療法［5240］

❖ 複数形の用例もかなり多い

- ☐ **treatment** regimen　治療計画※同義［371］　文例 452
- ☐ **chemotherapy** regimen　化学療法計画［241］
- ☐ **drug** regimen　投薬計画［128］
- ☐ **combination** regimen　併用療法［89］
- ☐ **immunosuppressive** regimen　免疫抑制療法［149］
- ☐ **therapeutic** regimen　治療計画※同義［94］
- ☐ **preparative** regimen　前処置［76］
- ☐ **conditioning** regimen　移植前処置［211］
- ☐ **dosing** regimen　投与計画［95］

surgery ：手術［8634］

❖ 外科的手術を意味する

- ☐ **cardiac** surgery　心臓手術※同義［425］
- ☐ **sham** surgery　偽手術［125］
- ☐ **vascular** surgery　血管手術［91］
- ☐ **noncardiac** surgery　非心臓手術［71］
- ☐ **open** surgery　観血手術／開放手術［66］　文例 47
- ☐ **bariatric** surgery　肥満外科手術［64］
- ☐ **refractive** surgery　屈折矯正手術［55］
- ☐ **laparoscopic** surgery　腹腔鏡下手術［49］　文例 47
- ☐ **abdominal** surgery　腹部手術［46］
- ☐ **breast-conserving** surgery　乳房温存手術［84］
- ☐ **bypass** surgery　バイパス手術［360］
- ☐ **cataract** surgery　白内障手術［194］
- ☐ **graft** surgery　移植手術［183］
- ☐ **heart** surgery　心臓手術※同義［115］
- ☐ **lung volume reduction** surgery　肺容量減少術［56］
- ☐ **underwent** surgery　手術を受けた［126］

management：管理［6203］

❖ 治療に関することが多い．複数形が用いられることはあまりない

☐ **clinical** management	臨床管理［296］	
☐ **medical** management	医学的管理［181］	
☐ **surgical** management	外科的管理［132］	文例 450
☐ **optimal** management	最適管理［69］	
☐ **conservative** management	保存的管理［52］	
☐ **effective** management	効果的な管理［51］	
☐ **nonoperative** management	非手術的管理［41］	
☐ **patient** management	患者管理［149］	
☐ **disease** management	疾病管理［114］	
☐ **pain** management	疼痛管理［73］	

stimulation：刺激［23478］

❖ 刺激することを意味する

☐ **electrical** stimulation	電気刺激［785］	文例 272
☐ **adrenergic** stimulation	アドレナリン刺激［229］	
☐ **magnetic** stimulation	磁気刺激［219］	
☐ **mechanical** stimulation	機械的刺激［184］	
☐ **antigenic** stimulation	抗原刺激［179］	
☐ **repetitive** stimulation	反復刺激［105］	
☐ **mitogenic** stimulation	分裂促進的刺激［103］	
☐ **nerve** stimulation	神経刺激［296］	
☐ **insulin** stimulation	インスリン刺激［250］	
☐ **growth factor** stimulation	増殖因子刺激［186］	
☐ **serum** stimulation	血清刺激［153］	
☐ **high-frequency** stimulation	高周波刺激［132］	
☐ **antigen** stimulation	抗原刺激［111］	

stimulus：刺激［6088］

❖ 刺激そのものを意味する．複数形（stimuli）の用例がかなり多い

☐ **conditioned** stimulus	条件刺激［216］

- □ **unconditioned** stimulus　無条件刺激［133］
- □ **visual** stimuli　視覚刺激［282］
- □ **apoptotic** stimuli　アポトーシス性刺激［250］
- □ **inflammatory** stimuli　炎症性刺激［218］
- □ **extracellular** stimuli　細胞外刺激［202］
- □ **environmental** stimuli　環境刺激［196］
- □ **mechanical** stimuli　機械的刺激［190］
- □ **sensory** stimuli　感覚性刺激［134］
- □ **external** stimuli　外部刺激［132］
- □ **noxious** stimuli　侵害刺激［123］
- □ **different** stimuli　異なる刺激［97］
- □ **auditory** stimuli　聴覚刺激［78］　文例 64
- □ **various** stimuli　さまざまな刺激［74］
- □ **diverse** stimuli　多様な刺激［72］
- □ **physiological** stimuli　生理的刺激［66］
- □ **acoustic** stimuli　音響刺激［58］
- □ **proinflammatory** stimuli　炎症誘発性刺激［55］
- □ **hypertrophic** stimuli　肥大性刺激［47］
- □ **stress** stimuli　ストレス刺激［111］
- □ **taste** stimuli　味覚刺激［46］

addition：付加／添加［45360］

❖加えることを意味する

- □ **conjugate** addition　共役付加［116］
- □ **nucleotide** addition　ヌクレオチド付加［110］
- □ **telomere** addition　テロメア付加［50］
- □ **oxidative** addition　酸化的付加［82］
- □ **exogenous** addition　外からの添加［79］
- □ **subsequent** addition　引き続いた添加［73］
- □ **nucleophilic** addition　求核付加［73］
- □ in addition **to** ～　～に加えて［4971］　文例 453

drug ：薬 [29085]

薬を意味する一般的な語である

□ anticancer drug	抗癌剤 [521]	文例 236
□ anti-inflammatory drug	抗炎症薬 [518]	
□ new drug	新しい薬 [329]	
□ immunosuppressive drug	免疫抑制薬 [262]	
□ chemotherapeutic drug	化学療法剤 [251]	
□ antipsychotic drug	抗精神病薬 [210]	
□ antiviral drug	抗ウイルス薬 [207]	
□ antiretroviral drug	抗レトロウイルス薬 [174]	
□ antiarrhythmic drug	抗不整脈薬 [166]	
□ cytotoxic drug	細胞障害性薬物 [164]	
□ antiepileptic drug	抗てんかん薬 [143]	
□ therapeutic drug	治療薬 [108]	
□ antimalarial drug	抗マラリア薬 [103]	
□ antidepressant drug	抗うつ薬 [100]	
□ illicit drug	違法薬物 [94]	
□ study drug	治験薬 [204]	

agent ：薬／剤／病原体 [22854]

薬や様々な試薬を意味する．病原体の意味もある．複数形の用例が非常に多い

□ therapeutic agents	治療薬 [690]	
□ chemotherapeutic agents	化学療法剤 [557]	文例 454
□ infectious agents	感染病原体 [288]	
□ anticancer agents	抗癌剤 [280]	
□ antimicrobial agents	抗菌薬 [241]	
□ pharmacological agents	薬剤 [204]	
□ cytotoxic agents	細胞毒 [188]	
□ immunosuppressive agents	免疫抑制薬 [184]	
□ antiviral agents	抗ウイルス薬 [168]	

- □ **new** agents　新しい薬剤［137］
- □ **antitumor** agents　抗腫瘍薬［121］
- □ **chemopreventive** agents　化学抗癌剤［115］
- □ **genotoxic** agents　遺伝毒性物質［109］
- □ **antifungal** agents　抗真菌薬［104］
- □ **antibacterial** agents　抗菌薬［103］
- □ **causative** agents　原因物質［101］
- □ **antineoplastic** agents　抗悪性腫瘍薬［85］
- □ **DNA-damaging** agents　DNA傷害剤［518］
- □ **alkylating** agents　アルキル化剤［258］
- □ **reducing** agents　還元剤［165］

reagent：試薬［3700］

✣ 薬よりも研究などの試薬を意味することが多い．複数形の用例が非常に多い

- □ **sulfhydryl** reagents　スルフヒドリル試薬［49］
- □ **cross-linking** reagent　架橋剤［45］
- □ **diagnostic** reagents　診断薬［29］
- □ **useful** reagents　有用な試薬［28］
- □ **therapeutic** reagents　治療薬［18］
- □ **thiol** reagents　チオール試薬［28］

compound：化合物［19841］

✣ 複数形の用例が非常に多い

- □ **organic** compounds　有機化合物［239］
- □ **active** compounds　活性のある化合物［166］
- □ **new** compounds　新しい化合物［128］
- □ **several** compounds　いくつかの化合物［119］
- □ **aromatic** compounds　芳香族化合物［95］
- □ **model** compounds　モデル化合物［158］
- □ **lead** compounds　鉛化合物［131］

medication：薬／薬物療法［3626］

❖ 投薬することを意味するが，薬そのものを指すことも多い．複数形の用例もかなり多い

- □ **antidepressant** medication　抗うつ薬［129］　文例 58 395
- □ **antipsychotic** medication　抗精神病薬［123］
- □ **antihypertensive** medication　降圧薬［113］
- □ **psychotropic** medication　向精神薬［73］
- □ **immunosuppressive** medication　免疫抑制薬［63］
- □ **study** medication　治験薬［78］

administration：投与／投薬［13553］

❖ 薬を投与することを意味する

- □ **drug** administration　薬物投与［639］
- □ **cocaine** administration　コカイン投与［108］
- □ **long-term** administration　長期投与［46］
- □ **systemic** administration　全身投与［482］
- □ **oral** administration　経口投与［452］
- □ **intravenous** administration　静脈内投与［333］　文例 447
- □ **chronic** administration　慢性投与［141］
- □ **intraperitoneal** administration　腹腔内投与［90］
- □ **intranasal** administration　鼻腔内投与［82］
- □ **intracerebroventricular** administration　脳室内投与［59］
- □ **repeated** administration　反復投与［109］

injection：注射／注入［14370］

❖ 注射や注入することを意味する

- □ **intravenous** injection　静脈内注射［485］
- □ **intraperitoneal** injection　腹腔内注射［369］　文例 455
- □ **subcutaneous** injection　皮下注射［254］
- □ **intramuscular** injection　筋肉内注射［155］
- □ **direct** injection　直接注入［143］
- □ **intravitreal** injection　硝子体内注射［142］

- □ **daily** injection　毎日注射［133］
- □ **bolus** injection　大量瞬時投与［122］
- □ **intradermal** injection　皮内注射［116］
- □ **intratumoral** injection　腫瘍内注入［103］

Ⅳ-B-3 移　植

transplantation：移植［13840］

✣ 臓器移植などを意味する

- □ **liver** transplantation　肝移植［1499］
- □ **allogeneic bone marrow** transplantation　同種骨髄移植［226］
- □ **lung** transplantation　肺移植［379］
- □ **organ** transplantation　臓器移植［361］　文例 456
- □ **heart** transplantation　心臓移植※同義［348］
- □ **kidney** transplantation　腎移植※※同義［328］
- □ **islet** transplantation　膵島移植［246］
- □ **pancreas** transplantation　膵移植［141］
- □ **hepatocyte** transplantation　肝細胞移植［70］
- □ **bowel** transplantation　腸移植［60］
- □ **renal** transplantation　腎移植※※同義［418］
- □ **cardiac** transplantation　心臓移植※同義［338］
- □ **allogeneic** transplantation　同種移植［118］
- □ **autologous** transplantation　自家移植［88］
- □ **clinical** transplantation　臨床移植［83］
- □ **intestinal** transplantation　小腸移植［76］
- □ **corneal** transplantation　角膜移植［50］

transplant：移植片／移植／移植する［8587］

✣ 移植した臓器や移植片を意味する．動詞の用例も非常に多い

- □ **renal** transplant　腎移植※同義［628］　文例 457
- □ **cardiac** transplant　心臓移植※※同義［173］　文例 382

- ☐ **liver** transplant 肝移植［511］
- ☐ **kidney** transplant 腎移植※同義［309］
- ☐ **lung** transplant 肺移植［273］
- ☐ **heart** transplant 心臓移植※※同義［265］ 文例 458
- ☐ **bone marrow** transplant 骨髄移植［210］
- ☐ **organ** transplant 臓器移植［202］
- ☐ **pancreas** transplant 膵移植［115］

engraftment：生着／移植［1544］

❖ 移植片が生着することを意味する．複数形で用いられることはあまりない

- ☐ **long-term** engraftment 長期生着［65］
- ☐ **bone marrow** engraftment 骨髄移植［24］
- ☐ **platelet** engraftment 血小板移植［30］
- ☐ **neutrophil** engraftment 好中球移植［23］

implantation：移植／植え込み［2002］

❖ 体内に埋め込むことを意味する

- ☐ **stent** implantation ステント留置術［163］ 文例 452
- ☐ **defibrillator** implantation 除細動器植え込み［57］
- ☐ **device** implantation 装置植え込み［46］
- ☐ **pacemaker** implantation ペースメーカー植え込み［34］
- ☐ **embryo** implantation 胚移植［30］
- ☐ **intraocular lens** implantation 眼内レンズ挿入術［14］
- ☐ **blastocyst** implantation 胚盤胞移植［18］
- ☐ **subcutaneous** implantation 皮下移植［31］

implant：インプラント／移植片／移植する［2123］

❖ 体内に埋め込む装置のことを指す．動詞の用例が多いが名詞としても使われる．複数形で用いられることが非常に多い

- ☐ **dental** implants 歯科インプラント［83］ 文例 82
- ☐ **cochlear** implants 蝸牛インプラント［23］
- ☐ **breast** implants 豊胸術［55］
- ☐ **titanium** implants チタンインプラント［18］

IV-B-4 改良／回復

recovery：回復 [8340]

❖ 機能などが回復することを意味する

- □ **functional** recovery　機能的回復 [340]　文例 459
- □ **rapid** recovery　急速回復 [86]
- □ **complete** recovery　完全回復 [85]
- □ **full** recovery　完全回復 [74]
- □ **partial** recovery　部分回復 [62]
- □ **hematopoietic** recovery　造血回復 [61]
- □ **fluorescence** recovery　蛍光回復 [240]

improvement：改善／改良 [7796]

❖ 臨床症状の改善に対してよく使われる

- □ **significant** improvement　有意な改善 [866]　文例 74 415
- □ **clinical** improvement　臨床効果 [182]
- □ **greater** improvement　より大きな改善 [170]
- □ **further** improvement　さらなる改善 [132]
- □ **substantial** improvement　実質的改善 [127]
- □ **marked** improvement　顕著な改善 [99]
- □ **symptomatic** improvement　症状の改善 [76]
- □ **functional** improvement　機能的改善 [75]
- □ **dramatic** improvement　劇的な改善 [72]
- □ **sustained** improvement　持続的改善 [67]
- □ **continued** improvement　継続的改善 [40]
- □ **quality** improvement　品質改善 [244]
- □ **performance** improvement　パフォーマンス改善 [43]
- □ **symptom** improvement　症状改善 [34]

refinement：精密化／改善［979］

❖ 精密にすることや洗練させることを意味する

- □ **further** refinement　さらなる改善［68］　文例 359
- □ **structure** refinement　構造の精密化［34］
- □ **crystallographic** refinement　結晶学的精密化［15］

IV-B-5 患者

patient：患者［173493］

❖ 複数形の用例が非常に多い

- □ **cancer** patients　癌患者［1551］
- □ **adult** patients　成人患者［532］
- □ **high risk** patients　リスクの高い患者［444］
- □ **transplant** patients　移植患者［427］
- □ **consecutive** patients　継続患者［1058］
- □ **diabetic** patients　糖尿病患者［801］
- □ **control** patients　対照患者［518］
- □ **elderly** patients　高齢患者［496］
- □ **older** patients　高齢患者／より年齢の高い患者［451］　文例 144
- □ **pediatric** patients　小児科患者［421］
- □ **eligible** patients　適格患者［361］　文例 460
- □ **critically ill** patients　危篤の患者［359］　文例 179
- □ **HIV-infected** patients　HIV感染患者［461］
- □ **selected** patients　選択された患者［382］
- □ patients **with schizophrenia**　統合失調症の患者［699］
- □ patients **with heart failure**　心不全の患者［359］

recipient：レシピエント／移植患者［12293］

❖ 受け取る側を意味する．複数形の用例が非常に多い

□ **transplant** recipients	移植レシピエント［1797］	文例 106 382 457 458
□ **allograft** recipients	同種移植レシピエント［339］	
□ **placebo** recipients	プラセボ服用者［106］	
□ **vaccine** recipients	ワクチン接種者［97］	
□ **kidney** recipients	腎臓レシピエント［74］	
□ **naive** recipients	未処理のレシピエント［73］	
□ **syngeneic** recipients	同系レシピエント［58］	
□ **irradiated** recipients	照射されたレシピエント［60］	

donor：ドナー／提供者／供与体［18135］

❖ 提供する側を意味する．複数形の用例も多い

□ **living** donor	生体ドナー［392］	文例 461
□ **healthy** donors	健常ドナー［279］	
□ **unrelated** donor	血縁関係のないドナー［252］	
□ **normal** donors	正常なドナー［171］	
□ **cadaveric** donor	屍体のドナー［101］	
□ **related** donor	血縁ドナー［133］	
□ **deceased** donor	死亡したドナー［97］	
□ **electron** donor	電子供与体［363］	
□ **blood** donors	供血者［224］	
□ **proton** donor	プロトン供与体［152］	
□ **hydrogen bond** donor	水素結合供与体［130］	
□ **nitric oxide** donor	一酸化窒素ドナー［119］	
□ **methyl** donor	メチル基供与体［95］	
□ **cadaver** donor	屍体ドナー［89］	
□ **organ** donors	臓器提供者［85］	
□ **splice** donor **site**	スプライス供与部位［90］	

文例一覧

❶ Current knowledge is summarized about short-term memory system.

短期記憶システムに関する現在の知識が要約される 参照ページ▶P.22

❷ We took advantage of prior knowledge of population demography.

我々は，人口統計に関する以前の知識を利用した 参照ページ▶P.22 ▶P.156

❸ To our knowledge, this is the first study to identify specific molecular targets for therapeutic intervention.

我々の知る限りでは，これは治療介入のための特異的な分子標的を同定する最初の研究である

参照ページ▶P.22 ▶P.35 ▶P.39 ▶P.138

❹ To our knowledge, this is the first extensive documentation of racial and ethnic disparities in care.

我々の知る限りでは，これは治療における人種および民族的格差の最初の広範な記述である

参照ページ▶P.22 ▶P.79 ▶P.148

❺ To our knowledge, this represents the first example of renal aplasia in a conditional knockout model.

我々の知る限りでは，これはコンディショナルノックアウトモデルにおける腎無形成の最初の例を表している 参照ページ▶P.22 ▶P.239

❻ These studies provide a better understanding of the mechanism of action of the enzyme.

これらの研究は，その酵素の作用機序に対するよりよい理解を提供する 参照ページ▶P.22 ▶P.189 ▶P.191

❼ Further studies will lead to greater understanding of the structural basis of human immunodeficiency virus.

さらなる研究は，ヒト免疫不全ウイルスの構造的基盤に対するより大きな理解につながるであろう

参照ページ▶P.22 ▶P.39 ▶P.189

❽ Road traffic noise exposure at school was associated with impaired reading comprehension.

学校における道路交通騒音への曝露は，障害された読解力と関連していた 参照ページ▶P.23

❾ Here we report the experimental realization of a novel device for preparation of blood and plasma samples.

ここに我々は，血液および血漿試料の調製のための新規装置の実験による実現を報告する

参照ページ▶P.23 ▶P.62

⑩ These findings provide new insights into the neural basis of visual awareness.

これらの知見は，視覚的認識の神経基盤への新たな洞察を提供する

参照ページ▶P.23 ▶P.66 ▶P.68 ▶P.189

⑪ There is a growing appreciation of the importance of ischemia-reperfusion injury.

虚血再灌流障害の重要性への増大する認識がある

参照ページ▶P.24 ▶P.267

⑫ These findings provide information about which genes contribute to recovery from burn trauma.

これらの知見は，どの遺伝子が熱傷からの回復に寄与するのかに関する情報を提供する

参照ページ▶P.24 ▶P.66 ▶P.268

⑬ We tested the hypothesis that genetic variation in the TCF7L2 gene is associated with risk of type 2 diabetes.

我々は，TCF7L2 遺伝子の遺伝的変異が 2 型糖尿病のリスクと関連しているという仮説を検証した

参照ページ▶P.25 ▶P.149

⑭ Our approach is based on the assumption that the bacterial luminescence genes are present as single copies on the bacterial chromosome.

我々のアプローチは，細菌の発光遺伝子が細菌の染色体において単一コピーとして存在するという仮定に基づいている

参照ページ▶P.25

⑮ These data support the concept that there is a mechanistic interaction between these cells and macrophage.

これらのデータは，これらの細胞とマクロファージの間に機構的相互作用があるという概念を支持する

参照ページ▶P.26 ▶P.68

⑯ Our data support the notion that the DNA promotes a unique conformational response by the enzyme.

我々のデータは，DNA がその酵素による独特な立体構造的応答を促進するという概念を支持する

参照ページ▶P.26 ▶P.68

⑰ These results support the idea that metabolic acidosis itself can lead to impaired pulmonary gas exchange.

これらの結果は，代謝性アシドーシスそれ自身が障害された肺ガス交換につながりうるという考えを支持する

参照ページ▶P.26 ▶P.59 ▶P.67

18 We reviewed the evidence on the association between cannabis use and occurrence of psychiatric illness such as depression and suicidal thoughts.

我々は，大麻の使用とうつ病や自殺念慮のような精神病の発生の間の関連に関する証拠を概説した

参照ページ▶P.26 ▶P.261

19 This result challenges the traditional view of the evolutionary relationships between protostomes and vertebrates.

この結果は，前口動物と脊椎動物の間の進化的関係に関する伝統的な見解に挑戦する

参照ページ▶P.27 ▶P.139

20 In view of these findings, plant-derived vaccines have been developed as valuable commodities to the world's health system.

これらの知見を考慮して，植物由来ワクチンが世界の医療制度に対する価値ある商品として開発されてきた

参照ページ▶P.27

21 Several lines of evidence support the view that poor nutrition contributes to the development of child behavior problems.

一連の証拠は，栄養不足が児童の行動問題の発生に寄与するという見解を支持している

参照ページ▶P.27 ▶P.75 ▶P.256

22 These observations provide a new perspective on the evolution of altruism.

これらの観察は，利他主義の進化に関する新しい観点を提供する

参照ページ▶P.27 ▶P.66

23 The present study examined if sexual reproduction is more advantageous than asexual reproduction in terms of evolutionary theory.

現在の研究は，進化論に関して有性生殖が無性生殖より有利であるかどうかを調べた

参照ページ▶P.28 ▶P.39 ▶P.90

24 These findings offer a conceptual framework for understanding the mechanism of membrane translocation by anthrax toxin.

これらの知見は，炭疽毒素による膜移行の機構を理解するための概念的枠組みを提供する

参照ページ▶P.28 ▶P.126

25 Observations of infectious tolerance may provide a new theoretical framework for therapeutic intervention.

感染性寛容の観察は，治療介入に対する新しい理論的枠組みを提供するかもしれない

参照ページ▶P.28 ▶P.138

26 We used molecular dynamics simulations to measure the change in properties of the p53 mutant.

我々は，その p53 変異体の性質の変化を測定するために分子動態シミュレーションを使用した

参照ページ▶P.28

27 We have developed an animal model of multiple sclerosis.

我々は，多発性硬化症の動物モデルを開発した

参照ページ▶P.29

28 In rodent models, calorie restriction with adequate nutrient intake extends maximum life span.

げっ歯類モデルにおいて，適切な栄養摂取を伴うカロリー制限は最長寿命を伸ばす

参照ページ▶P.29 ▶P.131 ▶P.168

29 The primary objective was to determine the effect of smoke inhalation on the function of the alveolar epithelial barrier in a rabbit experimental model.

主要目的は，ウサギの実験モデルにおける肺胞上皮バリアの機能に対する煙吸引の影響を決定することであった

参照ページ▶P.29 ▶P.35 ▶P.257

30 Accurate gene prediction in bacterial genomes remains a significant problem.

細菌ゲノムにおける正確な遺伝子予測は，重大な問題のままである

参照ページ▶P.30 ▶P.256

31 Contrary to expectations, these rats displayed a more pronounced suppression of food intake than nonlesioned controls.

予想に反して，これらのラットは障害のない対照群よりも明白な食物摂取の抑制を示した

参照ページ▶P.30 ▶P.130

32 This protocol allows estimation of cell cycle kinetics in a single specimen.

このプロトコールは，単一検体における細胞周期動力学の推定を可能にする

参照ページ▶P.30

33 Analysis of many loci yields more accurate estimates of genetic similarity.

多くの座位の分析は，遺伝的類似性のより正確な推定をもたらす

参照ページ▶P.31

34 This approach holds promise for identifying key differences between cancer and normal cells.

このアプローチは，癌細胞と正常細胞の間の鍵となる違いを同定するのに有望である

参照ページ▶P.31

35 These trials should be systematically evaluated for differences in study design.

これらの試行は，研究デザインの違いに関して系統的に評価されるべきである

参照ページ▶P.31

36 These proteins are known to regulate the differentiation program of intestinal epithelium.

これらのタンパク質は，腸上皮の分化プログラムを調節することが知られている 参照ページ▶P.32

37 The aim of this study was to evaluate two different dose schedules for doxycycline.

この研究の目的は，ドキシサイクリンの 2 つの異なる投与量スケジュールを評価することであった

参照ページ▶P.33 ▶P.34

38 Refinements in noninvasive studies will enable more accurate diagnosis and treatment planning for these tumors.

非侵襲的研究の改良は，これらの腫瘍に対するより正確な診断と治療計画を可能にするであろう

参照ページ▶P.33 ▶P.72

39 More effective therapeutic strategies are required for acute myeloid leukemia patients with poor prognosis.

より効果的な治療戦略が，予後不良の急性骨髄性白血病患者のために必要とされる

参照ページ▶P.33 ▶P.282

40 For the purpose of improving cardiac function after injury, we addressed these shortcomings.

傷害のあとの心機能を改善する目的のために，我々はこれらの欠点に取り組んだ

参照ページ▶P.34 ▶P.190

41 The primary aim of this study was to characterize the phenotype and regulatory function of these cells.

この研究の主要目的は，これらの細胞の表現型と調節機能を特徴づけることであった

参照ページ▶P.34 ▶P.190

42 An important goal of cancer research has been to identify genes that contribute to cancer formation.

癌研究の重要な目標は，癌形成に寄与する遺伝子を同定することであった 参照ページ▶P.35 ▶P.40

43 The findings shown here could provide novel therapeutic targets for pharmacological intervention.

ここに示される知見は，薬理学的介入のための新規の治療標的を提供しうる 参照ページ▶P.35 ▶P.139

44 This study may provide novel targets for genetic and pharmacological manipulation of T cell immunity.

この研究は，T細胞免疫の遺伝的および薬理学的操作のための新規の標的を提供するかもしれない

参照ページ▶P.36 ▶P.52

45 The present study was initiated in an attempt to better understand the contribution of genes in the pathogenesis of the disease process.

現在の研究は，疾病過程の病因における遺伝子の寄与をよりよく理解しようとして開始された

参照ページ▶P.36 ▶P.39 ▶P.194

46 The current study was undertaken in an effort to elucidate the molecular-level structural features that control shape-selective separations.

現在の研究が，形状選択的分離を制御する分子レベルの構造的特徴を解明しようとして行われた

参参照ページ▶P.36 ▶P.39 ▶P.158

47 Results from randomized trials have indicated that laparoscopic surgery for colon cancer is as effective as open surgery.

無作為試験の結果は，結腸癌の腹腔鏡下手術は開腹手術と同じぐらい効果的であるということを示してきた

参照ページ▶P.37 ▶P.286

48 These data raise the possibility that blacks may suffer more from lower socioeconomic conditions than whites.

これらのデータは，黒人が白人より低い社会経済的状況に苦しんでいるかもしれないという可能性を示唆する

参照ページ▶P.37

49 Aberrant cell cycle control increases the probability of mutations that can lead to carcinogenesis.

異常な細胞周期調節は，発癌につながりうる変異の確率を増大させる

参照ページ▶P.38 ▶P.198

50 These factors significantly increase the likelihood of caesarean section.

これらの因子は，帝王切開の可能性を顕著に増大させる

参照ページ▶P.38

51 The odds of having comorbid psychiatric disorders were higher than expected by chance.

精神障害を併発する確率は，偶然に起こると予想されるより高かった

参照ページ▶P.38 ▶P.261

52 These findings demonstrate the feasibility of discovering novel insulin receptor activators that may lead to new therapies for diabetes.

これらの知見は，糖尿病のための新しい治療法につながるかもしれない新規のインスリン受容体活性化因子を発見することの実現可能性を実証する

参照ページ▶P.38 ▶P.66

53 The present study examined the mechanism of template switching by DNA polymerase.

現在の研究は，DNA ポリメラーゼによるテンプレートスイッチングの機構を調べた

参照ページ▶P.39 ▶P.124

54 The purpose of the present study was to better understand the causes of T-cell depletion.

現在の研究の目的は，T 細胞枯渇の原因をよりよく理解することであった

参照ページ▶P.39 ▶P.111

55 The present study examined the effect of urinary diversion on quality of life.

現在の研究は，生活の質に対する尿路変向術の影響を調べた

参照ページ▶P.39 ▶P.123

56 To characterize the central neural circuits, the present study analyzes the distribution of GABAergic neurons.

中枢神経回路を特徴づけるために，現在の研究は GABA 作動性ニューロンの分布を分析する

参照ページ▶P.39 ▶P.194

57 Previous studies have provided strong evidence for genetic influences in the development of human stroke.

以前の研究は，ヒトの脳卒中の発症における遺伝的影響の強力な証拠を提供してきた

参照ページ▶P.39 ▶P.75 ▶P.153

58 Previous studies have shown that use of lithium to augment antidepressant medication is beneficial in the acute treatment of depression.

以前の研究は，抗うつ薬を増強するためのリチウムの使用はうつの急性治療において有益であることを示してきた

参照ページ▶P.39 ▶P.291

59 Several recent studies have shown that genetic relatedness promotes cooperation.

いくつかの最近の研究は，遺伝的関連性が協同作用を促進することを示してきた

参照ページ▶P.39 ▶P.142

60 The results highlight the critical need for mechanistic studies addressing differential responses in epithelial sites.

それらの結果は，上皮部位における差動的応答に取り組む機構研究に対する決定的な必要性を強調する

参照ページ▶P.39 ▶P.167

61 Earlier studies suggest that this disease occurs in five out of 100,000 children per year.

以前の研究は，この疾患が年間 10 万人中 5 人の子供で起こるということを示唆する 参照ページ▶P.40

62 Our study highlights the need for further investigation into the long-term consequences of prolonged use of steroids.

我々の研究は，ステロイドの継続使用の長期的影響へのさらなる研究の必要性を強調する

参照ページ▶P.40 ▶P.151

63 Future research should focus on the long-term evaluation of effective parenting interventions.

将来の研究は，効果的な親の介入の長期評価に焦点を合わせるべきである 参照ページ▶P.40

64 Our previous work has shown that good readers are better at processing rapidly changing visual and auditory stimuli.

我々の以前の研究は，よい読者は急速に変化する視覚および聴覚刺激を処理するのにより優れているということを示してきた 参照ページ▶P.41 ▶P.288

65 Data are from an oral health survey conducted in the city of Hiroshima in 2008.

データは，2008 年に広島市で行われた口腔保健調査からのものである 参照ページ▶P.41 ▶P.283

66 In our search for genes contributing to human type 2 diabetes, we identified a novel gene affecting insulin secretion.

我々のヒトのⅡ型糖尿病に寄与する遺伝子の探索において，我々はインスリン分泌に影響を与える新規の遺伝子を同定した 参照ページ▶P.42

67 Phenotype-driven mutagenesis screens have led to a successful genetic dissection of the circadian regulation of behaviour.

表現型によって行われる変異誘発スクリーニングは，行動の概日調節の遺伝的精査の成功につながってきた 参照ページ▶P.42

68 Histologic examination of a liver biopsy specimen is considered as the reference standard for detecting liver fibrosis.

肝生検標本の組織学的検査は，肝線維症を検出するための標準試料と考えられている

参照ページ▶P.42 ▶P.62

69 Although many diagnostic tests are available, their results are not easy to interpret.

多くの診断検査が利用できるけれども，それらの結果は解釈が容易ではない 参照ページ▶P.43

70 Further exploration of the effects may contribute to the development of compounds with antibiotic potential.

それらの効果のさらなる探索は，抗菌性の潜在能を持つ化合物の開発に寄与するかもしれない

参照ページ▶P.43

71 Twelve macaque monkeys were trained on a visual object discrimination task.

12 頭のマカクザルが，視対象の弁別課題に関して訓練された 参照ページ▶P.44

72 Advanced molecular analytic technologies may facilitate development of rapid and effective methods for early lung cancer diagnosis and risk assessment.

進歩した分子分析技術は，早期の肺癌診断とリスク評価のための迅速で効果的な方法の開発を促進するかもしれない 参照ページ▶P.44 ▶P.69 ▶P.72

73 The maximum-likelihood method has proved to be accurate in detecting positive selection over a wide range of parameter values.

最尤法は，広範囲のパラメーター値にわたって正の選択を検出する際に正確であると判明した

参照ページ▶P.45 ▶P.199 ▶P.227 ▶P.247

74 Our new approach provided significant improvement in disease symptoms at both weeks 12 and 24.

我々の新しいアプローチは，12 週と 24 週の両方で病気の症状の有意な改善をもたらした

参照ページ▶P.45 ▶P.273 ▶P.294

75 This new approach has the potential to simplify and accelerate small-molecule discovery.

この新しいアプローチは，小分子発見を単純化して加速させる潜在能を持つ 参照ページ▶P.45 ▶P.175

76 For proteomic approaches, protein extraction and sample preparation are of paramount importance for obtaining optimal results.

プロテオミクス的アプローチにとって，タンパク質抽出と試料調製は最良の結果を得るために最も重要である 参照ページ▶P.46 ▶P.63 ▶P.164

77 These novel treatment modalities may reduce both symptoms and recurrence of uterine fibroids.

これらの新規の治療法は，子宮筋腫の症状と再発の両方を減らすかもしれない 参照ページ▶P.46

78 Further analysis of the proteins led to the identification of a novel isoform.

それらのタンパク質のさらなる分析は，新規のアイソフォームの同定につながった

参照ページ▶P.47 ▶P.64

79 Forty members of this family share a common evolutionary origin and were subdivided into approximately 10 subfamilies based on phylogenetic analysis.

このファミリーの40のメンバーは，共通の進化的起源を共有しており，系統発生解析に基づいておよそ10のサブファミリーに細分された 参照ページ▶P.47 ▶P.87

80 The analysis revealed two major insulin-like peaks with retention times of 14-16 min.

その分析は，14-16分の保持時間を持つ2つの主要なインスリン様のピークを明らかにした 参照ページ▶P.47 ▶P.219

81 Cytokine production was measured by enzyme-linked immunosorbent assay.

サイトカイン産生は，酵素結合免疫吸着測定法（ELISA）によって測定された 参照ページ▶P.48 ▶P.87

82 The placement of endosseous dental implants is generally regarded as a safe surgical procedure.

骨内歯科インプラントの設置は，一般に安全な外科手技としてみなされる 参照ページ▶P.48 ▶P.293

83 Recently, various minimally invasive procedures have been developed for the treatment of ureteropelvic junction obstruction.

最近，腎盂尿管移行部閉塞の治療のために様々な最小侵襲的手技が開発された 参照ページ▶P.48

84 More than a decade ago, a standardized treatment protocol was initiated for patients with suspected acute cholecystitis.

10年以上前，標準治療プロトコールが急性胆嚢炎の疑われる患者に対して開始された 参照ページ▶P.49

85 This new technique allowed us to assess structural changes in the homeodomain induced by DNA binding.

この新しい技術は，我々がDNA結合によって誘導されるホメオドメインの構造変化を評価することを可能にした 参照ページ▶P.49 ▶P.120

86 In this review, we discuss the development of molecular diagnostic techniques reported in the literature.

この総説において，我々は文献で報告された分子診断技術の開発を議論する 参照ページ▶P.50 ▶P.78

87 Microarray technology provides a powerful new tool for identifying regionally restricted genes expressed in the brain.

マイクロアレイ技術は，脳で発現される局所限定的な遺伝子を同定するための強力な新しいツールを提供する 参照ページ▶P.50 ▶P.53

88 We performed random mutagenesis of 13 carboxyl-terminal residues.

我々は，カルボキシル末端 13 残基のランダムな変異誘発を行った 参照ページ▶P.51

89 Additional experiments indicate that inactivation of both enzymes occurs by a modification of the active site.

追加実験は，両方の酵素の不活性化が活性部位の修飾によって起こることを示す

参照ページ▶P.52 ▶P.53 ▶P.223

90 Here we present quantitative measurements of the frequency of hematopoietic stem cells at different developmental stages.

ここに我々は，異なる発生段階における造血幹細胞の頻度の定量的測定を示す

参照ページ▶P.54 ▶P.248

91 This assay is designed to provide accurate quantification of DNA from all eight hepatitis B virus genotypes in patient plasma specimens.

このアッセイは，患者の血漿検体において 8 つの B 型肝炎ウイルス遺伝子型すべてからの DNA の正確な定量を提供するように設計されている 参照ページ▶P.54

92 These results support the widespread use of amiodarone in adults.

これらの結果は，成人におけるアミオダロンの広範な使用を支持する 参照ページ▶P.55 ▶P.67

93 It was not clear why there were differences in codon usage trends in genes of different functions.

なぜ異なる機能の遺伝子においてコドン使用頻度の傾向に違いがあるのかは明らかでなかった

参照ページ▶P.55 ▶P.190

94 These monoclonal antibodies have potential diagnostic and therapeutic applications.

これらのモノクローナル抗体は，潜在的な診断および治療の適用を持つ 参照ページ▶P.56

95 The X chromosome plays an important role in the evolution of reproductive isolation.

X 染色体は，生殖隔離の進化において重要な役割を果たす 参照ページ▶P.56 ▶P.192

96 The length of the chromatographic separation was found to be a crucial parameter for a number of detected features.

クロマトグラフ分離の長さは，いくつかの検出された特徴のために決定的に重要なパラメータであることが見つけられた 参照ページ▶P.56

97 These findings provide novel insight into how errors in chromosome segregation are tolerated in tumor cells.

これらの知見は，どのように染色体分離におけるエラーが腫瘍細胞において許容されるかへの新規の洞察を提供する

参照ページ▶P.57 ▶P.66 ▶P.68

98 This gene is not required for meiotic recombination or meiotic chromosome segregation.

この遺伝子は，減数分裂期組換えあるいは減数分裂期染色体分離には必要とされない

参照ページ▶P.57 ▶P.213

99 We describe the expression and purification of recombinant human interleukin-11.

我々は，遺伝子組換えヒトインターロイキン 11 の発現と精製について述べる

参照ページ▶P.57

100 Data collection was performed before cheek swabs were obtained from all children.

頬粘膜スワブがすべての子どもたちから得られる前に，データ収集が行われた

参照ページ▶P.58

101 Selective neutrality of nucleotide substitutions cannot be tested at codon sites.

ヌクレオチド置換の選択的中立性はコドン部位ではテストできない

参照ページ▶P.58

102 We evaluated the association between race and mortality after aortic valve replacement.

我々は，大動脈弁置換のあとの人種と死亡率の間の関連を評価した

参照ページ▶P.59

103 Activation of these proteins is enhanced by guanine nucleotide exchange factors.

これらのタンパク質の活性化は，グアニンヌクレオチド交換因子によって増強される

参照ページ▶P.59

104 These results indicate that homologous recombination by gene conversion does not depend on this protein.

これらの結果は，遺伝子変換による相同組換えはこのタンパク質に依存しないことを示す

参照ページ▶P.60 ▶P.67 ▶P.213

105 An accessory protein enhanced the growth of mouse hepatitis virus in tissue culture and in mice.

アクセサリータンパク質は，組織培養およびマウスにおいてマウス肝炎ウイルスの増殖を増強した

参照ページ▶P.60

106 Blood and urine samples were obtained from 55 transplant recipients.

血液と尿の試料が，55 人の移植患者から得られた

参照ページ▶P.62 ▶P.296

107 Tumor specimens from patients with trastuzumab-resistant breast cancers showed poor response to chemotherapy.

トラスツズマブ抵抗性乳癌の患者からの腫瘍検体は，化学療法に対する低い応答を示した

参照ページ▶P.62

108 We examined the volume and shape of the thalamus in schizophrenia and healthy control subjects.

我々は，統合失調症および健康な対照群の視床の体積と形を調べた

参照ページ▶P.63

109 Our findings may help in the early detection and management of patients with metastatic melanoma.

我々の知見は，転移性メラノーマの患者の早期発見と管理に役立つかもしれない

参照ページ▶P.64

110 This work aims to develop methods that can improve the detection limit of X-ray diffraction.

この研究は，X 線回折の検出限界を改善しうる方法を開発することを目的とする

参照ページ▶P.64 ▶P.168

111 Recent discoveries have shown that individuals living in endemic areas have antibodies cross-reactive with both helminth and malaria parasites.

最近の発見は，流行地域に住む個々人が蠕虫とマラリア原虫の両方に交差する抗体を持つことを示してきた

参照ページ▶P.65 ▶P.222

112 Our findings suggest that these eight genes arose by gene duplication from a common ancestor.

我々の知見は，これら 8 つの遺伝子が共通の祖先からの遺伝子重複によって生じたということを示唆している

参照ページ▶P.66 ▶P.98

113 These findings suggest evolutionary conservation of the function of this domain.

これらの知見は，このドメインの機能の進化的保存を示唆する

参照ページ▶P.66 ▶P.217

114 These findings provide insight into the mechanism of drug resistance arising from this mutation.

これらの知見は，この変異から起こる薬物抵抗性の機構への洞察を提供する

参照ページ▶P.66 ▶P.68 ▶P.171

115 These findings provide evidence that neuronal signaling is an important modulator of protein homeostasis in post-synaptic muscle cells.

これらの知見は，神経シグナリングがシナプス後筋肉細胞においてタンパク質恒常性の重要な修飾因子であるという証拠を提供する

参照ページ▶P.66 ▶P.75

116 Collectively, our findings support the role of a previously undescribed signaling pathway in obesity-associated cardiac hypertrophy.

まとめると，我々の知見は肥満と関連する心肥大において以前に記述されていないシグナル伝達経路の役割を支持する

参照ページ▶P.66 ▶P.101 ▶P.193

117 These findings are consistent with a significant genetic contribution to generalized osteoarthritis.

これらの知見は，全身性骨関節炎への重大な遺伝的な寄与と一致している

参照ページ▶P.66 ▶P.156

118 These observations suggest a model for the pathology of autoimmune and allergic diseases.

これらの観察は，自己免疫およびアレルギー性の疾患の病理学のためのモデルを示唆する

参照ページ▶P.66

119 In fact, there seems to be a full array of enzymes that degrade and metabolize plant cell walls.

実際に，植物細胞壁を分解しそして代謝する一揃いの酵素が存在するようである

参照ページ▶P.66

120 The result suggests a possible involvement of the protein in this sensing process.

その結果は，この検出過程におけるそのタンパク質のありうる関与を示唆する

参照ページ ▶P.67 ▶P.138

121 Our results suggest that negative epistasis can evolve as a consequence of sexual reproduction itself.

我々の結果は，有性生殖それ自体の結果として負のエピスタシスが進化しうることを示唆する

参照ページ▶P.67 ▶P.90 ▶P151

122 These results suggest that the residue at position 166 is involved in the interaction between the two pathways.

これらの結果は，166 番目の位置の残基が 2 つの経路間の相互作用に関与していることを示唆する

参照ページ▶P.67 ▶P.229

123 These results suggest that neural representations of odor quality may be rapidly updated through perceptual experience.

これらの結果は，匂いの質の神経表現が知覚経験によって急速に最新のものにされるかもしれないということを示唆する

参照ページ▶P.67 ▶P.274

124 These results indicate that ternary complex formation has a lower temperature threshold than the downstream steps.

これらの結果は，三元複合体形成が下流の段階より低い温度閾値を持つことを示す

参照ページ▶P.67 ▶P.208 ▶P.213

125 In conclusion, our results show that manipulations of mouse embryos prior to implantation can lead to aberrant expression of imprinted genes.

まとめると，我々の結果は移植前のマウス胚の操作がインプリントされた遺伝子の異常な発現につながりうることを示す

参照ページ▶P.67 ▶P.76

126 These results show that the catalytic efficiency of the removal reaction can vary several hundred-fold in different sequence contexts.

これらの結果は，除去反応の触媒効率が異なる配列構成において数百倍変動しうることを示す

参照ページ▶P.67 ▶P.155 ▶P.236

127 These results provide proof of principle that interruption of signal transduction cascades has therapeutic potential.

これらの結果は，シグナル伝達カスケードの妨害が治療の可能性を持つという原理の証明を提供する

参照ページ▶P.67 ▶P.74 ▶P.134 ▶P.175

128 These results provide the first demonstration of genetic susceptibility in idiopathic bronchiectasis.

これらの結果は，特発性気管支拡張症における遺伝的感受性の最初の実証を提供する

参照ページ▶P.67 ▶P.74 ▶P.271

129 These results provide a possible explanation for the resilience of this molecule.

これらの結果は，この分子の回復力に対する可能な説明を提供する

参照ページ▶P.67 ▶P.76

130 These results are in concordance with previous data.

これらの結果は，以前のデータと一致している

参照ページ▶P.67 ▶P.143

131 These data suggest the existence of a previously unknown molecule.

これらのデータは，以前は知られていなかった分子の存在を示唆する

参照ページ▶P.68 ▶P.82

132 These data suggest that pain perception can be altered by direct stimulation of the cerebral cortex.

これらのデータは，疼痛知覚が大脳皮質の直接刺激によって変えられうることを示唆する

参照ページ▶P.68 ▶P.183

133 These data suggest that this domain does not act as a localization signal.

これらのデータは，このドメインが局在化シグナルとしては働かないことを示唆する

参照ページ▶P.68 ▶P.228

134 These data demonstrate that BRCA1 deficiency results in increased chromosome damage.

これらのデータは，BRCA1 欠損症が増大した染色体損傷という結果になることを実証する

参照ページ▶P.68 ▶P.266

135 Our data are consistent with a model in which HIV-1 infection can occur via the endocytic pathway.

我々のデータは，HIV-1 感染はエンドサイトーシス経路を経て起こりうるというモデルと一致している

参照ページ▶P.68 ▶P.193

136 Here we report the characterization of avian influenza virus.

ここに我々はトリインフルエンザウイルスの特徴づけを報告する

参照ページ▶P.69

137 Little is known about signaling events that control cell fate specification of iNKT cells.

インバリアント NKT 細胞の細胞運命特定を制御するシグナル伝達現象については殆ど知られていない

参照ページ▶P.69 ▶P.240

138 Each patient underwent detailed clinical evaluation including testing for resistance to drugs before therapy began.

各々の患者は，治療が開始する前に薬物に対する抵抗性の評価を含む詳細な臨床評価を受けた

参照ページ▶P.70

139 Seventeen right-handed men met diagnostic criteria for schizotypal personality disorder.

17 名の右利きの男性が，統合失調症型人格障害の診断基準に合致した

参照ページ▶P.70 ▶P.262

140 These model species provide a basis for functional classification and analysis.

これらのモデル種は，機能的分類および分析のための基礎を提供する

参照ページ▶P.71 ▶P.190

141 Comparisons were made between patients with or without metabolic syndrome.

メタボリックシンドロームのある患者とない患者の間の比較が行われた　参照ページ▶P.71 ▶P.266

142 In this experiment, significantly more of these cells were activated in males in comparison with females.

この実験において，有意によりたくさんのこれらの細胞が雌と比較して雄において活性化された

参照ページ▶P.71

143 An accurate clinical judgment of dangerousness could predict which people with severe personality disorders will act violently in the future.

危険性の正確な臨床判断は，重症の人格障害を持つ誰が，将来，暴力的に行動するかを予測できるだろう　参照ページ▶P.72 ▶P.262

144 Previous reports and expert opinion suggest that use of feeding tubes is not beneficial for older patients with advanced dementia.

以前の報告と専門家の意見は，栄養管の使用が進行した認知症の高齢患者にとって有益ではないことを示唆している　参照ページ▶P.72 ▶P.77 ▶P.295

145 Here we discuss the benefits and harm associated with prenatal diagnosis.

ここで我々は，出生前診断に関連する利点と害について議論する　参照ページ▶P.72

146 One member of this family has been known to regulate sex determination in the mouse embryo.

このファミリーの１つのメンバーは，マウス胚における性決定を制御することが知られている

参照ページ▶P.73

147 These analyses have led to the suggestion that cell fate decisions are made during or after the terminal cell division.

これらの分析は，細胞運命決定が最終細胞分裂の間か後になされるという示唆につながった

参照ページ▶P.73 ▶P.76

148 The prognostic model may help patients and clinicians in clinical decision making.

その予後モデルは，臨床的意思決定の際に患者および臨床医を助けるかもしれない　参照ページ▶P.73

149 The purpose of this study was to examine the performance of the clinical case definition.

この研究の目的は，臨床的症例定義の能力を調べることであった　参照ページ▶P.73

150 Treatment assignment did not significantly affect the time of ovulation.

治療割当は，排卵の時期に有意な影響を与えなかった

参照ページ▶P.74

151 We provide further evidence for the involvement of adenosine in increased fetal cerebral blood flow during an acute hypoxic insult.

我々は，急性低酸素発作中の増大した胎児脳血流量へのアデノシンの関与のさらなる証拠を提供する

参照ページ▶P.75 ▶P.138

152 There was no evidence of cellular toxicity or apoptosis.

細胞毒性の証拠もアポトーシスの証拠もなかった

参照ページ▶P.75 ▶P.278

153 Extensive studies with a new class of compounds led to the following conclusions.

新しいクラスの化合物を使った広範な研究は，次の結論につながった

参照ページ▶P.76

154 The interpretation of the results of these experiments is difficult due to limited understanding of the individual biochemical and biological functions.

これらの実験の結果の解釈は，個々の生化学的および生物学的機能の限られた理解のせいで困難である

参照ページ▶P.77 ▶P.190

155 This report describes a novel gene therapy approach to treat mitochondrial dysfunction.

この報告は，ミトコンドリア機能不全を治療するための新規の遺伝子治療的アプローチを述べる

参照ページ▶P.77 ▶P.263 ▶P.284

156 We present a detailed description of the genetic basis of inflammatory bowel disease.

我々は，炎症性腸疾患の遺伝的基盤の詳細な記述を示す

参照ページ▶P.77 ▶P.189 ▶P.260

157 This article reviews the recent literature in the field of biliary endoscopy.

この記事は，胆管内視鏡検査の分野における最近の文献を概説する

参照ページ▶P.78

158 This article reviews studies of changes in thermal stability of type I homotrimers.

この記事は，I型ホモ三量体の熱安定性の変化の研究を概説する

参照ページ▶P.78 ▶P.162

159 A recent paper describes the characterization of the folding pathway of this domain.

最近のある論文は，このドメインのフォールディング経路の特徴づけを述べている 参照ページ▶P.78

160 This review focuses on recent advances in our understanding of the molecular mechanisms of the regulation of circadian clock.

この総説は，概日時計の調節の分子機構に対する我々の理解における最近の進歩に焦点を合わせる

参照ページ▶P.79 ▶P.102 ▶P.188

161 This review examines dietary intake and dietary supplement use among adolescents and adults.

この総説は，青年および大人の間での食事摂取および栄養補助食品の使用を調べる

参照ページ▶P.79 ▶P.130

162 We now report further delineation of a differential response to surgical treatment between black and white patients.

我々は，今，黒人と白人の患者の間での外科的治療に対する差動的応答のさらなる描写を報告する

参照ページ▶P.79 ▶P.284

163 Treatment should be tailored to the clinical picture.

治療は，臨床像に合わせられるべきである 参照ページ▶P.79

164 Microbicides retained activity in the presence of seminal plasma.

殺菌剤は，精漿の存在下で活性を保持していた 参照ページ▶P.82

165 The induction of VEGF mRNA was accompanied by the appearance of VEGF protein.

VEGF メッセンジャー RNA の誘導は，VEGF タンパク質の出現を伴った 参照ページ▶P.83

166 We examined the frequency of occurrence of diarrhea among travelers from developed to developing countries.

我々は，先進国から発展途上国への旅行者の間での下痢の発生の頻度を調べた 参照ページ▶P.83

167 Rapid emergence of antibiotic-resistant bacterial pathogens has created an urgent need for novel antibiotics.

抗生物質耐性の病原性微生物の急速な発生は，新規抗生物質の差し迫った必要性をつくり出した

参照ページ▶P.83 ▶P.167 ▶P.277

168 Primer extension analysis established the sites of transcription initiation.

プライマー伸長分析は，転写開始の部位を確立した 参照ページ ▶P.83 ▶P.100

169 Tumor development in nude mice was inhibited by 75%.

ヌードマウスにおける腫瘍形成は75%抑制された

参照ページ▶P.84

170 Reduction in gene expression led to decreased peroxisome abundance.

遺伝子発現の低下は，低下したペルオキシソームの存在量につながった

参照ページ▶P.85

171 Treatment with hydrogen peroxide resulted in a significant increase in cell-to-cell variation in gene expression.

過酸化水素による処理は，遺伝子発現における細胞間変動の有意な増大という結果になった

参照ページ▶P.85 ▶P.90

172 Programs of tissue differentiation seem to be controlled by factors regulating gene expression and protein degradation.

組織分化のプログラムは，遺伝子発現とタンパク質分解を調節する因子によって制御されるようである

参照ページ▶P.85 ▶P.118

173 The activation of antigen receptors caused profound alterations in gene expression.

抗原受容体の活性化は，遺伝子発現の著明な変化を引き起こした

参照ページ▶P.85 ▶P.121

174 Heterozygous mutations are thought to contribute significantly to natural variation in gene expression.

ヘテロ接合性変異は，遺伝子発現の自然変異に顕著に寄与すると考えられている

参照ページ▶P.85 ▶P.148 ▶P.149

175 Inhibition of the gene expression could lead to the disruption of tissue architecture seen in breast cancers.

その遺伝子発現の抑制は，乳癌において見られる組織構築の破壊につながりうる

参照ページ▶P.85 ▶P.207

176 Our results confirm that gene expression patterns can be used to predict the aggressiveness of prostate cancer using a novel model.

我々の結果は，遺伝子発現パターンが新規のモデルを使って前立腺癌の悪性度を予測するために使われうるということを確認する

参照ページ▶P.85 ▶P252

177 Inhibition of protein tyrosine kinases by genistein results in significant augmentation of transgene expression.

ゲニステインによるタンパク質チロシンキナーゼの抑制は，導入遺伝子発現の有意な増大という結果になる

参照ページ▶P.85 ▶P.91

178 Stroke is a leading cause of morbidity and mortality in the Western world.

脳卒中は，西洋諸国における罹病率と死亡率の主な原因である 参照ページ▶P.85 ▶P.280

179 Acute renal failure is known to be a leading cause of mortality in critically ill patients.

急性腎不全は，危篤状態の患者の死亡率の主な原因であることが知られている

参照ページ▶P.85 ▶P.264 ▶P.295

180 Prostate cancer is a common cause of morbidity and mortality in the developed world.

前立腺癌は，先進国世界における罹患率と死亡率のよくある原因である 参照ページ▶P.85 ▶P.280

181 Possible reasons for the fluorescence enhancement are discussed.

蛍光増強のありうる理由が議論される 参照ページ▶P.86 ▶P.92

182 Mitochondria are a major source of reactive oxygen species.

ミトコンドリアは，活性酸素種の主な供給源である 参照ページ▶P.86 ▶P.205

183 The rate of periplasmic superoxide production increased in proportion to oxygen concentration.

ペリプラズマのスーパーオキシド産生比は，酸素濃度に比例して増大した 参照ページ▶P.87 ▶P.245

184 Biomedicine has experienced explosive growth and may enable a new generation of medicine.

生物医学は爆発的な成長を経験しており，新しい世代の医薬を可能にするかもしれない

参照ページ▶P.88

185 All recombinant proteins were produced in high yields in *Escherichia coli*.

すべての遺伝子組換えタンパク質が，大腸菌で高収率で産生された 参照ページ▶P.88

186 Transfection of siRNA against c-Jun inhibited DNA synthesis in human fibroblast cells.

c-Jun に対する siRNA のトランスフェクションは，ヒト線維芽細胞において DNA 合成を抑制した

参照ページ▶P.88

187 Liver regeneration is known to occur through replication of existing hepatocytes.

肝再生は，現存する肝細胞の複製によって起こることが知られている 参照ページ▶P.89

188 This genetic deficiency caused a significant increase in marginal zone B cells.

この遺伝的欠損は，辺縁帯 B 細胞の有意な増大を引き起こした

参照ページ▶P.90 ▶P.224 ▶P.265

189 Small increments in background noise increased the amplitude of a subsequently elicited acoustic startle reflex.

バックグラウンドノイズの小さな増大は，引き続いて誘発される聴覚性驚愕反射の振幅を増大させた

参照ページ▶P.91

190 Increases in net content of this protein resulted in statistically significant elevation in severe disease.

このタンパク質の正味容量の増大は，重篤な疾患の統計的に有意な増大という結果になった

参照ページ▶P.91 ▶P.260

191 The cleavable tumors failed to trigger protective immunity and gave rise to metastases.

切断可能な腫瘍は，防御免疫の引き金を引くことができず転移を生じた

参照ページ ▶P.91 ▶P.181

192 In mice fed fat-free diet for 10 days, a significant up-regulation of several enzymes was observed in the lipogenic pathway.

10 日間無脂肪食を与えられたマウスにおいて，いくつかの酵素の顕著な上方制御が脂質合成経路において観察された

参照ページ▶P.92

193 This treatment resulted in a significant enhancement of loss of clonogenic survival in irradiated prostate cancer cells.

この処置は放射線照射された前立腺癌細胞のクローン原性生存の喪失の顕著な増強という結果になった

参照ページ▶P.92

194 The induction of long-term potentiation seems to depend on structural changes entailing reorganization of the actin cytoskeleton.

長期増強の誘導は，アクチン細胞骨格の再構築を伴う構造変化に依存するようである

参照ページ▶P.92 ▶P.120

195 Postsynaptic mechanisms may play a significant role in synaptic facilitation.

シナプス後機構は，シナプス性促進において重要な役割を果たすかもしれない

参照ページ▶P.92 ▶P.192

196 A transcription factor may play an important role in tumor promotion and progression.

転写因子は，癌促進と進行において重要な役割を果たすかもしれない

参照ページ▶P.93 ▶P.192

197 Apoptosis in these melanoma cells was readily triggered by depletion of survival factors, leading to subsequent activation of caspases.

これらのメラノーマ細胞のアポトーシスは生存因子の枯渇によってすぐに誘発され，カスパーゼの引き続いた活性化につながった

参照ページ▶P.93

198 Induction of apoptosis by caffeine appears to be mediated by these pathways.

カフェインによるアポトーシスの誘導は，これらの経路によって仲介されるように思われる

参照ページ▶P.94

199 We examined the mechanisms controlling neurite outgrowth and axon guidance.

我々は，神経突起伸長と軸索誘導を制御する機構を調べた

参照ページ▶P.94 ▶P.99

200 In these mutants, the specificity of motor axon pathfinding and synapse formation appears to be normal.

これらの変異体において，運動軸索誘導の特異性とシナプス形成は正常であるように思われる

参照ページ▶P.94 ▶P.208

201 We demonstrate that cell polarization can occur in the absence of any spatial cues.

我々は，細胞の極性化が空間的キューの非存在下で起こりうることを実証する

参照ページ ▶P.95 ▶P.111

202 These nucleotides are involved in the regulation of apoptosis, cell proliferation and differentiation.

これらのヌクレオチドは，アポトーシス，細胞増殖および分化の調節に関与している

参照ページ▶P.95

203 This integrin plays a key role in cell proliferation and migration.

このインテグリンは，細胞の増殖と移動において鍵となる役割を果たす

参照ページ▶P.95 ▶P.127 ▶P.192

204 Semaphorin 3A induces cytoskeletal rearrangements that lead to growth cone collapse.

セマフォリン 3A は，成長円錐崩壊につながる細胞骨格再構成を誘導する

参照ページ▶P.96 ▶P.119 ▶P.231

205 An immune evasion strategy is thought to have evolved to assist virus replication.

免疫回避戦略は，ウイルス複製を補助するように進化してきたと考えられている

参照ページ▶P.96

206 These clones are tested for their ability to suppress viral replication.

これらのクローンは，ウイルス複製を抑制するそれらの能力に対してテストされる

参照ページ▶P.97 ▶P.173

207 Prion propagation involves the conversion of cellular prion protein, PrPC, into a misfolded oligomeric form, PrPSc.

プリオン伝播は，細胞性プリオンタンパク質 PrPC のミスフォールドしたオリゴマー型 PrPSc への変換を伴う

参照ページ▶P.97

208 EGFR overexpression rarely occurs in the absence of gene amplification.

EGFR（上皮成長因子受容体）の過剰発現は，遺伝子増幅の非存在下ではめったに起こらない

参照ページ▶P.97 ▶P.111

209 These data require a reevaluation of functional redundancy among cytoskeletal regulatory proteins.

これらのデータは，細胞骨格調節タンパク質の中の機能的冗長性の再評価を要求する

参照ページ▶P.98

210 It is not clear if stents are a useful therapy for benign prostatic hyperplasia.

ステントが良性前立腺肥大症の有用な治療法であるかどうかは明らかでない

参照ページ▶P.99

211 This particular gene is required for cell expansion and maturation of the trichome cell wall.

この特定の遺伝子は，細胞増殖および毛状突起細胞壁の成熟のために必要とされる

参照ページ▶P.99

212 An N-terminal extension may facilitate binding of the enzyme to the cell membranes.

N 末端伸長は細胞膜への酵素の結合を促進するかもしれない

参照ページ▶P.100

213 Patients with obsessive-compulsive disorder did not demonstrate evidence of ventricular enlargement.

強迫性障害の患者は，脳室拡大の証拠を示さなかった

参照ページ▶P.100 ▶P.262

214 We evaluated the results of balloon dilation of critical valvular aortic stenosis in 55 neonates.

我々は，55 名の新生児の重篤な大動脈弁狭窄症のバルーン拡張術の結果を評価した

参照ページ▶P.100

215 Familial hypertrophic cardiomyopathy is characterized by ventricular hypertrophy and sudden death.

家族性肥大型心筋症は，心室肥大と突然死によって特徴づけられる

参照ページ▶P.101 ▶P.283

216 Here we highlight recent progress in understanding the cellular and molecular mechanisms of retinoid activity.

ここで我々は，レチノイドの活性の細胞および分子機構を理解する際の最近の進歩を強調する

参照ページ▶P.101 ▶P.102 ▶P.188

217 Great strides have been made in elucidating the molecular mechanisms contributing to polyglutamine pathology.

大きな進歩が，ポリグルタミンの病理学へ寄与する分子機構の解明においてなされた

参照ページ▶P.102 ▶P.188

218 Recent advances in imaging have led to our improved undestanding of the etiopathogenesis of osteoarthritis and rheumatoid arthritis.

イメージングにおける最近の進歩は，変形性関節症と関節リウマチの疾病原因に対する我々の改善された理解へつながってきた

参照ページ▶P.102

219 The changes in cell cycle progression may result from transcriptional defects in these cells.

細胞周期進行の変化は，これらの細胞における転写の欠陥に由来するかもしれない

参照ページ▶P.102

220 These immunohistochemical staining patterns can be clinically useful to predict patients at risk for neoplastic progression.

これらの免疫組織化学的染色パターンは，腫瘍の進行の危険がある患者を予測するために臨床的に有用でありうる

参照ページ▶P.103 ▶P.253 ▶P.258

221 We took advantage of the selective inhibition of the receptors by furosemide.

我々は，フロセミドによるそれらの受容体の選択的抑制を利用した

参照ページ▶P.104 ▶P.156

222 Temporal expression of genes involved in cell cycle regulation and tumor suppression is deregulated in these mutant mice.

細胞周期制御と腫瘍抑制に関与する遺伝子の時間的発現はこれらの変異マウスにおいて調節解除される

参照ページ▶P.104 ▶P.197

223 Heterochromatin formation is generally considered to lead to transcriptional repression of target loci.

ヘテロクロマチン形成は，標的座位の転写抑制につながると一般的に考えられている

参照ページ▶P.105

224 Memory impairment was not associated with relapse of geriatric depression.

記憶障害は，老人性うつ病の再発とは関連しなかった

参照ページ▶P.105 ▶P.262

225 We used RNA interference to show that p53 is required for the cytotoxic effects of this organometallic inhibitor.

我々は，p53 がこの有機金属阻害剤の細胞毒性効果に必要とされるということを示すために RNA 干渉を用いた 参照ページ▶P.106 ▶P.153

226 Increased tumor latency was not likely associated with a decrease in expression of the transgene in the normal mammary gland.

増大した腫瘍潜在性は，正常な乳腺における導入遺伝子の発現の低下と関連しないようであった 参照ページ▶P.107

227 Mice treated with a modified regimen demonstrated a marked reduction in progression of arthritis.

変法療法で処置されたマウスは，関節炎の進行の顕著な低下を実証した 参照ページ▶P.107

228 Data from the Centers for Disease Control and Prevention have shown a marked decline in the incidence of bacterial pneumonia.

疾病対策予防センターからのデータは，細菌性肺炎の発生率の顕著な低下を示している 参照ページ▶P.108

229 This novel alimentary tract operation has contributed to a significant drop in hospital mortality.

この新規の消化管手術は，院内死亡率の有意な低下に寄与している 参照ページ▶P.108 ▶P.281

230 This attenuation map is incorporated into an algorithm for reconstruction and attenuation correction of the radionuclide imaging.

この吸収マップは，放射性核種イメージングの再構築と減衰補正のアルゴリズムに組み込まれている 参照ページ▶P.109

231 There was a significant down-regulation of many glycolytic genes in stationary phase.

定常期における多くの解糖系遺伝子の有意な下方制御があった 参照ページ▶P.109 ▶P.249

232 The addition of caffeine overrides the cell cycle block induced by UV exposure.

カフェインの添加は，紫外線曝露によって誘導された細胞周期ブロックを覆す 参照ページ▶P.109 ▶P.259

233 Costimulation blockade proved to be ineffective in this clinically relevant model.

共刺激遮断は，この臨床的に関連するモデルにおいて無効であることが判明した 参照ページ▶P.110

234 Most cases of Niemann-Pick C disease are caused by loss-of-function mutations in this particular gene.

C型ニーマン・ピック病のほとんどの症例は，この特定の遺伝子の機能喪失型変異によって引き起こされる

参照ページ ▶P.111 ▶P.148

235 There was a complete lack of sequence or structural homology.

配列あるいは構造的相同性は完全に欠如していた

参照ページ ▶P.111 ▶P.144

236 Apoptosis was induced by anticancer drugs, irradiation, and serum deprivation.

アポトーシスが，抗癌剤，放射線照射および血清枯渇によって誘導された

参照ページ ▶P.112 ▶P.289

237 The increase in protein levels of the tumor suppressor resulted in growth arrest independent of telomere length.

腫瘍抑制因子のタンパク質レベルの増大は，テロメア長非依存的な増殖停止という結果になった

参照ページ ▶P.112

238 These mutations generate a premature termination codon in the mRNA.

これらの変異は，そのメッセンジャー RNA における中途終止コドンを生成する

参照ページ ▶P.112

239 We have examined the consequences of a targeted disruption of this kinase.

我々は，このキナーゼの標的破壊の結果を調べてきた

参照ページ ▶P.113

240 The local fibrin deposition is believed to promote inflammation and tissue destruction.

局所のフィブリン沈着は，炎症と組織破壊を促進すると信じられている

参照ページ ▶P.113 ▶P.220

241 Surgical resection of the primary pancreatic tumor conferred a small but significant survival advantage.

原発性膵腫瘍の外科的切除は，小さいが有意な生存優位性を与えた

参照ページ ▶P.113 ▶P.156

242 The repair of DNA by nucleotide excision repair is essential for maintenance of genomic integrity and cell viability.

ヌクレオチド除去修復による DNA の修復は，ゲノムの完全性と細胞生存率の維持にとって必須である

参照ページ ▶P.114 ▶P.163 ▶P.282

243 Catheter ablation was successful in 77 of the 88 patients.

カテーテルアブレーションは，88 名の患者中 77 名で成功した

参照ページ ▶P.114

244 Abasic sites are known to arise in DNA through spontaneous base loss and enzymatic removal of damaged bases.

脱塩基部位は，損傷を受けた塩基の自発的塩基欠失および酵素的除去によって DNA に起こることが知られている

参照ページ▶P.114 ▶P.223

245 Mutagenesis of the three CRX elements resulted in the complete elimination of the promoter activity.

3 つの CRX エレメントの変異誘発は，プロモータ活性の完全な除去という結果になった

参照ページ▶P.114 ▶P.177

246 Both of these aspects may influence the efficiency of DNA scission.

これらの状況の両方は，DNA 切断の効率に影響を与えるかもしれない

参照ページ▶P.115

247 We created a series of truncation mutants of recombinant histone H1-0.

我々は，組換え体ヒストン H1-0 の一連の切断変異体を作製した

参照ページ▶P.115 ▶P.150

248 A truncation mutant of chicken heat shock protein 90 was found to be monomeric.

ニワトリの熱ショックタンパク質 90 の切断変異体は，単量体であることが見つけられた

参照ページ▶P.115 ▶P.150

249 Twenty rats underwent unilateral optic nerve transection.

20 匹のラットが，片側性の視神経切断を受けた

参照ページ▶P.116

250 We generated mice with targeted deletion of the melanin concentrating hormone receptor 1.

我々は，メラニン凝集ホルモン受容体 1 の標的欠失を持つマウスを作製した

参照ページ▶P.116

251 Female carriers of these mutations show a skewed pattern of X-chromosome inactivation.

これらの変異の女性保因者は，X 染色体不活性化の歪んだパターンを示す

参照ページ▶P.117

252 The rapid loss of muscle mass is primarily a result of increased protein breakdown in muscle.

筋量の急速な喪失は，主に筋肉における増大したタンパク質分解の結果である

参照ページ▶P.118

253 Little is known about the mechanisms regulating assembly and disassembly of intercellular junctions.

細胞間結合の構築と分解を調節する機構についてはほとんど知られていない

参照ページ▶P.119 ▶P.232

254 This study was conducted to determine whether macrophage apoptosis is essential to acute plaque rupture.

この研究は，マクロファージのアポトーシスが急性のプラーク破綻に必須であるかどうかを決定するために行われた

参照ページ▶P.119

255 We investigated a variety of approaches to select the best model for the fluorescence decays of solute molecules.

我々は，溶質分子の蛍光減衰の最もよいモデルを選択するためにさまざまなアプローチを精査した

参照ページ▶P.119

256 We observed large changes in chemical shifts of backbone atoms.

我々は，骨格原子の化学シフトの大きな変化を観察した

参照ページ▶P.120 ▶P.128

257 Oxidative modifications of proteins by reactive oxygen species may play a role in the etiology of oxidative stress-related diseases.

活性酸素種によるタンパク質の酸化的修飾は，酸化ストレス関連疾患の病因において役割を果たすかもしれない

参照ページ▶P.122 ▶P.192 ▶P.205 ▶P.257

258 We present a method to probe the effects of thermal fluctuations.

我々は，熱ゆらぎの影響を探索する方法を提示する

参照ページ▶P.122

259 Amphiphysin isoforms are known to play a putative role in membrane deformation at endocytic sites.

アンフィファイシンのアイソフォームは，エンドサイトーシス部位における膜変形において推定上の役割を果たすことが知られている

参照ページ▶P.122

260 Structural distortions induced by the three cysteine mutations were examined.

その 3 つのシステイン変異によって誘導された構造的歪みが調べられた

参照ページ▶P.123

261 Sex ratio distortion occurred in conjunction with a high rate of spontaneous abortion and low reproductive success.

性比の歪みは，高い割合の自然流産と低い生殖成功と連動して起こった

参照ページ▶P.123 ▶P.157 ▶P.242 ▶P.269

262 The mechanisms involved in neuronal differentiation and diversification remain poorly understood.

神経細胞分化と多様化に関与する機構は，よくわからないままである

参照ページ▶P.123

263 These bronchial cells underwent malignant transformation through a series of successive steps.

これらの気管支細胞は，一連の連続的段階を経て悪性転換を起こした 参照ページ▶P.124

264 It has become evident that horizontal gene transfer and genome decay have pivotal roles in the evolution of bacterial pathogens.

遺伝子水平伝播とゲノム崩壊が病原性微生物の進化において中心的な役割を担うということが明らかになった 参照ページ ▶P.125 ▶P.277

265 The transit peptides of these proteins were found to be divergent, in contrast to those from other proteins.

これらのタンパク質の輸送ペプチドは，他のタンパク質のそれらとは対照的に，多岐にわたることが見つけられた 参照ページ▶P.125

266 We also examined the effect of the phase transition at higher fluences.

我々はまた，より高いフルエンスにおける相転移の影響を調べた 参照ページ▶P.125

267 Cell migration is known to play a critical role in tumor cell invasion and metastasis.

細胞遊走は，腫瘍細胞浸潤と転移において決定的に重要な役割を果たすことが知られている
参照ページ▶P.127 ▶P.192 ▶P.279

268 Neutrophil infiltration has been recognized as a hallmark of alcoholic liver disease.

好中球浸潤は，アルコール性肝疾患の特徴として認識されている 参照ページ▶P.128 ▶P.260

269 Activation of this kinase complex triggers entry into mitosis in all eukaryotic cells.

このキナーゼ複合体の活性化は，すべての真核細胞において有糸分裂への移行の引き金を引く
参照ページ▶P.129

270 These compounds were found to inhibit the nuclear import of HIV-1.

これらの化合物は，HIV-1 の核内移行を抑制することが見つけられた 参照ページ▶P.129

271 We investigated a set of reverse transcriptase mutants to evaluate their kinetics of nucleotide incorporation and removal.

我々は，ヌクレオチド取り込みと除去の動力学を評価するために 1 セットの逆転写酵素変異体を精査した 参照ページ▶P.129

272 Contraction induced by electrical stimulation increased glucose uptake in muscles from these mice.

電気刺激によって誘導された収縮は，これらのマウスの筋肉におけるグルコース取り込みを増大させた

参照ページ▶P.130 ▶P.287

273 The excess risk of hemorrhage was associated with low saturated fat intake.

出血の過剰リスクは，低飽和脂肪摂取と関連していた 参照ページ▶P.130 ▶P.258

274 Inactivation of these receptors may regulate the integration of excitatory input.

これらの受容体の不活性化は，興奮性入力の統合を調節するかもしれない 参照ページ▶P.131

275 Chronic alcohol consumption is known to be a risk factor for hepatic injury.

慢性的なアルコール摂取は，肝傷害のリスク因子であることが知られている 参照ページ▶P.132 ▶P.267

276 These two kinases followed the same pathway to regulate nuclear export of Nrf2.

これらの 2 つのキナーゼは，Nrf2 の核外輸送を制御する同じ経路に従った 参照ページ▶P.132

277 These inhibitors were found to decrease urinary excretion of PGE2.

これらの阻害剤は，プロスタグランジン E2 の尿中排泄を低下させることが見つけられた

参照ページ▶P.132

278 Hypoxia did not significantly affect systemic arterial pressure or cardiac output.

低酸素は，全身血圧や心拍出量に有意には影響しなかった 参照ページ▶P.132

279 Two hundred twenty patients with chronic congestive heart failure underwent treadmill exercise testing.

220 名の慢性うっ血性心不全の患者がトレッドミル運動負荷試験を受けた 参照ページ▶P.133 ▶P.264

280 In autonomic ganglia, these receptors are known to be responsible for fast synaptic transmission.

自律神経節において，これらの受容体は速いシナプス伝達に責任があることが知られている

参照ページ▶P.134

281 The fusion protein and its mutants were efficiently expressed in these cells through retroviral transduction.

融合タンパク質とその変異体が，レトロウイルス導入によってこれらの細胞において効率的に発現させられた

参照ページ▶P.134

282 The purpose of this study was to elucidate how intercellular communication is regulated in epithelial cell clusters.

この研究の目的は，どのように細胞間情報交換が上皮細胞集団において調節されているかを解明することであった

参照ページ▶P.135

283 These results strongly support direct participation of mast cells in mouse atherogenesis.

これらの結果は，マウスのアテローム発生への肥満細胞の直接の関与を強く支持する

参照ページ▶P.138

284 We discuss these findings in relation to the role of the amygdala in emotional learning.

我々は，感情学習における扁桃体の役割と関連してこれらの知見を議論する

参照ページ▶P.139

285 Our data establish a molecular link between presenilins and the apoptotic pathway.

我々のデータは，プレセニリンとアポトーシス経路の間の分子的つながりを確立する

参照ページ▶P.141 ▶P.193

286 There was no correlation between calcium mobilization and the CD4 cell count in HIV-infected patients.

HIV 感染患者においてカルシウム動員と CD4 細胞数の間に相関はなかった

参照ページ▶P.142 ▶P.248

287 The aim of this study was to clarify the physiological relevance of a selenium-containing enzyme, glutathione peroxidase.

この研究の目的は，セレン含有酵素，グルタチオンペルオキシダーゼ，の生理学的関連性を明らかにすることであった

参照ページ▶P.142

288 Linkage disequilibrium patterns have demonstrated that recombination hotspots are responsible for much of the recombination activity in the human genome.

連鎖不均衡のパターンは，組換えホットスポットがヒトゲノムにおける組換え活性の大部分に責任があることを実証してきた

参照ページ▶P.143

289 These results are in agreement with findings from other researchers.

これらの結果は，他の研究者からの知見と一致している

参照ページ▶P.143

290 Blue-light photoreceptors share a high level of sequence identity with the light-activated DNA photolyase.

青色光受容体は，光活性化 DNA 光修復酵素と高いレベルの配列相同性を共有している

参照ページ▶P.144

291 The Drosophila transcription factor CWO shares homology with mammalian DEC1 and DEC2.

ショウジョウバエの転写因子 CWO は，哺乳類の DEC1 および DEC2 と相同性を共有する

参照ページ▶P.145

292 These results reveal striking similarities in the stem cell niches of male and female gonads.

これらの結果は，雄と雌の生殖腺の幹細胞ニッチにおける顕著な類似性を明らかにする

参照ページ▶P.145

293 The need for informed consent was waived by the review board.

インフォームドコンセントの必要性は，審査委員会によって棄却された

参照ページ▶P.145

294 Substantial differences were found in the carbohydrate moieties attached to the proteins.

実質的差異がそれらのタンパク質に結合した糖鎖において見つけられた

参照ページ▶P.146 ▶P.208

295 These results reveal a number of important similarities and differences between the two enzymes.

これらの結果は，それら 2 つの酵素の間のいくつかの重要な類似性と相違を明らかにする

参照ページ▶P.147

296 There is extensive evolutionary divergence between bony fish and mammals.

硬骨魚と哺乳類の間に広範な進化学的分岐がある

参照ページ▶P.147

297 The olfactory bulb plays a pivotal role in odor discrimination.

嗅球は，匂いの識別において中心的役割を果たす

参照ページ▶P.147 ▶P.192

298 There are known racial disparities for early-onset renal impairment.

早発性の腎機能障害には既知の人種的格差がある

参照ページ▶P.147 ▶P.262

299 There are notable exceptions to Mendelian laws of inheritance.

メンデルの遺伝の法則には明らかな例外がある

参照ページ▶P.148

300 An abundant cell surface protein may allow the organism to evade host defenses by antigenic variation.

豊富な細胞表面タンパク質は，生物が抗原変異によって宿主防御を逃れるのを可能にするかもしれない

参照ページ▶P.149 ▶P.181 ▶P.232

301 Multiple splice variants appear to play a role in migration of tumor cells.

多重スプライス変異体は，腫瘍細胞の遊走において役割を果たすように思える 参照ページ▶P.150 ▶P.192

302 Demographics, injury data, mortality, and clinical outcomes were compared between the two groups.

人口統計学，傷害データ，死亡率および臨床成績が 2 群間で比較された 参照ページ▶P.151

303 Women with inflammatory bowel disease were found to have an adverse outcome related to pregnancy.

炎症性腸疾患の女性は，妊娠に関連する有害事象を持つことが見つけられた 参照ページ▶P.152 ▶P.260

304 These mutant cell lines were resistant to the growth inhibitory effects of temperature-sensitive murine p53.

これらの変異細胞株は，温度感受性マウス p53 の増殖抑制効果に耐性であった 参照ページ▶P.153

305 Similar beneficial effects were also observed, albeit to a lesser extent.

より低い程度ではあるが，類似した有益な効果もまた観察された 参照ページ▶P.153 ▶P.250

306 This cathepsin inhibitor, when used in combination with chemotherapy, is expected to increase antitumor efficacy.

このカテプシン阻害剤は，化学療法と組み合わせて使われたとき，抗腫瘍活性を増大させることが予期される 参照ページ▶P.154 ▶P.213

307 Hydrogen bonding makes an important contribution to the specificity of intramolecular and intermolecular interactions in biological systems.

水素結合は，生物システムにおける分子内および分子間相互作用の特異性に重要な寄与をする 参照ページ▶P.156 ▶P.184 ▶P.185 ▶P.196

308 This drug provides important clinical benefits for patients with myelodysplastic syndrome.

この薬剤は，骨髄異形成症候群の患者にとって重要な臨床的利益を与える 参照ページ▶P.156 ▶P.266

309 The mutation is predicted to confer a growth advantage on cells.

その変異が，細胞に増殖優位性を与えると予想される 参照ページ▶P.156

310 Visual experience influences the development of visual cortical circuitry.

視覚的経験は，視覚野回路の発達に影響を与える 参照ページ▶P.157 ▶P.195

311 Pathologic features and details of treatment were analyzed retrospectively.

病理学的特徴と治療の詳細が遡及的に分析された

参照ページ▶P.158

312 The authors examined associations between survival, estrogen use and patient characteristics in 1,234 women with congestive heart failure.

著者らは，1,234 名のうっ血性心不全の女性における生存，エストロゲン使用および患者特性の間の関連を調べた

参照ページ▶P.159 ▶P.264

313 This enzyme is known to have a substrate specificity distinct from other protein kinase C isoforms.

この酵素は，他のプロテインキナーゼ C アイソフォームとは異なる基質特異性を持つことが知られている

参照ページ▶P.160

314 We investigated the biochemical properties of DNA damage recognition by the mutant protein.

我々は，その変異タンパク質による DNA 損傷認識の生化学的性質を精査した

参照ページ▶P.160 ▶P.182 ▶P.266

315 Their unique properties are crucial for efficient reverse transcription.

それらの独特の性質は，効率的な逆転写に決定的に重要である

参照ページ▶P.161 ▶P.195

316 Our results have illustrated the dynamic nature of the individual protein molecule components of ND10.

我々の結果は，ND10 の個々のタンパク質分子成分の動的性質を例証してきた

参照ページ▶P.161 ▶P.214

317 We examined the phenotype, function, and cytokine profiles of the transduced cells *in vitro*.

我々は，試験管内形質導入された細胞の表現型，機能およびサイトカインプロファイルを調べた

参照ページ▶P.162

318 We identified 25 patients with high propensity for nontraumatic fracture.

我々は，非外傷性骨折の強い傾向を持つ 25 名の患者を同定した

参照ページ▶P.162

319 Out of the 40 genes, 15 showed independent prognostic significance after adjustment for age, leukocyte count at diagnosis, and genetic subtype.

年齢，診断時白血球数および遺伝学的サブタイプに対して補正したあと，それらの 40 遺伝子のうち 15 が独立した予後的重要性を示した

参照ページ▶P.164 ▶P.199 ▶P.248

320 These findings have important implications for the development of novel chemotherapeutic compounds.

これらの知見は，新規の化学療法化合物の開発に重要な意味を持つ 参照ページ▶P.165

321 Computer-aided diagnosis offers the potential to improve diagnostic accuracy.

コンピューターを使った診断は，診断精度を改善する可能性を提供する 参照ページ▶P.165 ▶P.175

322 The DNA enzyme has an absolute requirement for a divalent metal cation.

DNA 酵素は二価金属カチオンに対して絶対的必要性を持つ 参照ページ▶P.166

323 The choroid requires a high flow rate to satisfy the normal metabolic demand of the retina.

そのコロイドは，網膜の正常な代謝要求を満足させる速い流速を必要とする 参照ページ▶P.167 ▶P.241

324 The program is available upon request from the author.

そのプログラムは，著者からの請求に応じて入手可能である 参照ページ▶P.167

325 Functional limitations can create a vicious cycle of stress and disability.

機能的制約は，ストレスと能力障害の悪循環をつくりうる 参照ページ▶P.168

326 We used the distance constraints in simulated annealing.

我々は，シミュレートされたアニーリングにおいて距離的制約を利用した 参照ページ▶P.169

327 We report the effects of ventricular fibrillation duration on the defibrillation threshold.

我々は，除細動閾値に対する心室細動持続時間の影響を報告する 参照ページ▶P.169

328 Dyskeratosis congenita is thought to be primarily a disease of defective telomere maintenance.

先天性角化異常症は，主に欠陥のあるテロメア維持の疾患であると考えられる 参照ページ▶P.170

329 A multivalent minigene vaccine can confer protection against diverse pathogens.

多価のミニ遺伝子ワクチンは，多様な病原体に対する保護を与えうる 参照ページ▶P.170

330 Tumoricidal macrophages are a necessary component of immune surveillance in these mice.

殺腫瘍性マクロファージは，これらのマウスにおける免疫監視の必要な構成要素である

参照ページ▶P.170 ▶P.204

331 We studied 24 obese children with impaired glucose tolerance.

我々は，耐糖能の障害を持つ 24 名の肥満の子どもを研究した

参照ページ▶P.171

332 Adaptive immunity confers resistance to challenge infection.

適応免疫は，攻撃感染に対する抵抗性を与える

参照ページ▶P.172 ▶P.181

333 These antigen-activated T cells had comparable proliferative capacity in primary responses.

これらの抗原活性化 T 細胞は，一次応答において匹敵する増殖能力を持っていた

参照ページ▶P.173

334 The techniques may have great potential for understanding mild traumatic brain injury.

それらの技術は，軽度外傷性脳損傷を理解する大きな潜在能を持つかもしれない

参照ページ▶P.175 ▶P.267

335 Analyses with microarrays have great potential to generate new insights into human disease pathogenesis.

マイクロアレイによる分析は，ヒト疾患の病因への新しい洞察を生み出すための大きな潜在能を持つ

参照ページ▶P.175 ▶P.276

336 The presence of unsaturation resulted in the production of geometric isomers with different inhibitory potencies.

不飽和の存在は，異なる抑制活性を持つ幾何異性体の産生という結果になった

参照ページ▶P.175

337 The study had 90% power to detect a putative mutant allele at a significance level of 5% .

その研究は，5%の有意水準で推定上の変異アレルを検出する 90%検出力を持っていた

参照ページ▶P.176

338 Assessments of memory performance were conducted on 3 separate occasions at 7-day intervals.

記憶力の評価は，7 日おきに 3 回の別々の機会に行われた

参照ページ▶P.177 ▶P.241

339 Here we discuss developmental consequences of aberrant telomerase activity.

ここに我々は，異常なテロメラーゼ活性の発生上の影響を議論する 参照ページ▶P.177

340 Viscosity is a major determinant of capillary resistance.

粘性は，毛細血管抵抗の主要な決定要因である 参照ページ▶P.178

341 These antigens offer a unique opportunity to characterize host responses.

これらの抗原は，宿主応答を特徴づけるための独特の機会を提供する 参照ページ▶P.179 ▶P.241

342 Autophagy plays an essential role in both innate and adaptive immunity.

オートファジーは，自然免疫および適応免疫の両方において必須の役割を果たす

参照ページ▶P.181 ▶P.192

343 Mechanism of substrate recognition by botulinum neurotoxin type A is poorly understood.

A 型ボツリヌス毒素による基質認識の機構は，あまり理解されていない 参照ページ▶P.182

344 We established a novel assay to demonstrate specific binding of flagellin to cells.

我々は，細胞へのフラジェリンの特異的結合を実証するための新規のアッセイを確立した

参照ページ▶P.183

345 These results highlight the importance of the location of an engineered disulfide bond on the propagation of stability.

これらの結果は，安定性の伝播に対する操作されたジスルフィド結合の位置の重要性を強調する

参照ページ▶P.184

346 Apoptosis is regulated by a complex interplay between regulatory proteins.

アポトーシスは，調節タンパク質の間の複雑な相互作用によって制御される 参照ページ▶P.185

347 An increase in leukocyte adhesion is one of the key aspects of pathological inflammation.

白血球付着の増大は，病的炎症の重要な面の 1 つである 参照ページ▶P.185 ▶P.236

348 These neurons failed to maintain appropriate synaptic connections.

これらのニューロンは，適切なシナプス結合を維持することができなかった 参照ページ▶P.186

349 These proteins are essential for sister chromatid cohesion during mitosis.

これらのタンパク質は，有糸分裂の間の姉妹染色分体接着に必須である 参照ページ▶P.186

350 The mechanism of activation of human endothelial cells may require direct cell-cell contact.

ヒト内皮細胞の活性化の機構は，直接の細胞間接着を必要とするかもしれない 参照ページ▶P.186

351 Both isoforms displayed similar DNA binding affinities.

両方のアイソフォームは，類似したDNA結合親和性を示した 参照ページ▶P.187

352 Integration into the host genome is a hallmark of the retroviral life cycle.

宿主ゲノムへの組込みは，レトロウイルスの生活環の特徴である 参照ページ▶P.195

353 Progesterone is thought to be protective to the central nervous system following injury.

プロゲステロンは，傷害のあとの中枢神経系に保護的であると考えられる 参照ページ▶P.196

354 Sequence motifs are important in the analysis of gene regulation.

配列モチーフは，遺伝子制御の解析において重要である 参照ページ▶P.197 ▶P.233

355 Induction of these responses may require additional immune modulation later in therapy for chronic hepatitis C virus infection.

これらの反応の誘導は，慢性C型肝炎ウイルス感染の治療の後期において付加的な免疫調節を要求するかもしれない 参照ページ▶P.198 ▶P.271

356 Differences remained significant after adjustment for age at onset, disease duration, and sex.

発症時年齢，罹患期間および性別に対して補正したあと，相違は有意なままであった 参照ページ▶P.199 ▶P.270

357 Zinc deficiency may result in abnormal dark adaptation.

亜鉛欠乏は，異常な暗順応という結果になるかもしれない 参照ページ▶P.199 ▶P.265

358 A central question in molecular evolution has been whether natural selection plays a crucial role at the DNA sequence level.

分子進化における中心的疑問は，自然淘汰がDNA配列レベルで決定的に重要な役割を果たすかどうかということであった 参照ページ▶P.199 ▶P.202

359 Identification of these factors would facilitate further refinement of the technique of carotid stenting and optimize patient selection.

これらの因子の同定は頸動脈ステントの技術のさらなる改善を促進し，そして患者選別を最適化するであろう

参照ページ▶P.200 ▶P.295

360 Little attention has been paid to diversity in female mate choice.

メスの配偶者選択における多様性にはほとんど注意が払われなかった

参照ページ▶P.200

361 Dementia is a major public health problem with limited therapeutic options.

認知症は，限られた治療法の選択肢しかない主要な健康問題である

参照ページ▶P.200 ▶P.256 ▶P.283

362 The electrodes exhibited high selectivity against other cations such as magnesium, sodium, and potassium.

その電極は，マグネシウム，ナトリウムおよびカリウムのような他の陽イオンに対して高い選択性を示した

参照ページ▶P.200

363 The mechanism of sperm competition in Drosophila remains largely unknown.

ショウジョウバエにおける精子競争の機構は，ほとんど知られていないままである

参照ページ▶P.201

364 These cells are thought to be an integral component of acute allograft rejection.

これらの細胞は，急性同種移植片拒絶の不可欠な構成要素であると考えられる

参照ページ▶P.204 ▶P.275

365 This effect seems to be attributed to caffeine as an active ingredient of tea.

この効果は，お茶の活性成分としてのカフェインに起因すると思われる

参照ページ▶P.204

366 Some of the mutations investigated in this study were found to affect the cleavage site and secondary structure.

この研究で調べられた変異のいくつかは，切断部位と二次構造に影響を与えることが見つけられた

参照ページ▶P.205 ▶P.223

367 These regions adopted helical structure in the native state.

これらの領域は，未変性状態においてらせん構造をとった

参照ページ▶P.206 ▶P.234

368 One of the three different forms for the interaction potentials has a non-compact native conformation.

相互作用能について 3 つの異なる型の 1 つは，非コンパクトな未変性構造を持つ

参照ページ▶P.207 ▶P.253

369 These proteins modulate microtubule organization and stability.

これらのタンパク質は，微小管構築と安定性を調節する 参照ページ▶P.209

370 We identified a number of proteins involved in cytoskeletal reorganization.

我々は，細胞骨格の再構築に関与するいくつかのタンパク質を同定した 参照ページ▶P.210

371 The purpose of this study was to test the effect of redox buffer on platelet aggregation.

この研究の目的は，血小板凝集に対する酸化還元緩衝液の効果をテストすることであった

参照ページ▶P.210

372 We analyzed hematopoietic progenitor populations during ontogeny.

我々は，個体発生の間の造血前駆細胞集団を解析した 参照ページ▶P.211

373 Compared to the control group, neutrophil accumulation in skin chambers decreased by about 50% in elderly subjects.

対照群と比べて，スキンチャンバー法の好中球蓄積は高齢患者でおよそ50%低下した

参照ページ▶P.212 ▶P.220

374 These changes were also observed in the placebo group.

これらの変化は，プラセボ群においても観察された 参照ページ▶P.212

375 We used hierarchical cluster analysis to determine biochemical differences between these cells.

我々は，これらの細胞の間の生化学的違いを決定するために階層的クラスター分析を使用した

参照ページ▶P.212

376 We analyzed deletion constructs to determine what sequences are involved in light activation.

我々は，何の配列が光活性化に関与するかを決定するために欠失コンストラクトを解析した

参照ページ▶P.214

377 Plasmin is the end product of plasminogen activation.

プラスミンは，プラスミノーゲン活性化の最終産物である 参照ページ▶P.215

378 The chromophore 11-cis-retinal acts as an inverse agonist in rhodopsin.

クロモフォア 11-シスレチナールは，ロドプシンにおいて逆作用薬として作用する 参照ページ▶P.216

379 We examined whether intervention by the opioid antagonist naltrexone can restore reepithelialization in diabetic cornea.

我々は，糖尿病角膜症においてオピオイド拮抗薬ナルトレキソンによる介入が再上皮化を修復しうるかどうかを調べた

参照ページ▶P.216

380 Some membrane proteins are translocated from intracellular pools.

いくつかの膜タンパク質は，細胞内プールから移行する

参照ページ▶P.217

381 This novel peptide-based targeting system may enhance enzyme replacement therapy for certain human lysosomal storage diseases.

この新規ペプチドターゲッティングシステムは，ある種のヒトのリソソーム蓄積症のための酵素補充療法を増強するかもしれない

参照ページ▶P.218 ▶P.284

382 Here we report simultaneous assessment of fractional and coronary flow reserves in cardiac transplant recipients.

ここに我々は，心臓移植レシピエントにおける機能的予備能および冠動脈血流予備能の同時評価を報告する

参照ページ▶P.218 ▶P.292 ▶P.296

383 Islet amyloid deposits were never seen in nontransgenic animals.

膵島のアミロイド沈着物は，非トランスジェニック動物においては決してみられなかった

参照ページ▶P.220

384 In all cortical areas, there were many atypical neurons.

すべての皮質領において，多くの非定型ニューロンが存在した

参照ページ▶P.222

385 The authors mapped a susceptibility locus for stuttering to chromosome 12 in 52 highly inbred families.

著者らは，52 の高度に純系の家族において吃音症の感受性部位を第 12 染色体に位置づけた

参照ページ▶P.224

386 Glucocorticoids are known to be an integral part of the host's global response to infection.

グルコココルチコイドは，感染に対する宿主の包括的応答の不可欠な部分であることが知られている

参照ページ▶P.225

387 These isoforms were found to have different sequences in their extracellular and transmembrane domains.

これらのアイソフォームは，それらの細胞外および膜貫通ドメインにおいて異なる配列を持つことが見つけられた

参照ページ▶P.226

388 We analyzed the results based on anatomic location.

我々は，解剖学的部位に基づいてそれらの結果を分析した 参照ページ▶P.228

389 Here we report the molecular cloning and tissue distribution of zebrafish transmembrane ephrins.

ここに我々は，ゼブラフィッシュ膜貫通エフリンの分子クローニングと組織分布を報告する

参照ページ▶P.230

390 Lyn-deficient mice are known to have impaired development of germinal centers in spleen.

Lyn 欠損マウスは，脾臓の胚中心の発生障害を持つことが知られている 参照ページ▶P.231

391 These genes were found to be involved in various aspects of cell surface structure.

これらの遺伝子は，細胞表面構造の様々な側面に関与していることが見つけられた

参照ページ▶P.232 ▶P.236

392 We observed changes in the protrusion of the membrane surface.

我々は，膜表面の突起の変化を観察した 参照ページ▶P.232

393 The aim of this study was to identify genes involved in the control of spindle orientation.

この研究の目的は，紡錘体配向の制御に関与する遺伝子を同定することであった 参照ページ▶P.233

394 Promoter and enhancer elements invariably associate to form DNA loops at transcriptionally active loci.

プロモーターおよびエンハンサーのエレメントは，転写的に活発な部位において DNA ループを形成するように一定に結合する 参照ページ▶P.234

395 Both gender and menopausal status should be considered when prescribing an antidepressant medication for a depressed patient.

うつ病患者に対する抗うつ薬を処方するとき，性別と閉経状態の両方が考慮されるべきである

参照ページ▶P.235 ▶P.291

396 Clinicians should know how to counsel patients regarding use of alternative medical therapies in a given clinical situation.

臨床家は，与えられたある特定の臨床的状況において代替の医学療法の使用に関してどのように患者をカウンセリングするかを知るべきである 参照ページ▶P.236 ▶P.285

397 We investigated the role of these interactions under physiological conditions.

我々は，生理的条件下でのこれらの相互作用の役割を精査した 参照ページ▶P.237

398 For example, it is not known whether lactose affects zinc absorption.

例えば，ラクトースが亜鉛の吸収に影響するかどうかは知られていない 参照ページ▶P.239

399 Long-term cannabis use may cause permanent cognitive impairment and, in some instances, psychiatric illness.

長期の大麻の使用は，永続的認知障害を，そしていくつかの例では，精神病を引き起こすかもしれない

参照ページ▶P.239 ▶P.261 ▶P.262

400 In all cases, the placebo effect was very strong, demonstrating the value of placebo-controlled surgical trials.

すべての事例で，プラセボ効果は非常に強く，プラセボを対照とした外科的治験の価値を実証した

参照ページ▶P.240

401 The most common adverse events included anorexia, fatigue and diarrhea.

もっともよくある有害事象は，食欲不振，疲労および下痢を含んでいた 参照ページ▶P.240

402 Survival rates for cancer have increased from 49% to 63% over the last 3 decades.

癌の生存率が最近 30 年の間に 49%から 63%に上昇した 参照ページ▶P.241

403 The hazard ratio for progression-free survival was 0.88 for patients with anaplastic large-cell lymphoma.

無進行生存のハザード比は，未分化大細胞リンパ腫の患者に対して 0.88 であった 参照ページ▶P.242

404 The mean conduction velocity of the axons were significantly slowed.

それらの軸索の平均の伝導速度は，有意に遅くなっていた 参照ページ▶P.243

405 In this study, we investigated the effect of increasing concentrations of gelsolin on bacterial motility.

この研究において，我々は細菌の運動性に対するゲルゾリンの濃度の増大の影響を精査した

参照ページ▶P.246

406 Abnormal proteolytic processing of mutant huntingtin is likely to be a critical step in the initiation of Huntington's disease.

変異ハンチンチンの異常なタンパク質プロセシングは，ハンチントン病の開始においておそらく決定的に重要な段階であろう 参照ページ▶P.248 ▶P.261

407 We collected data from patients treated with conventional therapy in the early phase of their rheumatoid arthritis.

我々は，関節リウマチの初期相において既存療法によって治療された患者からのデータを収集した

参照ページ▶P.249 ▶P.285

408 Streptozotocin-induced diabetic mice developed identical changes, but to a lesser degree than non-obese diabetic mice.

ストレプトゾトシンで誘導された糖尿病マウスは，非肥満糖尿病マウスより低い程度で，同一の変化を発症した

参照ページ▶P.250

409 Depletion of these microRNAs resulted in increased cell apoptosis in a dose-dependent manner.

これらのマイクロ RNA の枯渇は，用量依存的様式で細胞のアポトーシスの増大という結果になった

参照ページ▶P.250

410 These kinases in complex with other flavone inhibitors exhibited a different binding mode with the inhibitor.

他のフラボン阻害剤と複合体を形成したこれらのキナーゼは，その阻害剤との異なる結合様式を示した

参照ページ▶P.251

411 Tuberculosis remains a global public health problem.

結核は，世界的な公衆衛生問題のままである

参照ページ▶P.256 ▶P.283

412 A number of technical difficulties had to be overcome to map individual mutants.

いくつかの技術的困難が，個々の変異体をマップするためには克服されなければならなかった

参照ページ▶P.256

413 This is a major obstacle to the development of recombinant vaccines for infectious diseases.

これは，感染症に対する組換え型ワクチンの開発への主な障壁である

参照ページ▶P.256 ▶P.260

414 These enzymes do not cross the blood-brain barrier.

これらの酵素は，血液脳関門を越えない

参照ページ▶P.257

415 There were significant improvements in psychological distress.

心理的苦痛の顕著な改善があった

参照ページ▶P.257 ▶P.294

416 Mitochondrial dysfunction and oxidative stress may be associated with cellular senescence.

ミトコンドリア機能不全と酸化ストレスは，細胞老化と関連しているかもしれない

参照ページ▶P.257 ▶P.263

417 Chronic alcohol abuse appears to be associated with the severity of multiple organ dysfunction.

慢性のアルコール乱用は，多臓器不全の重症度と関連しているようである 参照ページ▶P.259 ▶P.264

418 Antigen presentation is essential to the effective control of infectious diseases.

抗原提示は，感染症の効果的な制御に必須である 参照ページ▶P.260 ▶P.273

419 Patients who have underlying vascular disease are likely to develop thrombotic vascular occlusions.

根底にある血管疾患を持つ患者は，血栓性血管閉塞を起こしやすい 参照ページ▶P.260 ▶P.274

420 We conducted a 6-week, randomised, dose-ranging study in 444 patients with chronic obstructive pulmonary disease.

我々は，444 名の慢性閉塞性肺疾患の患者における 6 週間のランダム化された用量範囲探索試験を行った 参照ページ▶P.260

421 Bronchopulmonary dysplasia is a chronic lung disease that affects preterm neonates.

気管支肺異形成症は，早産の新生児に影響を与える慢性肺疾患である 参照ページ▶P.260 ▶P.269

422 Alzheimer's disease is known to eventually lead to cognitive impairment and dementia.

アルツハイマー病は，最終的には認知障害と認知症につながることが知られている

参照ページ▶P.261 ▶P.262

423 The identification of genetic susceptibility factors in the etiology of Alzheimer's disease is of increasing importance.

アルツハイマー病の病因における遺伝的感受性因子の同定は，重要性を増しつつある

参照ページ▶P.261 ▶P.271

424 Severity of illness is an important factor determining ICU survival.

疾患の重症度は，集中治療室生存率を決定する重要な因子である 参照ページ▶P.261

425 Sitosterolemia is a disorder characterized by sterol accumulation and premature atherosclerosis.

シトステロール血症は，ステロール蓄積と早期のアテローム性動脈硬化によって特徴づけられる疾患である 参照ページ▶P.262

426 Attention deficit hyperactivity disorder is characterized by physical hyperactivity and behavioural disinhibition.

注意欠陥多動性障害は，身体的な活動亢進と行動の脱抑制によって特徴づけられる 参照ページ▶P.263

427 Sleep disturbance was positively correlated with depression and thinking errors.

睡眠障害は，うつや思考の誤りと正に相関した 参照ページ▶P.263

428 Human cytomegalovirus is an opportunistic pathogen causing birth defects in newborns.

ヒトサイトメガロウイルスは，新生児において先天異常を引き起こす日和見病原体である 参照ページ▶P.264 ▶P.277

429 These mutants exhibit defects in the translocation of proteins across the thylakoid membrane.

これらの変異は，チラコイド膜を越えるタンパク質の移行の欠陥を示す 参照ページ▶P.265

430 Increased intra-pulpal pressure may be responsible for pain and irreversible tissue damage.

増大した歯髄内圧力は，痛みと不可逆的な組織損傷の原因であるかもしれない 参照ページ▶P.266

431 Body mass index seems to be associated with hospital mortality in mechanically ventilated patients with acute lung injury.

ボディ・マス・インデックスは，機械的に換気された急性肺傷害の患者の院内死亡率と関連しているように思われる 参照ページ▶P.267 ▶P.281

432 Formation of new excitatory circuits after brain injury may contribute to epileptogenesis.

脳損傷のあとの新しい興奮性回路の形成は，てんかん発生に寄与するかもしれない 参照ページ▶P.267

433 Phospholipid transfer protein is known to be present in human atherosclerotic lesions.

リン脂質輸送タンパク質は，ヒトの動脈硬化病変に存在することが知られている 参照ページ▶P.268

434 The average age at onset of symptoms was 5.6 years.

症状の平均発症時年齢は，5.6 歳であった 参照ページ▶P.270

435 Patients with viral and bacterial infections often experience taste dysfunctions.

ウイルスと細菌感染を持つ患者は，しばしば味覚障害を経験する 参照ページ▶P.270

436 Local recurrence of supraglottic carcinoma resulted in permanent loss of laryngeal function.

声門上癌の局所再発は，喉頭機能の永久喪失という結果になった 参照ページ▶P.272

437 This review outlines the clinical manifestations of allergic contact dermatitis in children.

このレビューは，子供のアレルギー性接触皮膚炎の臨床症状の概略を述べる 参照ページ▶P.273

438 Vital signs of all patients were recorded before and after drug treatment.

すべての患者のバイタルサインが，薬物処置の前と後に記録された 参照ページ▶P.273 ▶P.284

439 Complications included bowel obstruction and pneumonia.

合併症には，腸閉塞と肺炎があった 参照ページ▶P.274

440 These cells seem to be both necessary and sufficient to mediate acute allograft rejection.

これらの細胞は，急性同種移植片拒絶を仲介するのに必要かつ十分であるように思われる 参照ページ▶P.275

441 A reliable questionnaire should be used to objectively assess symptom severity.

信頼できるアンケートが，症状重症度を客観的に評価するために使われるべきである 参照ページ▶P.276

442 Schizophrenia is a brain disease of unknown etiology.

統合失調症は，未知の病因の脳疾患である 参照ページ▶P.276

443 These mice were infected with a virus of low pathogenicity.

これらのマウスは，低い病原性のウイルスに感染していた 参照ページ▶P.277

444 These studies were designed to identify virulence factors for infective endocarditis.

これらの研究は，感染性心内膜炎の病原性因子を同定するために設計された 参照ページ▶P.277

445 The 1918 influenza pandemic was responsible for about 50 million deaths worldwide.

1918 年のインフルエンザ大流行は，世界中で約 5,000 万人の死の原因となった 参照ページ▶P.278

446 Forty-two of 52 patients achieved a complete remission.

52 名の患者のうちの 42 名が完全寛解を達成した 参照ページ▶P.278

447 After intravenous administration of the recombinant viruses, these immunocompetent mice exhibited prolonged survival against lethal lung metastasis.

組換えウイルスの静脈内投与のあと，これらの免疫適格性マウスは致死性の肺転移に対する生存期間延長を示した 参照ページ▶P.279 ▶P.282 ▶P.291

448 Major complications occurred in 24 (7%) patients.

重大な合併症が，24 名（7%）の患者において起こった 参照ページ▶P.279

449 Patients with Cowden syndrome were found to have a high prevalence of endometrial malignancies.

カウデン症候群の患者は，子宮内膜悪性腫瘍の高い有病率を持つことが見つけられた 参照ページ▶P.280

450 Appropriate surgical management of intrathoracic leaks causes no increased mortality.

胸腔内漏出の適切な外科的管理は，死亡率上昇を引き起こさない 参照ページ▶P.281 ▶P.287

451 Lack of definitive hematopoiesis led to embryonic lethality.

二次造血の欠如は，胚性致死につながった 参照ページ▶P.281

452 Clopidogrel emerged as an effective treatment regimen after coronary stent implantation.

クロピドグレルは，冠状動脈のステント留置術のあと効果的な治療計画として登場した 参照ページ▶P.284 ▶P.286 ▶P.293

453 In addition to 10 previously described genes, we have identified 18 novel genes.

10 個の以前に述べられた遺伝子に加えて，我々は 18 の新規の遺伝子を同定した 参照ページ▶P.288

454 This downregulation contributed to the potentiation of apoptosis induced by chemotherapeutic agents.

この下方制御は，化学療法剤によって誘導されるアポトーシスの増強に寄与した 参照ページ▶P.289

455 Mice received intraperitoneal injections three times a week for 4 weeks.

マウスは，4 週間にわたって週に 3 回ずつ腹腔内注射を受けた

参照ページ▶P.291

456 Immunosuppression after organ transplantation is a well-known risk factor for skin cancer and lymphoma.

臓器移植のあとの免疫抑制は，皮膚癌とリンパ腫のよく知られたリスク因子である.

参照ページ▶P.292

457 In all, 123 adult renal transplant recipients were retrospectively analyzed for both infections.

全体で，123 名の大人の腎移植レシピエントが両方の感染に対して遡及的に解析された

参照ページ▶P.292 ▶P.296

458 Five-year clinical follow-up data were reviewed in 251 heart transplant recipients.

5 年の臨床経過観察データが，251 名の心臓移植レシピエントにおいてレビューされた

参照ページ▶P.293 ▶P.296

459 The degree of functional recovery of each patient in this group was assessed using a battery of outcome measures.

このグループのおのおのの患者の機能的回復の程度は，一連の評価項目を使って評価された

参照ページ▶P.294

460 Twenty percent of eligible patients remained untreated.

適格患者の 20%が治療されないままであった

参照ページ▶P.295

461 The renal retransplants consisted of 43 cadaver transplants and 12 living donor transplants.

腎再移植は，43 の屍体移植と 12 の生体ドナー移植からなった

参照ページ▶P.296

コラム

英単語学習法のいろいろ

単語の語彙は，たくさんの英文を読む中で自然に覚えていくと言うのが最も望ましい．しかし，読める量が限られている以上，何らかの補助的な方法も必要であろう．では実際に単語学習を行うとして，どのように学ぶのが一番いいのだろうか？

従来の単語学習法は，大きく３つに分けられる．

① 豆単方式

② でる単方式

③ システム方式

である．

①は最も昔からあるもので，単語がアルファベット順に並ぶミニ辞典形式である．Ａから始まるので，Ａの単語はよく覚えているが，終わりに行くに従って怪しくなるという大きな問題点があった．そこで，登場したのが②の方式で，試験によくでるものから覚えようというものだ．確かに，Ａで始まる単語ばかりが試験に出るということはありえないので，とても合理的に思えた．しかし，いくら試験に出る順とは言っても，それだけの理由であまり関係のない語が前後に並ぶととても覚えにくいという欠点があった．逆に言うと①で採用されているアルファベット順には，よく似た単語が前後に並ぶという利点があったのである．次に登場したのが③で，これは文章の中で覚えたり熟語で覚えたり，記憶のきっかけになるものと関連付けて単語を覚えようというものだ．現在は，この方式が人気のようだ．

しかし，実は①の方法もまんざら捨てたものでもない．要はやり方次第なのだ．この場合のコツは，豆単を辞書代わりに使うことである．単語を引くたびに印を付けておけば，以前も調べたことがわかって暗記の動機付けになる．『**ライフサイエンス必須英和・和英辞典**』（羊土社，

2010）などもこの方式で活用するとよいだろう．

③の欠点は，文章に収録する単語が重複しないようにしながら収録語のレベルを上げていくことが困難なことだ．どうしても既出単語を使わなければ，次のレベルの例文を作ることができない．また，長文の場合は繰り返し学習に時間がかかるという欠点もある．長い文章を繰り返し読むことになって，短時間に復習することが難しいのだ．なお，②の方法の欠点は前途の通りなので，無理に②だけで覚えようとせずに他の方法と併用すればよいだろう．

ベストセラーとなった『**村上式シンプル英語勉強法**』（ダイヤモンド社，2008）では，毎日，1万語を眺めることを勧めている．一度覚えた単語でも，その後出会わなければすぐに忘れてしまうので，常にたくさんの単語を眺めておくことが重要だという訳だ．そこで本書『**ライフサイエンス組み合わせ英単語**』では，効率よく短時間で全部を眺められることを重視した．余分な説明を省いて，できるだけシンプルな構成にした．また，あえて語の重複をいとわないことにして，重要キーワード（見出し語）に対してよく使われる単語の組み合わせを使用頻度の高いものから順に収録した．

単語の意味や使い方を知るには，例文を参照することが一番いい方法である．しかし，1つの例文では1つの意味にしか対応できない．一方，大量の単語の組み合わせを連語として提示できれば，例文がなくても個々の単語の意味や使い方を概ね正しく理解できるのではないだろうか．実際，英単語は単独で使うものではない．前後の単語とセットで使ってはじめて意味があると言ってもよいだろう．そのためよく使われる語の組み合わせを知っていることは，単語を使いこなすうえで欠かせないことだ．1つの連語を習得することは，場合によっては1つの単語を覚えるのと同じぐらい意味のあることである．しかも，既知の単語の組み合わせの学習は，新たな単語を覚えるよりも遙かに楽な勉強法である．

（河本　健）

索　引

欧　文

A

B

C

P • Q

R

S

す

せ

そ

た～つ

著者略歴

河本　健
（かわもと・たけし）

広島大学大学院医歯薬学総合研究科助教．広島大学歯学部卒業，大阪大学大学院医学研究科博士課程修了，医学博士．高知医科大学助手，広島大学助手，講師などを経て現職．専門は，口腔生化学・分子生物学．概日時計の分子機構，間葉系幹細胞の再生医療への応用などを研究している．大学院生対象の論文英語の講義も担当している．

大武　博
（おおたけ・ひろし）

福井県立大学学術教養センター教授．福井大学教育学部卒業，国立福井工業高等専門学校助教授，福井県立大学助教授，京都府立医科大学（第一外国語教室）教授などを経て現職．コーパス言語学の研究成果を英語教育に援用することが，近年の研究テーマである．

ライフサイエンス組み合わせ英単語
類語・関連語が一目でわかる

2011年4月20日　第1刷発行

著　者　河本　健，大武　博
監　修　ライフサイエンス辞書プロジェクト
発行人　一戸裕子
発行所　株式会社　羊　土　社
〒101-0052
東京都千代田区神田小川町2-5-1
TEL　03（5282）1211
FAX　03（5282）1212
E-mail　eigyo@yodosha.co.jp
URL　http://www.yodosha.co.jp/
印刷所　広研印刷株式会社

ISBN978-4-7581-0841-6